追逐建筑

刘元举 著

中国建筑工业出版社

图书在版编目（CIP）数据

追逐建筑/刘元举著．—北京：中国建筑工业出版社，2007

ISBN 978-7-112-09248-2

Ⅰ．追…　Ⅱ．刘…　Ⅲ．建筑学—文集　Ⅳ．TU-53

中国版本图书馆 CIP 数据核字（2007）第 055434 号

责任编辑：杨永生　王莉慧　曹　扬
责任设计：赵明霞
责任校对：孟　楠　陈晶晶

追逐建筑
刘元举　著
*
中国建筑工业出版社出版、发行（北京西郊百万庄）
各地新华书店、建筑书店经销
北京永峥排版公司制版
北京二二〇七工厂印刷
*
开本：787×960 毫米　1/16　印张：16½　字数：300 千字
2007 年 7 月第一版　2007 年 7 月第一次印刷
印数：1—3000 册　定价：**36.00** 元
ISBN 978-7-112-09248-2
（15912）

目录

上篇：

从　南　到　北

下篇：

由　东　而　西

从南到北

上篇

中国建筑师

还在五年前，我就要着手写一部关于建筑师的书。为此，我曾奔走于大江南北，拜谒了一批卓有成就的建筑学家。如今，在我那杂乱的抽屉里，还保存了一大批当代建筑师的名片，我是用一个很精致的小盒盛着。拿出来数一数，嗬，足有一百张。从这一张张名片中，我的眼前浮现出他们的音容笑貌，他们的建筑作品和他们所生活的城市。于是，我那几乎沉寂了的创作欲望便被又一次唤醒了。其实，只有我自己知道，要写好中国建筑师这样一篇文章该有多难。

寻找建筑文脉

大概是1991年的春天，我行走在苍苍茫茫的八百里秦川。那个时候，对建筑和历史同样苍白的我居然有一个相当狂妄的计划，要继我已出版的两部梦《手相梦》和《中国钢琴梦》之后，再添一部《建筑梦》。雄心和激情都有，但是，写起来却不知该从哪儿下手了。面对这样一项浩繁巨大的工程，我该怎么办？只能一步步地走进中国古老的建筑历史，只能一个一个地去熟悉、去拜访从古到今的建筑师们。

在中国去做这样一件事情显然是吃力不讨好的，但是，只要我拿定主意去做的事情，我是绝不会后悔的。为了达到这一目的，我不辞辛苦，哪怕走遍天下。那时候，我觉得我很年轻且有足够的激情。然而，一经踏上漫漫旅途，我的自信和狂热便在孤寂的旅途中一点点漏掉了，眼前渐渐浮起一片空茫。阡陌交错，关山重重，哪里才是我应该去寻找的文脉？

其实，我最先提到的中国建筑师应该是这样一个不为更多人所熟悉的名字：蒯祥。人们都知道中国最了不起的建筑是故宫，可是，我们知道故宫是谁主持修建的吗？就是这位蒯祥。他是江苏吴县人，生于明洪武年间，死于成化年间，终年84岁。北京的明长陵、裕陵、北海、中南海都是由他主持修建的。他是工匠出身，后来做了官，当了工部左侍郎。用现在的话说，他既是一位建筑大师又是建设部的副部长。这样一位显赫人物，也不过留下了寥寥数语，没有更详尽的记载。与他主持修建的伟大建筑相比，他岂不显得太微乎其微了吗?

建筑历史和建筑文化曾为我们博大深沉的华夏大地编织了怎样华贵璀璨的服饰。这些服饰可惜做得并不经久耐穿，在层层叠叠的历史云烟中飘向了哪里? 我放大想像力，却只能把八百里秦川视作历史老人肘部的一块补丁，至于为什么是肘部而不是膝部，我认为这没有什么关系。这全由我的视觉决定。我视觉中的那些绵延千万里的山脉很像牙床，牙床上边却镶嵌着一排整齐而残缺的牙齿。这些牙齿就是激动了几个世纪的伟大建筑——万里长城。我每每仰望着那一颗颗豁牙毗连的山脊线，我就会长时间地品味着那上头所浸润的某种历史情绪。我觉得那是一种历史的遗憾和空缺，留给了我们后人去填补，去沉思。

我在历史的空隙中以足够的耐性寻找到了咸阳的那片麦地。麦茬没有能力覆盖地面，只能像撒出去的一排绿线向苍茫的远方齐头并进。正是这些绿色线条牵引着我的视线，在一览无余的麦地中间，我看到了一个小小的土丘。怎么能相信这么点个小土堆子就是被项羽一把火焚烧之后的阿房宫呢?

“六王毕，四海一。蜀山兀，阿房出。覆压三百余里，隔离天日。”

当年读这种句子就激动不已，这是何等气派?

“五步一楼，十步一阁。廊腰缦回，檐牙高啄。各抱地势，钩心斗角。”

多么华丽的建筑，何人所设计建造的? 这位秦时建筑师一定是位中国建筑史上第一位杰出的建筑师。可惜，历史上从来就不曾给予过建筑师一个合适的位置。他自然留不下什么名字。杜牧也不重视建筑师，他的目光也只局限在皇帝的奢华上。他是这样记载的：

“雷霆乍惊，宫车过也。辘辘远听，杳不知其所之也。一肌一容，尽态极妍……燕赵之收藏，韩魏之经营，齐楚之精英，几世几年，剽掠其人，倚叠如山。一旦不能有，输来其间。鼎铛玉石，金块珠砾。弃掷逦迤，秦人视之，亦不甚惜。”这等场面这等辉煌早已烟消云散，只有“鼎铛玉石，金块珠砾”，全埋在了面前这座荒丘下? 废墟经历的时间太长，就变成荒丘，上边爬满植物。那是些狰狞的荆棘，每一根枝条都像受尽委曲似地打着一道道弯儿，看上去就像用过的锈迹斑斑的铁线。稍不小心就要被挂住了衣服。我在土丘下边看到了残垣断壁，我还拣到了半块青砖。这半块青砖一定是秦朝的砖。又厚又宽又大的秦砖，远非现代砖可比，但是，再大的砖也与古长城的遗憾的历史情绪无补。远望终南山，一片迷蒙云气，令人生出几多感伤。

从杜牧的《阿房宫赋》读出阿房宫这一著名建筑是从骊山一直修建到这里，如此博大的空间号称三百余里。再好的眼睛也无法看到三百余里吧？就是全用云雾来铺，那得多少云雾？因此，后人认为这是杜牧的一种夸张，并非真实。有志者也曾对此进行了考证，竟然勾画出阿房宫的草图。但是，我瞅着那张草图横竖都觉得不舒服。那张草图太平淡了，没有什么气势，更何况一点也磅礴不起来。在西安的历史博物馆里还有大明宫的复原图。人们对于当年的著名建筑情有独钟，不甘心就让这些伟大的建筑随着历史云烟消失，人们试图要复原阿房宫，复原大明宫，就像要复原圆明园一样。烧毁一栋建筑太容易了，如果要想恢复起来，谈何容易？

当时的古城正聚集着一批考古专家在大明宫的遗址处挑灯奋战。他们已经发现了麟德殿。从庞大散乱的考古工地上就可以看到麟德殿当年有着怎样的气派。仅一根柱子的基座就被考古工作者挖出了一眼又宽又深的井。旁边堆了那么多的土，虽然堆在道边上，却依然要影响交通。我是绕过了那一个个柱子的深坑，走出了麟德殿的考古工地。大明宫的一个大殿都还没有考究出来，却有人想重建什么大明宫，想来也是件可笑的事情。据说日本要出钱。日本确实很重视我们的古迹，他们要是肯于出钱重建什么大明宫也不是不可以，但是，那又有多大意义呢？我们对十古建筑总是掌握不好分寸和火候，所以留下的遗憾何止是一代人的事情？

我由咸阳来到了骊山脚下的华清池。1981年我曾来过一次。那时候这里似乎很是简陋，好多该修建的东西都没有修建。那时候还没有大门，可现在，一眼就看到了一处让我惊讶的大门。沉沉稳稳的顶棚，粗壮憨实的圆柱，斗栱也显得粗粗拉拉，没有粉刷那种新鲜的色彩，也没有什么刻意的庙宇般的彩绘，完全是一种自然本色，好像这个建筑一出现就浸透了沧桑岁月。当你挨近这扇开启的唐风大门，你会感受到某种远古的情调，丝丝缕缕，不知不觉中就感染着你，很耐人寻味。当然，这不是什么复杂而了不起的建筑，然而，在古都西安，正是这扇唐味浓厚的大门给我以欣喜，引导我走进去寻找文脉。

一旦走进去了，我就找到了应该寻找的人。这是位建筑大师，是当时建设部命名的全国20位建筑大师中惟一的一位女大师。她叫张锦秋，是西北建筑设计院的总建筑师。这扇唐风味道极浓的大门正是她的手笔。

至今我还能真切地记得西北建筑设计院有多么简陋。特别是当我要掀开一个厚重的棉门帘时，我迟疑了。那个棉门帘好像比西安的古城墙还要陈旧，人们触摸到的地方一片腻滑的黑垢。我迟疑的时候，就在想，我所要寻找的这位建筑大师张锦秋每天来到这里时，莫非也得用她那双创造美好生活的纤手去掀开这个脏兮兮的棉门帘吗?

我在西北建筑设计院没有见到张锦秋大师。我见到的是另一位建筑师，他叫吴乃申。好像是1962年毕业于清华大学建筑系。他的形象没有让我记住什么，他在接待我的时候也没有留下来任何可供我今天回忆的细节。他一点都不怪，也不奇特，他平常而平易，他谦逊温和一如中国那批20世纪五六十年代大学生所共同具有的知识分子的性情。或许正是这种千篇一律的性情与处世方式，使这位建筑师虽然很努力却无法具备特色，而没有特色又何以达到杰出呢? 从这个意义上说，我真的希望中国建筑师多一些个性化的东西。

我当时还没有见过女大师张锦秋。没有见过才让我遐想非非。我猜想她一定是个很有性格的女人。即便她的外貌也一定不一般。她的资历并不老却能够享誉中国建筑界，凭什么? 就凭她是梁思成先生的研究生吗? 别人都说她是梁先生的研究生，而且是最后一个。在中国建筑界还有比梁先生的名字更响亮的人吗? 吴乃申也说张锦秋是梁先生的学生，他说这话时不免有股由衷的羡慕味道。可是，张锦秋却并不以梁先生的学生自居。由此，既可看出她的品格，也可看出她是个实事求是的人。这一点，在今天尤其可贵。

梁思成

“1961年毕业分配，我把分配方案打开一看，是留校当研究生。以前整风反右时，研究生全是右派，从此废除研究生制度，再无研究生。我们那时还不知道恢复，组织上分配，我们就服从。我们班当时有四个研究生，有研究民用建筑、有搞规划的，我是研究建筑历史及理论。梁先生是研究建筑历史的名家，我当研究生时也没有被认定是谁的研究生。”

“梁先生最大贡献是为中国建筑创立了一门学问，他是建筑学的开山鼻祖，或者叫奠基人。他是朱启钤先生建立的中国营造学社的台柱。梁先生研究宋代的《营造法式》，那是一部经典著作。梁先生要把这部书注释，让现代人看懂。这就要求研究透宋代建筑。梁先生当时一心要带我研究这个课题，我当时想离现代的创作设计更近一点，不太想去研究古代法式。我跟系里谈了我的想法，请他们转告梁先生。系里同志说，你可真傻，梁先生是权威，人家求之不得跟他学，你可倒好。我一听，怕得罪梁先生，就到梁先生家里去向他汇报了我的想法。我说我对园林建筑更有兴趣。我一点也没想到梁先生没有权威架子，他说你这个想法很好，我自己也对园林感兴趣，但这些年没有更多研究，指导你的论文不合适。”

“我的论文的导师是莫宗江先生。他是清华大学惟一的一个没有文凭的大学教授。他完全是自学研究园林建筑。莫宗江先生曾在营造学社当学徒。他曾跟随着梁先生上过五台山……”

张锦秋

这些话是张锦秋大师在北京的华都饭店接受我的采访时说的。当然这是后来的事情。我风尘仆仆来到西安没有与她谋面，这是多么令我扫兴的事情啊。她去哪里了？她什么时候能够回来？我一定要等她回来，与她见上一面，亲耳聆听她的谈吐。然而，我知道这一次西安之行是不可能见到她了，因为她已经走出了西安，她走上了通往五台山的路……

那是怎样的一条路啊！在这条路上，走出了一批中外建筑师，也可以说，中国系统的古建筑学就是从这条路上引发开来的。

中国建筑界最了不起的建筑师是梁思成先生。他是第一个走上这条路的人。那是1937年的6月。梁思成先生与林徽因、莫宗江等四人踏上了寻访考察古建筑的漫漫路程。他们选择了山西的名山探寻古刹。他们到了五台县后，没有进入县城而是往北去南台附近的豆村。有人看到他们一早就骑着毛驴奔走在山路上，他们迂回着走，萦回环绕于崎岖的山崖小路上。路途险峻陡峭，有时连毛驴都喘着气不肯往前迈步。

梁思成那时候很年轻，风华正茂，英姿勃发，他认准了自己要干成一件大事，要干惊动天地的大事。他的腿可不大适应陡峭的山路，迈步时落脚不那么平稳。熟悉他的人都知道那是1923年，他在积极准备赴美留学时，乘一辆摩托车去天安门广场参加北京学生举行的“国耻日”纪念活动。当车到了南长街口时，一下子就被军阀金永炎的汽车撞倒在地。结果腿骨骨折，脊椎受伤，后来，他的腿没有接好，导致他的左腿比右腿略短一公分。自古以来，成就大事的人都是多磨难的，如果说在梁先生的一生磨难中，他的心灵上蒙受的痛苦要比这条腿多得多了。

我很羡慕梁先生，特别羡慕当年那次五台山之行。不仅仅是一次意义重大的考察，而且是一次多么难忘的行旅。我觉得他不是那种呆板的书生，他也一定有着文学家的浪漫，否则，林徽因也不会爱上他的。他也写过一首诗：

登山一马当先，
岂敢冒充少年？
只因恐怕落后，
所以拼命向前。

我不知这首民歌风格的诗是否是那一次登五台山写的，我也不敢恭维这首诗的艺术水准，但是，这首诗无疑是抒写了他的真性情。尤其“只因恐怕落后，所以拼命向前”这两句，很实在，从中可以看到梁先生身上那股社会主义特定时代的精神风貌。从而，让我联想到他曾一度那么热衷于大屋顶，那么信奉苏联的“民族形式”理论，是不是也属于这种“只因恐怕落后”？反正我觉得这两句很值得好好品一品。能够品出梁先生自身的性格悲剧，也能品出我们中国建筑师或者说中国知识分子身上的共同悲剧。

梁先生在1937年的时候绝对不会意识到他后来的悲剧。他那时候还年轻，还燃烧着一腔人生的热望。他如果在那时候就想到了后来的事情，他还会那么痴情地考察古建筑吗？人生的魅力可不可以说就在于你对后来的事情如何发展不清楚呢？就像观看一场球赛，不知道结果的球赛是最为吸引人的，而一旦知道了再看就觉得没有多大吸引力了。1937年的梁思成一定是骑着毛驴“得得得”地赶路，沿途不会有摆小摊的也不会有卖汽水的人家，更不会有什么游人。但是，我相信他一点都不会感到寂寞的。为一种崇高的事情和理想去行动这本身就多么让人羡慕啊。何况他的身边跟着他那位才貌同样惊人的妻子林徽因，这就使得这条荒寂的山路变得温润起来。林徽因是个人见人爱的女子，她具备的东西太多了，对于一个女人来说只要具有她身上十分之一的东西就足够享用一辈子了。我们知道著名诗人徐志摩年轻时代曾痴迷于她，我们也知道哲学家金岳霖因为深深地爱她而毕生不再结婚。林徽因本来是文坛中人，她的诗在中国女诗人当中绝对是有份儿的。因为她是学建筑专业，她把建筑也引入诗中，比如她那首

1937 年 6 月，梁思成、林徽因等骑骡走近佛光寺

《深笑》——

是谁笑成这百层塔高耸，
让不知名鸟雀盘旋？是谁
笑成这万千个风铃的转动，
从每一层琉璃的檐边
摇上
云天？

林徽因多才多艺，她在国徽设计上所得到的殊荣恐怕不是几首好诗可以比拟的。1950年6月23日那天，林徽因作为特邀代表列席了全国政协一届二次大会。在这次会上，全体代表起立，一致通过了国徽设计图案。林徽因一下子激动得热泪盈眶，那本来已经病弱的身体因为承受不了这种巨大的激动，她努力挣扎着，想从座椅上站起来。可是，她晃着晃着才站了一半就稳不住身子，复又跌坐下来，急促地喘息着……很可惜像林徽因这种才貌双全的女性缺乏一个好身体。如果她的身体再健康一些，如果她活得再长久一些，即使她不能再去搞建筑，那么她用她那非凡的悟性以及她对于人生的深刻体验，也会写出许多好作品的。女诗人与女建筑师是不一样的，哪一个更有价值呢？其实，林徽因选择建筑并不是因为受到梁思成的影响，倒是一代建筑宗师梁先生走上了建筑的道路与林徽因有直接关系。听听他自己是怎么说的吧：

1930 年前后林徽因

“当我第一次去拜访林徽因时，她刚从英国回来。在交谈中，她谈到了以后要学建筑。我当时连建筑是什么还不知道，徽因告诉我，那是包括艺术和工程技术为一体的一门学科，因为我喜爱绘画，所以我也选择了建筑这个专业。”

梁先生在这里只说他喜爱绘画而没有说他喜爱林徽因。其实，他的潜意识中能与对林徽因的爱没有关系吗？假如他不去拜访林徽因，他是不是就不能搞建筑了呢？那么，中国的建筑历史将会是另一番景象了。不管梁先生搞建筑是不是因为受了林徽因的影响，反正他在建筑事业上的成就是离不开林徽因的帮助的。林徽因对于他的事业和生命均有着十分重要的意义。

20 世纪30年代初，梁先生加入了中国营造学社。营造学社在中国建筑史上有着极其重要的价值。梁先生在那时开始潜心研究中国建筑发展史。几千年的中国文化有着浩如烟海的典籍，然而，关于建筑技术的典籍只有两部，一部是北宋的《营造法式》，一部是清代的《工程做法则例》。梁先生认为这是中国古代建筑的一个深深遗憾。因此，他一方面沉潜于古建筑的学术理论研究，一方面到深山古刹考察古建筑。五台山之行是他走向成功的重要一步，由此，奠定了他在中国建筑史上的地位。

关于梁先生发现佛光寺的过程，已有好多书予以记载。他们一行四个人去山西名山探寻古刹。到了五台县后，他们不入县城而是往北去了南台附近的豆村。一大早，就骑着驴进入山中。路途并不好走，他们就迂回着走，萦回环绕于崎岖的山崖小道上，那种险境有时连毛驴都吓得光喘气不肯走了。

他们走得很慢，大约走到了黄昏时分，人困马乏之时，突然就看到了远处的佛光寺，飘飘渺渺中幻若蜃楼。梁先生驻足仔细一看，仅从那大殿的外部轮廓他就可以确定为佛光寺了。于是，一行四人惊喜得不能自已。

中国古建筑是采用木制结构，而木制结构的建筑物其寿命是很难持久的。所以，在国内如果能够发现一栋真正的唐代建筑，那实在是可喜可贺的。也许在建筑师的想像世界里盼得太久了，所以，他们一旦来到了真正的唐代建筑面前竟担心是不是真实的。

佛光寺大殿

佛光寺近在咫尺，那雄伟的斗栱和殿的比例、轮廓竟那么激动人心，让你看上一眼就无法平静。肯定是唐代的建筑，唐以后的建筑是绝不同于这种建筑风格的。它有着一种结构的震慑力和感染力，层层交叠的斗栱像古生物的壮硕的躯体，只因承受了无法蒙受的委曲和重压，而藏头缩尾，在极剧的痛苦中将自己折叠起来。这是一种最稳妥最牢固的姿势，千万年都不会松动变形。我曾于1992年在北京的华都饭店应邀出席了中国建筑学会，工作人员发给我一个会议牌戴在胸前。那个牌子上边有一个鲜明的符号，就是中国古建筑的斗栱。一位白发苍苍、神态飘逸的老教授告诉我斗栱是中国建筑学会的会徽。与会者每个人胸前都有这个会徽，这使我在任何时候都可以看到这个会徽。我就不断地随时随地地琢磨着，何以用这个作为建筑界的标志呢？古建筑上边有那么多的构件嘛！是因为它最美吗？还是因为它的作用最大？也许只是因为它的责任最大，压力也最大。无疑，它已经成了中国建筑的一个符号，一个最具表现力穿透力的符号。令我震撼的是它是一个痛苦的符号，一个扭曲的符号，千万年来凝固成一个永恒的象征。

梁先生对斗栱的理解一定会更深。他认为建筑是民族文化中最主要的表现之一，或者干脆就是民族文化的象征。梁先生对此有着深刻而独特的悟性。他的学生们都知道他有一只小陶猪，视若瑰宝。给学生上课时，他就在课堂上把这个小东西端在股掌之间让学生观赏。他说这就是民族文化之美和建筑之美，他问学生能不能看出来。学生们一个个大瞪着眼睛，困惑不已。在学生的眼里，这只小陶猪平平淡淡，没有什么特殊之处，但是，梁先生就像拈花授法的法师，在逐一观察着他的弟子们。林洙在《大匠的困惑》一书写道：

梁先生拿着小陶猪，不但让学生看，还要他们用手摸。他说："建筑也一样不仅要用眼睛看，有时还要用手去摸，才能悟出其断面设计上的妙处。"

他拿起我的手抚摩小陶猪的脊骨说："这根线条，刚劲有力又流畅，它对整个造型起了决定作用。这和圆滚滚的肥猪好像很难联系在一起。但就整个小猪的造型来说，却又惟妙惟肖。"

我的一位清华大学建筑系毕业的朋友现在写起了小说，他写起了小说而扔掉了建筑。我与他谈起建筑时，他似乎对涉猎到的关于建筑的话题一概不感兴趣，却惟独对梁先生充满敬意，他也说到了那个小陶猪。他说文革期间批判梁先生时，那个小陶猪也失宠了，它在学生宿舍那多灰杂乱的窗台上蒙受灰尘，似有无尽的委曲。他说他看到那只灵性的小宠物时，它已经断为两截了。我想，林洙一定没有见到这只断裂的小陶猪，否则的话，她该有多么伤心。

林洙在林徽因身后作了梁先生的妻子。从她的书中能够看出他对梁先生有着多么深刻的体验。她记述了这样一个细节……

那是1967年的一天，清华大学的文革领导小组命令梁先生在三日内搬出家门。林洙和梁先生在清理一堆书籍时，意外地发现了一个大牛皮纸袋子。打开一看，里边全是些精美的塑像和小雕塑品图片。一股久违的喜悦之情顿时溢满梁先生那清瘦的面颊。林洙知道，这是他多年研究雕塑史所搜集的资料，他一直珍藏着。因为珍惜才久违了，因为久违了才焕发出一种意外的欣喜。于是，两个人头挨头地蹲坐在一堆乱书中，忘我地进入了这些图片的欣赏中。有一对汉代铜虎图深得梁先生的赞美，他拿在手上反复端详：头、身、尾、爪就没有一处不显示出力量之美。梁先生情不自禁地对林洙说：“你看看，眉，你看看多……”他本来说要说“多美”的，可是，那个“美”字刚要脱口，忽然意识到这要犯忌的，于是慌忙改口“多……多么毒啊!”这句话完成之后，这对老夫少妻不禁惊怔地对视片刻，忽然大笑起来。他们好久好久没有这么笑了……

我想，他们笑过之后，一定会相拥而哭的。要么，他们也会在心里流泪。反正我在看到了这个细节时，我笑不起来，我觉得心里酸酸的。以后每每想到这个细节，我的心里就充满酸楚。林洙在那部书中还详细地记载了梁先生他们发现佛光寺的过程。应该说，这次发现是一次非常了不起的发现。不仅仅是发现了一处建筑物，还有对于一种民族的建筑历史与文化精神的发现。在这个了不起的发现过程中，梁思成、林徽因、莫宗江还有纪玉堂他们四个人，都已经载入史册，令后人仰慕不已。他们当时为了弄清大殿的建造年代，必须爬上去接近脊檩，因为建造的年代通常写在那上头。可是，要爬上去并非容易，顶板上面暗淡无光，只能由檐下的空隙往里爬。上边的尘土积存千年，从未有人惊动过，厚得不可思议，踩上去就像踩在棉花堆里。梁檩周围盘踞着数不清的蝙蝠，黑压压地组成一个群体的阵容，坚定地与人对抗，无法驱散。只有在照相的时候，那闪光灯骤然之间惊散了这千年的安宁，蝙蝠飞扬起来。带着一股秽气，令人难以忍受。还有千千万万只臭虫大军埋伏在陈旧的木材缝隙中，有时候人发现不了它们，一踩一片，躺下测量时，后背又碾碎万千。测量数据是项精致的工作，攀上爬下，忽尔钻入屋顶，

佛光寺院内经幢，1937 年林徽因曾爬上去测量过

忽尔爬到殿中构架上仔细量测，惟恐有遗漏之处。林徽因没有爬高，她居然能够在下边站着而一眼发现有根大梁下边的墨迹。她喊别人，指点给人家看，可是，别人无法看清。林徽因坚持说她看见了。那字迹像是题字，被一层土朱所覆盖，大殿高离地面足有九米，要想看清上边的字只能搭个脚手架上去看了。他们就请佛光寺的老和尚到村子里去找人。村子离庙很远，人烟稀少，老和尚去了一整天才找来了两个老农。老和尚帮着老农还有这几位书生忙了一天总算搭起了架子。人们把被单撕开浸水互相传递上去。土朱着了水，字迹渐渐显现出来，但是，水一干，就又看不见了。整整折腾了三整天，总算把梁上所有的题字读完，于是，确定了佛光寺建于唐大中十一年（公元875年）。

他们从脚手架上下来，脸上的灰土汗水全成了欢乐的符号。他们把所有带来的舍不得吃的罐头统统打开了，在巍峨的佛光寺大殿下边坐成一团，大吃二喝，庆贺他们的发现。梁先生回忆当时的情景：

“当时夕阳西下，映得整个庭院都放出光芒。远看山景美极了，这是我从事古建筑调查以来最快乐的一天！”林徽因当时一定和丈夫一样沉浸在这种美丽无比的情境之中。她没有留下文字，我想她若把那次发现写成文字一定比梁先生的更漂亮。那将会是一篇传世散文。女人比男人更爱幻想，林徽因那时会想什么？她大概不会想到以后的几十年间她在国徽的设计上大出风头吧？那比她的诗更能震动中华民族。她是中国最杰出的建筑学者。在梁思成的成功中能够不参杂着林徽因的智慧吗？

张锦秋也是女人，张锦秋的文学水平也相当高。她在年轻时也有过文学的热梦，她在通往作家的路上已经走出了一大截子了，却拐了个弯儿进入了建筑界。或许是因为这个原因我觉得她有点像林徽因。与她没见过面时这个念头就有了，与她见了面后仍然无法驱逐她像林徽因这个念头。其实，从照片上看林徽因与张锦秋的长相毫无相像之处，但是，我仍然不能改变我的这种感觉。现在想来，她与林徽因的相像之处不在形似而在于神似上，何况她们都是具有非凡才华的建筑界名流。

张锦秋的文学水平我们完全可以从她的一篇文章中领略到。那篇文章就是记载她的那次五台山之行。

“南禅寺大殿果然名不虚传，它是我国现存的最古老的木结构建筑，建于公元782年（唐建中三年）。虽然只是个三开间的殿宇，但造型端丽，结构简洁，是典型的唐式建筑。平缓的屋顶、深远的挑檐、舒展微翘的翼角、简明受力的斗栱，侧脚的木柱、生起的梁枋、高昂的鸱尾、两端升起的叠瓦屋脊、叉手、直棂窗……我们这一伙就像小学生认字一样，逐一识别。以前从书本上学得的抽象概念一一得到印证，我简直心花怒放。唐代建筑如此洒脱地展现在我们眼前。有限的时间不允许我们在那里仔细欣赏体味。很快就按照分工，摄影的摄影，测量的测量，我们不仅要带走它古老而又清新的形象，还要掌握它的一系列相关的数据。既要定型又要定量，这样才能得到比较扎实的设计参考资料。由于南禅寺其他建筑均非唐构，所以整整一下午我们都围着这座大殿忙碌。结束工作时已夕阳西下。”

张锦秋就是这样带着参禅般的虔诚，在深山古刹中感悟着，寻找着。她到了佛光寺时，遇见了一位法号叫湛瑞的法师。她很敬重这位法师，她是这样描写的……“暮色降临，浩月当空，我独自一人在群山环抱的寺院内徘徊。万籁俱寂，只听见有轻轻的木鱼声和吟诵声。我踏着月光循声走去，但见空荡荡、黑沉沉的文殊殿中闪耀着微弱的烛光，湛瑞法师独自一人在诵经。据说这是他每晚必作的功课。这时，我深深感佩法师是个有虔诚信仰的人。一个人有高尚的情操，有明确、坚定的目标而又能为之终生奋斗，就是幸福的。这样的人会不畏艰苦，不惧孤寂。”

她敬重这位法师还有一个原因，是因为他是梁思成先生当年在这里发现唐代建筑的见证人。法师听说她是清华大学毕业的学生时，就显得十分热情。法师高兴地告诉她1937年的事情。那时候，他还是个年轻的小和尚，他精力充沛，每天都要练功。有天傍晚，他蹦蹦达达地正要迈出山门时，忽然发现了四个远道而来的陌生人。他们有的戴着眼镜有的没戴，看上去都很斯文，他们显然是赶了很远的路，已经很疲倦了。他们牵着毛驴，毛驴背上还搭着行礼。他以出家人的善哉和年轻人的热情马上迎过去，为他们牵毛驴卸行礼，一时间忙得不亦乐乎。

他说来人当中有梁思成先生和林徽因先生，还有莫宗江先生、纪玉堂先生，他说这几位在佛光寺爬上爬下，又是丈量又是写写画画，非常艰苦、非常认真的工作态度给他留下了深刻的印象。他说：“梁先生他们是了不起的专家呀！他们发现、鉴定了这座大殿是唐代建筑，这个功劳可不得了。从此以后，我们这个佛光寺才有了名气，才受到重视，国内外来看的人可真不少。”

湛瑞法师苍老瘦削的脸上显露出一种光辉，眼睛闪出一种美好的憧憬，仿佛他又回到了年轻时候。他指点着一排北厢房说，梁先生他们就住在这排房子北边的后院。

在梁先生之后到这里来的人实在太多了。应该说张锦秋来得有些迟了。但是，她在踏上她的老师梁思成先生和莫宗江先生走过的这条山路时，居然赶上了一场瓢泼大雨。是张锦秋的到来感动了九泉之下的先师吗？大雨迅速将干躁的山路浇湿了，浇湿的路面弥散出无比清馨。远处山林村寨被雨水浇得更绿更嫩，平添了许多诱人的力量。张锦秋一行带着一种渴望，一种向往，不等雨完全停歇就又上路了。她从老乡那儿打听到佛光寺就在前边那座绿茸茸的大山里，他们就开始了冒雨爬山。张锦秋一行与当年的梁先生他们不同之处在于没有忠诚的毛驴为之拉脚，一切东西只能自己背着。路越来越陡，身上背的资料、行装、相机越来越沉了，一个个气喘吁吁、举步维艰。就在这时，突然峰回路转，佛光寺的山门竟奇迹般地出现了。

“厚重、硕大的山门向我们预示着这是一远比南禅寺要巍峨得多的寺院。顿时，一路的疲劳消失殆尽。快步进入山门，我被眼前的景观凝住了。我第一次看到这样古朴辉宏的寺院。由于山势地形关系，寺庙坐东朝西，前面是20多米进深的前院，有名的金代建筑文殊殿处于北配殿的位置。相对的南侧没有屋宇而仅有一道砖墙。院子尽头是一重高台，台上南北二侧有对称的厢房。其正西是一排券洞式平房，正中一孔大券洞内是通宽的石级，直通第二高台。高台上挺立着一对茂密有古松。在它们浓荫掩映下屹立着巍巍大殿。啊！这就是梁先生多次对我们讲述过的那个佛光寺大殿，那出檐深远，斗栱宏大的国宝。一种神圣感油然而生。这是我学生时代就仰慕向往的所在，20多年后的今天我终于登门造访这座不朽的殿堂了。”

这是一种发自内心的声音。人活着，总得有个向往有个奔头有点神圣的东西引导着你。这样你才会干什么都有劲头才会不断迸发出你的聪明才智。而想像力与创造力又怎么可以离开这种东西呢？五台山是佛家圣地，也应该说是中国建筑师向往的圣地。这个圣地是能够给人以灵感给人以启悟给人以智慧与才华的。据我所知，凡是热爱建筑的中国建筑师无不渴望着来过这里。

香港建筑师学会主席、著名建筑师钟华楠先生曾经七次登上五台山，寻找建筑魂。他每一次自香港来内地一定要到山西，一定要上五台山的。起初人们以为他是佛门弟子，上山是为了拜佛，岂不知他上山是为了参拜

钟华楠

佛庙南禅寺。他是在英国学建筑的，家又安在瑞士，他的足迹早已踏遍世界各地。多少著名的巨大的建筑他没有领略过？辉耀世界的拜占庭大圆顶教堂没有让他震动，小小的藏之深山的古刹南禅寺却让他产生了无限敬意。他看了六次都看不够，又来第七次。他说他每看一次都有一种新的感受。他从南禅寺的建筑上终于发现了一种伟大的建筑的力量，这是一种深奥的震动灵魂的力量，他以这种力量支撑着自己在香港的建筑生涯中不为金钱所坠的青云之志。

今年春天，我有幸走进他那位于香港湾仔轩尼斯大街的“钟华楠建筑设计事务所”。写字楼本身并没有什么特殊之处，而他的办公室装饰得却极有文化品位。他把一个宽敞的大厅从中间加了一道木格状的拉门，加深了空间感。这道拉门完全是唐代风味的，是用那种挺厚的白纸裱糊的，这道门半拉半合中，隐隐透出他的宽大的堆满文房四宝的写字台。他端坐于写字台前，一脸大胡子，刁着一个大烟袋锅子。外人进来冷丁看去，简直就是一幅画，无今无古，耐人寻味。

他以建筑师的才华和文化学者的修养创造了属于他自己活动的空间。他在这个空间里耐心地修炼着。我认为他的这个空间与华夏文脉有着某种灵性的感应，由此得以超越香港这座浮华喧嚣的城市。如果有人问我香港最有文化的地方在哪儿的话，我会毫不迟疑说，就在钟先生的写字间。不信你就去看看……在唐风味道极浓的拉门上端，挂着钟先生的狂草，苍劲有力的笔触，隐隐可以感受到一种来自远古的飘渺的神韵。我坐在这个独特的空间里，感到从未有过的舒服。自从迈进香港的街头，我的心绪就曾和九龙新界的街衢一样杂乱无章，但是，在这儿坐上一刻钟之后，就进入了另一种世界。在那个世界中去端钟先生沏上的体现日本茶道风格的杯子，那杯子太小太小，对于喝过大碗茶的北方汉子而言它小得滑稽不堪，然而，你需要耐心，需要沉静，需要品味，你在喝到第三杯的时候，你就会喝出很多东西了。

望望外面的大楼还是那般杂乱，但是，我的心却不再躁乱了。在香港这个城市，能够营造出这样一个小小的空间，是多么了不起啊。在这个空间中，我看到了一位有着很深的民族文化修养的老人的那颗高雅的心灵。于是，我就懂得了他为什么七上五台山，为什么一次又一次地领悟南禅寺。当他千里迢迢风尘扑扑地一次次前来五台山时，他破费了很多。他的经济并不宽裕，有时没有了盘缠，他就变卖了自己心爱的古玩。一来一回要好多天，而每一天要耽误挣很多的钱。从经济帐算，他是绝对的傻瓜，但是，他完全是出于精神的需要。他没有从五台山带回佛珠，也没有带回什么当地特产或真假古玩，但是，他带回了无形的东西。他去了七次就带回了七次，他充实了他的房间，也充实了他自己的心灵，因而他在我看来超凡脱俗，几乎飘飘欲仙了。

由此，我不禁想到了在我采访或接触过的内地的建筑师中，有不少人整天忙于赚钱，他们本来是做学问的，有的还相当有潜力，但是，他们无法静下心来做学问，他们跟身边的世界一样浮躁喧闹。这种人里边有的是可以成为大师的，但是，他们自己放弃了这种可能。这是件很可惜的事情。我觉得他们一定没有去过五台山，没有见过南禅寺和佛光寺。他们应该去看看，哪怕他们仅仅到五台山的那条寂寞山路上走走也会获得一种灵魂上的东西。一位古建筑专家、梁思成先生的弟子曾与我订立了契约，要和我一起去五台山看看佛光寺。这使我为此兴奋了足足有两年。可是，他一直没有时间。他明明已经退休了，可他比没退休时更忙。我与他多次约会采访他的计划都没能实现。不久前我去了北京。我与他在电话中约好了采访的时间，我就在宾馆里等他。可是，临近中午时，他打来电话说他正在一个地方研究方案，他无法腾出身来。他是个非常好的人，他的口气也是非常地客气谦和，让你瞬间竟会化埋怨为感激。当然，静下心来一想，这也难怪，中国的建筑师比起西方建筑师来太贫穷了，他们需要抓紧时间赚钱。也许当他们觉得钱赚得差不多了，才会想到五台山，才会想到南禅寺和佛光寺的。

我反复强调这条五台山的路是有意味的，这是具有灵性的路。中国现代建筑师的路就是由这里开端，一代一代走下去……然而，走了这么多年，究竟走出了多远？超过了开创者梁思成了吗？走出了大屋顶的投影了吗？找到了一条既是民族的又是现代的建筑风格了吗？出现了世界级的建筑大师了吗？

西方的诱惑

第一代建筑师的归来

其实，我并不怎么喜欢日本文学，包括两位先后荣获诺贝尔文学奖的川端与大江，但是，我却十分敬佩日本的另一位作家井上靖。我钦佩他的原因在于他笔下再现的中国历史题材的作品。比如《杨贵妃》、《天平之甍》。是中国的历史使他变得浑厚起来，也是中国的疆域使他的思维冲出了岛国的羁绊。他的《天平之甍》中是这样描写洛阳古城的：

"洛阳市容，真是名不虚传的大唐两都之一。日本留学僧感到目不暇接，眼花缭乱。城市规模与奈良大不相同，繁华气象也不可比拟。这是东周的皇城，也是东汉、北魏、隋代的京师，历史古老，非日本可望项背。"这些留学僧们去城里转了一天之后，每个人谈了各自的看法。

"荣睿端端正正地坐着，微微挺起胸膛昂然说：'我看这个国家现在已发达到了顶峰，这是我最深的印象，花已开到了最盛的时候了。学术、政治、文化，恐怕以后就要走下坡路了'。"

"我只是觉得这儿生活着那么多人，其实这些人跟佛教、政治、学术全没关系，他们凭着生物的本能，吃饭、睡觉罢了。"这就是通过井上靖的笔传递出当年日本留学僧对于盛唐的看法。他们懂得了这座最了不起的城市将会因此而衰落。这里边有着日本人的精明之处，也有着中国文化的衰败之处。能够在繁盛时期看到衰落的预兆，这是难能可贵的。用现在的话说就是要有那种危机感。

历史上日本确实受到中国文化的影响极深，尤其是在建筑上。奈良这座具有古典意味的城市至今也能够丝丝缕缕地感受到一种遥远的唐风。许多学者在研究日本文化现象时认为日本是"杂种文化"，他们有着惊人的兼收并蓄能力。

我们这个泱泱大国也曾热衷于吸收外来的文化，特别是世纪初以来，我们有着大批的有志之士迈出了国门，踏上寻求真理寻求知识文化之路。研究中国现代文学的人说，中国文学有两个支系，一个是日本派，一个是欧美派。日本派以鲁迅、郭沫若为代表；欧美派以钱钟书、傅雷等人为代表。这两派对文学有着截然不同的理解。日本派强调文学的社会意义，而欧美派则更多地认同文学的生活情调。不管这个说法是否精辟，起码它概括了某种现象。文学界是这样走出去的，建筑界呢?

20 世纪20年代，中国一批年轻人先后走出国门，来到了美国的费城。在那座城市的第34街有座宾夕法尼亚大学。他们是赵深、杨廷宝、梁思成、陈植、童寯等。中国人有种从众心理，我不知道那时候前去那里的学建筑的这几位建筑界名家是否出于这种心理，但是，相互的影响则是无庸置疑的了。比如杨廷宝。他本来是可以学美术，闻一多曾极力劝他；他也可以学物理，他考取了一百分的好成绩，老师也劝他学物理，认为他很有物理方面的天赋。但是，他何以选择了建筑？因为庄俊——这位1914年从美国留美归来的年轻教师。当杨廷宝走进了庄俊在工字厅的那间办公室时，一下子就被一张绘图桌吸引住了。桌面上摆放着许多精彩的建筑画令杨廷宝称羡不已。他由此认识到了绘画与建筑的关系，他想到了达芬奇，想到了米开朗琪罗，他也想到了父辈的期望，从而确定了最高的人生追求——去美国学建筑。

杨廷宝

杨廷宝并不是第一个来到美国学建筑的。第一个接受西方建筑教育的建筑师是庄俊。他于1888年生于上海，1910年考上清华庚款留学生第二届预备班，被派往美国留学。他到美国就读于伊利诺伊大学建筑工程系。在他之后，是赵深、杨廷宝、董大酉、梁思成、陈植、童寯等。这些人属于中国第一代建筑师，他们共同走上了一条到美国求学建筑的道路。一个历史和文化最悠久的民族到一个最不历史最不文化的国度里取建筑真经，这很有意味。

从中国到美国的路很遥远，但是，对于这些骄子而言，还是够顺利了。只有杨廷宝这位中原大地的质朴儿子在告别家乡父老前往美国时，留下了几多感慨。

杨廷宝要从南阳动身去上海，然后由上海赴美留学。正巧在他要离开家乡那几天，赶上一场罕见的大雨，铁路被冲毁了，断了他去上海的路。好在还可以走水路。他那天穿着对襟白布短衫，青布圆口便鞋，留着半长不短的小平头，一幅地道的河南人打扮，这种打扮一直到现在还是河南人的装束。我在二番去南阳夫西峡的途中，随时都能看到这些步履沉重的农人。甚至我在著名农民作家乔典运的身上也能看见这种打扮的痕迹，尽管他已是局级干部。

杨廷宝是坐木船从白河南下，至湖北襄阳换乘小火轮到汉口，又换大轮沿江东下，一直到达上海。他来到留学事务部门办理出国手续时，门厅的警卫和登记的官员瞧不起他，连正眼都不瞅他就挥手驱赶他："走走，乡巴佬（应该是小赤佬），这里不是旅馆饭店。"他拿出留美证件才放行。他进入了大厅，一位西装革履的官员正在皮转椅上喷云吐雾抽着洋烟，用眼斜视了一下就把手向外一扬示意杨廷宝出去。杨廷宝迈着八字步，以流利的英语告诉他自己的身份。一下子就把这个小小官儿给震住了。这个小小的势力眼出现在大上海，大上海那十里洋场的洋建筑给了杨廷宝一个怎样的思索呢？楼房都是外国人设计的，没有中国人设计的，中国人在大上海有地位吗？闻一多为了正义宁肯不出国。可现在有这种人吗？有这种精神吗？

贫穷、土、被人瞧不起其实并不是什么坏事，这常常是激发人上进的动力。中国第一代建筑师在美国求学的过程中，所以那般发奋，大概来自于这样一种动因，尤其是杨廷宝。据说，他在同学中每天吃最便宜的饭，舍不得花钱，但他却舍得使用最贵最好的颜料，这给人们留下十分深刻的印象。他使用的那种颜料是英国出产的“温赛——牛顿牌”，一管只有半个手指头那么粗，却比美国绘画颜料贵出三分之一以上。

这批建筑界的骄子学成后纷纷归国，遂在国内开创了非凡的业绩，构成了20世纪30年代的中国建筑的一道美妙景观。

梁思成在宾夕法尼亚大学毕业后，先到欧洲游历。这期间，他突然接到了父亲病危的电报，于是，匆匆乘上火车，横穿过西伯利亚回到祖国。当火车进入到沈阳时，梁先生在清华时的同学高惜冰到车站等候他。他的这位同学当时已经是东北大学工学院的院长了。正是因为同学的情谊和相邀，梁先生落脚沈阳，成为东大工学院建筑系的主任。林徽因也到沈阳来了。30年代，童寯也由美国回到了故乡沈阳。他早年就在沈阳第一中学就读，后来考入清华，再后来去了美国宾夕法尼亚大学学建筑。毕业后，他在美国费城和纽约事务所工作了一段时间，结果还是因为思念家乡和亲人回国了。他回到沈阳后，与梁思成先生相见倍感亲切。梁思成很敬佩童寯的才华，当时以东北大学建筑系主任的职位相让，但童寯婉辞不就。30年代的沈阳应该说进入了最值得记忆的年代。不仅汇聚了中国第一流的建筑人才，而且还培养造就了像刘致平、刘鸿典、张镈等卓有成就的建筑学者和建筑大师。东北大学建筑系值得大书一笔，因为它是我国最早的建筑系之一。遗憾的是它仅仅存在了三年，就因为“九·一八”而夭折了。30年代的沈阳，为中国第一代建筑师提供了人生与事业的大舞台，今天，当我作为这个城市的一员在为中国建筑师们写书的时候，我竟突然对这个我平素一点不喜欢的城市有了些许的亲切感。我曾专门在这个城市里寻找杨廷宝的作品。老北站那个绿色的半圆拱屋顶的建筑像一个线轴，被弃置了，这个建筑颇有点

1982年童寯在清华大学。童寯坐在前排。后排站立者右1童寯长子童诗白，右2吴良镛，右4汪坦

西方古典味儿。只要看上一眼，你就不会忘记了。这的确是一栋有着鲜明特点的建筑。

在沈阳偌大的城市里有着无数建筑，而看上一眼就无法忘记的建筑能有几处？好在这栋建筑不曾被拆毁，据说建新北站时它差点被拆毁，亏得有明白人说它是杨廷宝先生的作品，具有保存价值，这才得以幸存。

1927 年春天杨廷宝学成回国之时，中国的大城市建筑设计几乎被外国建筑师包揽，尤其是上海，设计审批权操在外国人手中。中国建筑师没有地位，也很难进入。当时沈阳的少帅府招标，在众多方案中，杨廷宝的方案被少帅看中。后来，杨廷宝凭着超众的才华在天津加入由关颂声创办的“基泰”建筑师事务所。上海那边是赵深、陈植、童寯三人合办的华盖建筑师事务所。

中国建筑师成立了自己的事务所，标志着在我们自己这片土地上掌握了自己建筑的风格。中国建筑师由此确定了自己的地位和价值，而且他们也在逐渐形成自己的独立人格。中国的建筑在那时候出现了第一个高峰。

至今，建筑界也还有人说现在的建筑没有超过20世纪30年代。对于这个评语我不置可否，但是，就沈阳的建筑而言，我认为的确如此。因为那时候的建筑有个性有特点，而现在的建筑越来越失去了这种特点。就说新北站吧，这无疑是一栋新建筑。较之过去杨廷宝的建筑更大更宽敞更新了，但是，是不是更具特色更艺术了呢？我总觉得杨廷宝的那个车站更像个车站的样子，特别是那个弧度的顶盖为平淡的沈阳城上空增加了一道不平淡的天际线，让人滋生一种柔情，一种怀念，一种依依惜别的过去的岁月。而现在的北站呢？平直的线条，现代的建筑材料，无论外在还是内在的感觉都缺乏沈阳自己的特点，似乎可以放在任何城市里。这仅仅是从外在造型艺术而言，就使用上来探讨我认为也有其问题，比如汽车不能直接开到候车室门口，对于乘客一点不方便。没有坡道，在这一点上还不如大连火车站五十年前的设计。那个坡度在我看来象征着某种时代和时间的旋律，它对于城市对于火车站都是一种特殊的语言符号。连这样的符号都没有了，那只能说是建筑上的退步。作为建筑物而言，新倒是新了，但是，新的缺乏艺术，更缺乏才气。建筑缺乏才气，建筑师怎么会有才气呢？我觉得我们的城市看起来越平庸无奇，原因在于那些越来越平庸的

京奉铁路沈阳总站

建筑堆砌得太多太多，淹没了城市，或者说僵化了城市。新的未必就一定比旧的好。

记得鲁勃辽夫的壁画是用最为低廉的土质颜料画在普通的灰泥墙上的，却具有巨大的价值；而平庸的美术家所制作的珍贵石头的马赛克，却没有任何价值。艺术上是没有贵重材料和低廉材料之分的，没有坏材料和好材料之分，有的只是好匠师和坏匠师之别。

我们的好匠师在哪里呢?

建筑诗人

建筑与诗是有关系的，正如建筑与文学。不是有人形容建筑为石头的史诗吗? 18世纪的欧洲，许多建筑所表现出的热情也同样表现于当时的诗歌之中。比如在南欧基督教的圣颂诗歌与北欧异教的“爱达史诗”都隐隐透露出空间无尽的韵律、节奏和想像。如果再把拉丁赞美诗“末日的审判”与北欧异教的“伏龙斯帕”并读，便可以看出两者皆有相同的坚历沉毅的意志，要征服并粉碎一切可见的阻力。从来没有什么其他旋律能够像古代北蛮人所发出的韵律那样，具有不可想像的空间与距离的庞巨之感。北欧原始文学中，有一篇以悲壮苍凉著称的作品“史坦柏雷”，其表现力更为强烈，就好像高峰夜雨，狂暴而遥远，在其摇曳不定之中所有的文字所有的事物，皆自动消散了，体现出一种语言的“动力学”。

再看普希金书写被放逐于西伯利亚、身带镣铐的十二月党人时的句子：

“在西伯利亚矿井的底层，
埋藏起高傲的克忍。”

为何用“高傲的克忍”呢? “极大的克忍?”这是陈词滥调；“不寻常的克忍”同样是老一套；“惊人的克忍”还是老一套，只有把高傲与克忍两词连接起来，它们之间才会闪现出一星火花，充满奇妙的特殊的意味。俄国建筑大师波利索夫斯基把这种词汇的挪用，称作建筑学上的“装配的艺术”。他认为建筑师的创作可以比之于诗人的艺术。尤其对于现代建筑师而言。我很钦佩贝聿明先生。我曾在一个最为炎热的夏天冒着40℃的高温骑车子专门奔赴香山，为的是一睹他所设计的香山饭店。这是一座具有着浓郁的中国江南民宅风味的建筑，白墙灰瓦，疏朗院落，古色古香，韵味幽悠。这就是一首民风古朴的叙事诗。据说建筑界对于这栋建筑褒贬不一，但是，无论怎么说，这是一栋具有诗意的建筑，贝先生是位建筑诗人。我们曾说肖邦是钢琴诗人。傅聪也可以说是中国的钢琴诗人，那么，建筑诗人是谁呢？我首推贝聿铭先生。如果说香山建筑给我留下了诗的韵味的话，那么还只能说是中国的民歌境界。尽管这栋建筑并不局限于中国传统风格，比如以青砖镶嵌线脚的处理方式就是从意大利文艺复兴得到的启发。但，我还是要说贝先生是个民间诗人或歌手。

然而，当我亲眼目睹了他在卢佛尔宫的那个玻璃金字塔时，我觉得他是个世界级的大诗人了。他何以能够成为大诗人？我以为除了他那天才的悟性之外，得益于他那东西方文化的融汇能力。

卢佛尔宫的那个广场其实并不很宽阔，历史沉淀的太多太深的岁月把那片空间挤兑得有些狭窄幽暗和压抑了。灰色的法式屋顶，屋顶上的浮雕，石块铺陈的地面，从上到下，色调都不明朗。一个人置身这片空间很容易就被历史吞食了。如果一只鸟来到这里，它一定不会飞了，因为它面对这般黏稠的空间它不会知道该往哪儿落。我去卢佛尔宫时已经是下午了，天气不大好，没有太阳。这使我更感到一种说不出来的郁闷。在这种心境下走近玻璃金字塔，你就会越走越轻松，越走越明朗了。尤其到了夜晚，那上头缀着灯光，像一块巨大而迷人的钻石，为这座陈旧的宫殿增添了高贵的装饰。这已经超脱了通常意义上的建筑的意义，从而升华为艺术。真是不可思议，贝先生何以想像出这样一个瑰丽方案。玻璃钢材完全是现代的，而金字塔造型又是那样的古老深邃。这是一种人类智慧的巧妙展示，是一首真正的诗化建筑。贝聿铭是个诗人，是个世界级的大诗人。他的诗作不仅有着高雅的意境而且足以打动人类的灵魂。在纽约，在曼哈顿，在那条著名的麦迪逊大街上，矗立着一栋高层建筑。在第九层有一间方形办公室，这间独具特色的办公室给来访的人留下难忘的印象。仅从那幅巨大的装饰整整一面墙的抽象画上就可以看出一种东西。房间主人的书架很耐人寻味，摆满了书。熟悉的人可以发现书柜上经常更换一些新书，却惟有一本书脊上印有BAUHAUS字样的厚书永远郑重地摆放在那里纹丝不曾动过。细心人由此可以想到主人与现代主义建筑大师格罗皮乌斯的师承关系。令我困惑的是格罗皮乌斯是包豪斯学派的创始人，而包豪斯建筑是特定时代的特定产

香山饭店中段南立面

物，它是实用性的社会性的科学性的，却不能说是艺术性的，尤其是在格罗皮乌斯的手下是不可能写出建筑诗的。问题就由此而出现了，一个没有诗的老师如何使学生充满诗篇?

带着这个疑惑我走近贝聿铭。早在哈佛时，贝聿铭就觉得格罗皮乌斯的功能主义过于简单化。这位性情温柔的学子竟然在国际式这一大命题上与他的老师发生了分歧。他的论点很雄辩，导致他的老师不得不说：“我并非不同意你，但我希望你能证实你的观点。”我敬佩贝先生的才华正是缘于他在实践中的那种证实。他离开老师那简单化的功能主义越远，就与艺术和诗挨得越近。20 世纪60年代他接受了美国国家大气研究中心的设计任务。那栋建筑将位于科罗拉多州落基山脉之中。开始时，贝先生曾尝试采用一种惯用的建筑语汇，并以推敲窗的大小比例寻求适当的尺度感。但他很快发觉以这种常规的手法设计出来的建筑放在雄伟苍茫的群山之中看起来如同玩具一样。为了获取灵感，他干脆走进那崇山峻岭，风餐野露，真正感受到了大山的磅礴气势。在他那敞开的广阔视野中，一定有着神灵的祥云在他的头上翻飞，或者说他那被大自然熏染的性情会把那一座座朝他涌动的山脉幻化成一片姿态各异却同样娇媚的女人朝他翩然而至，扑向他的怀抱。他要选择一个最美丽的女人，那是飞天，还是雅典娜、维纳斯?

贝先生获得了重大收获，他竟然找到了一处13世纪在岩洞居住的印第安人遗址。这处岩洞很了不起，它很宽广，以山岩砌筑的塔形建筑物丝毫没有在群山面前的渺小感，这足以震撼贝聿铭。他顿时从历史中得到了启发，他从大自然与建筑的交融中发现了真正的哲学。他由此而接近了美国最了不起的建筑大师赖特。贝先生就是这样在头脑中生发出了美国大气研究中心这个物体所应有的形体、色彩、质感，这些都是诗的语言，完全超出了科学技术所能解决的范畴。他决定就地取材，在山上开采合成混凝土所用的骨料，这种材料使建筑物的色彩和质感与其山岩背景浑然一体，自然天成。这就是赖特的主张：“我们从不建造一座位于山上的建筑，而是属于那山的。”

贝聿铭与他所设计的卢佛尔宫模型

对于贝聿铭先生的建筑作品我知道得不多，对于他这个人我更是所知甚少。只是在1992的北京一次建筑会议上，我结识了一位中年建筑师。他语言不多，显得思虑重重。他衣着和形象均很普通，他在自我介绍时我得以知道他叫王天锡，曾经在美国的贝聿铭事务所学习和工作过。他谈自己的时候显得语言多少有点木纳，但是，他谈到贝先生时却兴致勃勃。由于好几年过去了，我已经记不清他都谈了些什么细节，只记得他说贝先生是个性格很温和的人，也很随便，不摆大建筑师的架子，平时生活中特别平易近人，正是这种性格中的平易性使他在美国的建筑界更容易走近住宅建筑。王天锡说了一个贝先生的细节，他到中国香山时，因为热了他就把衣服脱下来了，脱下来的衣服就有人要替他拿着，他拒绝了，他把衣服围在腰上随随便便地那么往腰后边一系，就说说笑笑地走在了前边。后边没有系紧的衣袖随着他的步态而晃晃荡荡……用现在时髦一点的话说他这是潇洒。我看过他的照片，他有一双笑眼，戴着一副圆圆的黑框眼镜。我看他第一张照片时，他是一副笑的表情，他一笑，满脸都笑，笑得很开，很阔，我看到他的第二张照片时，也还是一副笑的模样，后来，我看到了他不同的角度不同的环境所拍摄的照片，几乎无不是笑容满面。于是，我开始研究他的笑容。终于我意识到了这是一个东方成功者的习惯性的表情。这些灿烂的笑纹里边荡漾着人类最美好的向往。在美国现代处于领导地位的建筑师中，贝聿铭是最温和最吸引人的一位。普利茨克奖的评委会给他的评语是："本世纪最优美的室内空间和外部形式中的一部分是贝聿铭给予我们的。但他的工作的意义远远不止于此。他始终关注的是他建筑耸立其间的环境……他在材料运用方面的才能和技巧达到了诗一般的境界。"迄今为止，还没有人称贝先生为建筑诗人，但是，我却要说，他的确是一位具备诗人气质的建筑大师，或者干脆说他就是一位建筑诗人。

真可惜，他是属于美国的而不再属于我们中国。在我们中国众多的建筑师当中，我认为也有一位可以称得上建筑诗人。尽管他还远没有贝先生那样的知名度和成就，但是，就其学识水平和理论素养还有他对于建筑艺术的独具特色的阐释，以及他那为数不多却极有特点的建筑作品，都让我给予这样的评价。尤其是他在20世纪90年代初像一个流浪诗人似地走遍美国考察建筑，更让我看到了他身上那股子不可扼制的诗人气质。

看上去他很年轻，一件夹克衫敞开着，一头披肩长发，走起路来轻盈飘洒，俨然一个流浪飘泊的诗人。无论是那头飘飞的浓黑的披肩长发还是那富有弹性的腿部，都与一位六十岁的老人格格不入。但是，他确确实实是在六十岁的时候一人周游美国各地考察建筑。他昼夜奔波，没有一个安定的居所。他由一个城市到另一个城市的方式都是一样的，那就是白天在城市中逛，拍摄幻灯片，晚上乘车，利用乘车的时间睡觉休息。等到摇摇晃晃的车一停稳，他就睁开眼睛。他每次睁开眼睛时所看到的都是一个全新的城市，一片全新的阳光。新的城市被新的阳光照耀得非常迷人。而他由于一夜的蜷缩，衣服弄得皱巴巴的，而头发也乱作一团。他从车上下来，已经顾不得梳洗打扮，大步流星扑向了全新的楼群。我是在他放映的幻灯片子上看到了美国那高耸的密集的建筑群体的。留下记忆的不是这些巨人般的不可一世的玻璃幕墙建筑如何在那片土地上争夺制高点，而是在一处巨大的建筑物下边有一个小小的教堂。那个教堂他进行了局部拍摄，但也仍然十分渺小。这个小小的教堂的存在导致了这个大楼的整个结构。大楼的立柱按正常情况应该是在教堂的正门口，但是，教堂不允许挡在正门口，所以那根大柱子就不得不挪让开，结果挪到了一个承重力很差的位置上，由此带来了整个高层建筑的稳固问题。经过非常复杂的结构力学计算，在建筑物的最顶上按放了一个巨大的沉重的铁块子，为的是平衡由于立柱移位而带来的不稳定性。这个巨大的铁块子还得随着风向而有所变化，这一切是个多么麻烦的事情。但是，仅仅因为一个小小的教堂，美国人就不惜花费这么大的代价。何不一声令下把这个小小的教堂拆了换个地方？如果拆教堂与改变大楼结构比较起来，那所费的代价是完全不可比拟的。但是，从中可以看到美国人的一种精神。

对了，我还没有交待这位流浪诗人的名字。他叫戴复东，是同济大学建筑系的教授。他是爱国将领戴安澜的儿子。他以六十岁年龄到美国考察建筑。他皮肤黝黑，眼眶有些隆起，个子矮小。他在美国巨大的高层建筑中穿行出没时，显得十分渺小。但是，他却以超人的精神和毅力进行着他的考察。他常常会受到来自歹人的威胁。或被抢了照相机，或者险些被抢了钱，最危险的一次是在一个夜晚。白天他在城市的楼群中穿行得特别疲倦，到了晚上他来到汽车站，他原以为很快就会赶上一趟车。可是，他走进这个候车室一看，空空荡荡，没有一个人在此等车。他一看时刻表，坏了，已经没有车了。就是说他得在这个票房子里蹲上一夜，第二天一早才能有车。没有任何办法，只好找个椅子坐下，眼皮沉得很，不知什么时候，他突然惊醒了。睁开眼一看，他就意识到要出事了。原来，他看到了两个膀大腰圆的歹人咬着白光闪闪的牙齿朝他逼近了。夜深人静，没有任何人的候车室因为这两个人的到来陡增了恐怖气氛。戴复东急中生智，他站起身，拉开架子，打起了太极拳。那两个行为不轨的歹人见他拉开架子

戴复东

打拳，愣住了。他们一定知道中国武术的厉害。

戴复东一招一式地比划着，用眼角瞄着他们。他心里非常紧张。他见这两个歹人立在那里不肯走开，就知道危险没有解除。但是，他不知道下一步该怎么办才好。后来，这两个家伙见戴先生也没有什么新的招数就又逼过来。戴先生知道要是硬拼无论如何是要吃亏的，情急之中，他突然决定往那个楼梯上跑。他气喘吁吁地跑上了楼梯，那两个家伙也尾随而上。多亏他敲开了一间房门，冲进去对一位工作人员说有两个歹人威胁到他的安全了。当那个工作人员出门看时，却见那两个人没事一样晃晃悠悠地走去了。戴先生长舒了一口气，但他不敢马上走出这间屋子，他在这个时候才真正感觉到疲劳像大山一样朝他重重地压过来了……

他在美国期间不仅有了关于建筑的感受，他更重要得是有了生命的体验，这使他的考察较之一般的建筑师要深刻得多。

中国的建筑师们纷纷步出国门，到充满诱惑的西方世界去寻找建筑的真谛。大批建筑师涌向了美国，如果说第一代建筑师梁思成他们去往宾夕法尼亚大学是第一次浪潮的话，那么，20世纪90年代的这批建筑师去往美国就是第二次浪潮，作为第二次浪潮无论规模还是气势都要比第一次大得多。这批人当中年龄不等，有的学成回来，有的至今还留在了美国。比如建筑师张开济的儿子张永和就是属于比较年轻的一茬儿，他的父亲张开济算作第二代建筑师，张永和大概就应该算作第四代建筑师吧？他们留在国外是想干出一番业绩的。他们可能成为贝聿铭吗？

从西方回来的建筑师都学到了什么呢？学到了使用钢和玻璃幕材料，学到了设计高层建筑，他们几乎都在抄袭或摹仿西方的建筑，他们的胃口也越来越大了，巴不得干一些更大更气派的建筑。好在中国赶上了一个建筑的时代，到处都在建设，任何一个城市都在破土动工，都有建筑师的用武之地。这也是对建筑师的一个考验。看看他们到底从西方世界学来了什么真东西，这些东西与我们自己的国家和城市到底有多少关系。

法国建筑界的一位资深专家到北京时，带两个学生。中国建筑设计研究院让专家看了他们这几年搞的三个作品，他们自己认为这是几个能拿得出手的作品：国际饭店、图书馆、山东曲阜的阙里宾舍。法国专家一眼就看好了阙里宾舍，他说阙里宾舍是中国自己的风格，有文化有特色，他说他很喜欢。中国人随后又问他国际饭店咋样，法国专家看了一会儿说，也还不错。但是，马上他又加了一句：“不过，盖在法国也可以嘛！”说完，他就哈哈笑起来。再问他北京图书馆怎样？他却没有发表任何意见。对一栋建筑不发表任何意见其实就是已经发表了意见。就像看完一部书不发表什么见解，保持沉默，这本身就说明对这本书的态度嘛！

中国建筑这几年热得太快，对于许多建筑师似乎并没有足够准备。即便这几年出国成风，几乎没有哪位建筑师没到过西方考察建筑。然而，我们究竟吸收了多少？我们学习到的东西如何与中国的东西相结合呢？如何体现出我们自己的特色呢？

同样都是出国的，收获却完全不同。我认为戴复东在美国学到了真正的东西，那就是他没有被西方世界的繁华遮住他对艺术的求索，甚至加剧了他的这种追求。他是个很愿意动脑筋很勤于思考的人，他从那个大高楼与小教堂的对峙中感受到了建筑的某种精神力量。他是在充分领略了西方无数现代豪华的高层建筑之后来到山东荣城，接受了荣城海滨那儿的一处高级别墅设计任务。

荣城地区过去贫穷，是不可能建造别墅的，改革开放以来他们富有了，他们要建造最好最洋气的别墅。于是，他们要在全国范围内找一个最好的建筑师来设计这些别墅。而身为名牌大学的资深教授、又是刚刚从西方世界考察回来的戴复东无疑被视作最佳人选。

戴复东来到荣城海边时，正赶上一场大风。风把海浪掀得很高很骇人，当地陪同他的人劝他回招待所休息，可他却偏偏兀立于疾风劲掠的海岸。海岸距海面有一定的高度，当海浪呼啸着扑向海岸时，戴复东觉得脚下的大地在摇晃，仿佛是一艘随时可以启动的船。风平浪静之后，他又走在海边的沙滩上。他的脚踩下去并没有落在松软的沙滩上，而是踩在一片海草上。正是这片海草深深吸引了他。他蹲下来，从地上拾起海草，仔细地研究着。他与当地老乡打听这些海草有什么用途，人家告诉他这些海草不能烧火做饭，因为它燃不起火苗，只能被穷人用于盖房子苫屋顶。说者无心，听者有意。他立即挺起身，朝远处望去，辽阔绵长的海岸线漫布着一团团一缕缕的海草，似乎无穷无尽，看着看着，他陷入了深思。连着几天，他都在海边转悠，他很少说话，也绝口不谈设计方案的事情。他偶尔还走进附近的村民家去拉家常。这个上海的洋教授居然可以深入普通的老百姓家，这事很让人感到蹊跷。于是，人们不禁私下里议论起来。他们觉得这个洋教授有些反常，为什么他迟迟不谈方案？

在当地人急盼盼的目光中，戴复东把方案设计草图拿出来了，人们以为这一定是摩仿西方住宅采用最新材料的楼群，该闪光的地方就闪，该亮的地方就一定会锃明瓦亮，却不曾想这是一批茅草房子。这像一个巨大的笑话，在荣城一下子就传开了。人们觉得这个洋教授简直是不可思议。没准他的脑子出了毛病。我们几辈子人穷得住草房，现在生活总算好起来了，难道还让我们去住破草房?

我赞美戴复东先生的原因就在于当人们一股脑地效仿或照搬西方那种怪里怪气的别墅建筑时，戴复东独辟蹊径，以自己的智慧和才华来抒写自己的诗篇。他能从浮躁的狂热的崇洋潮流中寻找自己民族的东西，这是需要一定的胆识的。他成功了，他的努力给我们这个浮躁的时代和浮躁的建筑带来了最为重要的启迪。

我是从幻灯片子上看到了他那浸透心血的北斗山庄。依山傍水，按着地形地势的起伏，进行诗化处理，构思新奇，布局讲究，按着北斗七颗星的排列顺序和位置建造了七栋别墅。整体上七栋建筑浑然一体，细心看，每一栋又不雷同，细部处理颇具匠心。的确这是些草房子，但是，它们与过去的草房子完全不同，是充满艺术韵味的草房子，是具有诗的感觉的建筑。在我目力所及的范围内，我还没有看到过可以称得上诗的建筑。我认为具备诗味建筑必须具备几点：其一，要有意境；其二，要有独特构思；其三，不故弄玄虚，朴素无华；其四，要对周围环境有个传神的点睛之笔，这种点睛之笔首先是与环境的和谐融洽。这四点说到底还是一个建筑师是否有着诗的悟性，或者悟性高低。一首好诗应该是耐人回味的，一栋诗化建筑也同样是具有令人回味无穷的东西。海草在荣城海边是最不值钱的东西，也是最不高贵的材料，但是，到了戴先生的手中就改变了，这些海草苫到房顶上不仅防水性能好，防火性能也好。因为它是咸的，所以引不起火苗。再看这七颗星之间的连接通道，是用圆圆的小石磨铺就的。这又是戴先生的创造。他看到当地人把淘汰了的石磨扔掉后，便以十分钱一个的价钱进村里收购。他把收来的石磨用作铺路，出现了奇特的艺术魅力。石磨之间的缝隙种上草，石磨中间的孔洞也长出清清绿草，石磨上的纹络不仅美观而且踩上去不打滑，这是最为理想的材料了。再看室内的会客厅，一色的传统红木或柚木椅子，窗帘和椅垫均选用那种蓝地白花的土布制作，加上中国胶东民间味道极浓的窗扇，使得这个空间弥散的文化和艺术气息很耐人回味。从任何一个细部都能感觉到建筑师的功力和匠心。戴复东先生用最土的材料做出了最不土的东西，他把茅草房做成了高品位的艺术品。最先迷恋上这些草房的是南韩商人，他们出五万美金要购卖一栋。当地人被这个数字惊呆了，他们声音激动地打着恍儿告诉戴先生。戴先生一点也不惊奇，他让他们沉住气，他不让他们卖，他说太便宜了，一栋草房应该卖到五十万美元。据说，当真有人出这个价钱购买草房。

戴复东的草房别墅对于中国建筑界很有意义，它让我由此想了很多。我觉得这不仅是建筑风格问题，也不仅是审美问题，这里边有一个如何吸收西方的东西、如何不失去本民族的特色问题。这个问题几十年来一直困扰着我们建筑界，可以说至今我们也没有解决好。钟华楠先生在他的《“抄”与“超”》一书中就香港建筑和内陆建筑这几年蜂涌抄西方建筑问题提出了自己的见解，那就是不仅要“抄”，还得要“超”。其实，真正意义上的“超”必须是创新的，具有我们中华民族自己的文化底蕴。

城市与建筑师

我们的城市与我们的建筑师有着怎样一种关系呢？毫无疑问，是建筑师创造了城市容貌，但是，城市本身也是可以改变和影响建筑师的。尽管中国建筑师受到来自各方面的左右，比如长官意志，比如业主的颐指气使，以及各种因素的干扰，但是，建筑师的主观努力也还是起着极其重要的作用。比如上海这样的大城市怎么可以想像没有陈植这样的建筑大师呢？正如南京城怎么能够不与杨廷宝先生、童寯先生联系在一起呢？首都北京有着建国以来最为重要的建筑，比如人民大会堂、历史博物馆、和平宾馆等，当我们如数家珍般地去称颂这些建筑时，我们能忘记设计这些作品的杨廷宝、张镈、张开济等建筑师吗？他们与这些作品同在。当我们说到广州建筑，我们首先想到的就应该是建筑大师佘畯南和莫伯治，他们是著名的建筑师，他们设计了广州著名的建筑——白天鹅宾馆。

广州有个佘畯南

如果没有佘畯南先生，那么就不一定会有白天鹅宾馆。当然也还会有这样一座宾馆性质的建筑物存在，却不一定叫这个名字，更不会是这样一种造型和风格。我曾于1992年在北京的华都饭店举办的中国建筑学会第八次全国会员代表大会上采访了广东建筑设计院副院长关富椿先生。这位20世纪60年代初毕业于华南工学院的中年建筑师有着北方人的豪爽、健谈。他认为，广州这座南方城市阳光充足，气温高，城市建筑颜色以浅为主，太重的颜色属于北方。南方城市建筑一般愿意采用新工艺、新材料，窗开得比较大，公共建筑装修得比较讲究，打破了火柴匣式建筑，越来越注重建筑的外形之美。他谈到了五星级的宾馆白天鹅、中国大酒店、花园酒店还有东方宾馆，他说东方宾馆是国内第一家自己经营达到五星级水平的。说到白天鹅宾馆就自然谈到了佘畯南先生。白天鹅建在白鹅潭那个地方，

佘畯南

因天鹅潭而取名。宾馆的墙体是白的，整个外形有雕塑感，窗户凹进去一些，组成一排交错的空间，从侧面看，有点天鹅的羽翼的参差感。建筑平面是船形的，两个墙边的线条弧度很是柔和。这座宾馆为广州城带来了许多声誉，成了某种身份和尊贵的象征。在广州佘先生还有一些比较有影响的作品，像东方宾馆、友谊剧院，这些建筑的手法都比较新，都曾在那个时代产生过重大影响。比如60年代设计的友谊剧场，就有好多地方照抄照搬。据关先生介绍佘畯南身体不好，心脏安装了起搏器，讲话无法高声，深居简出了。

白天鹅宾馆

今年，我有机会又去了一次广州。广州的大高楼建得太多了，一派商业味道。高级宾馆可以说比比皆是，当年关先生曾逐一给我数着广州的五星级宾馆有几个，事隔五年了，广州的五星级宾馆一定又增加了几处。当年，我曾到过白天鹅宾馆用过餐，那是在二层楼的一间宽敞的民族风味很浓的包间。那时候走进白天鹅还有种欣喜感，可是如今走在广州街头眺望白天鹅就觉得它不似昔日那般辉煌了。它好像陈旧了。佘先生垂垂老矣，白天鹅蒙上了城市的灰尘，在它周围兴起一片更高更鲜亮的高层建筑。比如国际大厦等，我在想，这些新的更豪华的建筑能取代白天鹅的地位吗?在这座城市里还有比佘畯南先生水平更高、更年轻的建筑师吗?

我不能作出肯定回答，因为这座城市虽然变化挺大，却并没有变得令人喜欢。尤其是火车站周围，那可是太乱了。火车站周围的脏乱差好像不光是广州的问题，也是我们中国所有城市所面临的问题。尽管我们有好多城市新建了火车站，但是，车站虽然新了，环境却无法更新。在无法更新的环境里，再新的建筑也只能是一种尴尬。所以说，一个建筑师对于一座城市所起到的作用还是微乎其微的。他们远远不如市长。他们没有发号施令的习惯，也没有这个本事。何况我们的社会我们的官员们对于建筑师的尊重太不够了！

友谊剧院室内

相传一位官员不知道建筑师是怎么回事，当他听到人家说到建筑师时，他自言自语：什么建筑师?哦，理发师、裁缝师、建筑师……

我在北方的一座文明程度颇高的城市里走进了一所建筑设计院。这里的一位建筑师很激忿地告诉我，他们这里搞建筑设计的人不爱要建筑师的职称而爱要工程师职称。由此看来，我们的建筑师所处的社会地位和被人们认识与理解的程度。还不是把建筑师当成文化人与学者（当然了，现在的人一切都向钱看，就是文化人和学者又能怎么样?），差不多还是停留在过去那种工匠的地位上。

即使建筑师没有什么显赫的受重视的地位，那么，建筑师们在各自的城市中也没有放弃自己的责任。他们当中有的人凭着自己的业务水平与人格魅力，已经或正在发挥更大的作用。正是这种作用和努力，使得城市有了自己的一如继往的文脉。走进这样的城市，就与走进别的城市不一样，别的城市大同小异，而这座城市则完全不可与其他城市混淆。这种城市的历史氛围与文化氛围正是建筑师的独特的魅力所在。

张锦秋之于西安

张锦秋得天独厚，占尽天时地利人和之便，就连她的丈夫都如是说。张锦秋本来毕业后应该留校工作的，但是，她跟爱人沾光了。爱人是白专典型，在整个清华大学拔掉的三个“白旗”中就有一个是她的爱人。这面白旗被发配到了宁夏。1965年他们结婚了，两人无法回北京，只能留在大西北。因为张锦秋当时是党员，政治上可靠，西安的西北建筑设计院三线任务很重，征求她的意见，让她留在西安，然后再把她的爱人调到西安。张锦秋就是这样来到了西北设计院。对于踌躇满志的张锦秋来说，这种选择显然是出于某种无奈。西安绝对不如北京有吸引力。如果她不是在西安而是在别的城市，她大概就不会有这个机遇去搞三唐建筑。但是，西安也有不少建筑师，何以就得张锦秋去搞三唐建筑呢?

张锦秋由于设计了华清池这个古建筑的大门，受到了当地的重视。她被推举为古建筑设计组组长。她不愿意叫古建筑小组，她觉得应该叫传统风格设计组。作为一个建筑师，她认为要搞那种纯粹仿古建筑，就没有什么意思了，应该搞那种具有传统风格和历史文脉的现代建筑。这样的建筑才是具有想像力和创造力的建筑。西安是历史文化名城，在城市改造上一方面要承袭古建筑的文脉，一方面还要有现代建筑意识。如何融汇古今，这是一个有志向的建筑师应该认真思考的问题。日本人对于历史上的长安情有独钟，他们要在这座历史名城里找回某种历史记忆。他们要建阿倍仲麻吕纪念碑、青龙寺，还要建一些大宾馆。阿倍仲麻吕纪念碑选中了张锦秋的方案。青龙寺，这是一个早就被历史云烟淹没了的建筑，西安人对此已无印象。他们每天经过郊外那片光秃的麦田，什么也感受不到。但是，

青龙寺

忽然有一天，他们看到了一群日本人跪拜在那片麦田里，虔诚地举行着祭奠仪式，久久不肯离去。看热闹的西安人觉得很蹊跷，却也不知所以。但是，有心的建筑师张锦秋却意识到了这片麦田肯定会有一段重要的与日本人有关的历史。她翻阅有关资料认定了那里曾经是青龙寺的遗址。唐代的留学僧空海曾经就在这个青龙寺内。空海在历史上非常有名，他的中国名字叫晁衡，历史记载了这个空海和尚曾经五笔就把王羲之的一幅书法补全，所以唐太宗非常欣赏他的才华，奉他为“五笔僧”。空海对于中国的文化和艺术均有较深造诣，他自长安回国后也把唐文化带回日本，并且在日本创办了贫民学校，影响深广。所以，日本人现在来长安寻找青龙寺，就是要出钱为空海建个碑。日本来了一位建筑师，他叫三木忠司，已经80多岁了。他是日本老一代的现代派建筑师。他认为现代建筑必须要有地方文脉，不能割断历史。他的观点与张锦秋的观点是一样的，所以，他们相见之后非常谈得来。日本建筑师很尊重张锦秋，他把自己要搞的空海碑想法跟张锦秋谈了。张锦秋认为如果仅仅搞一个孤碑显得太单了，不如搞一个碑院。这一提议深得日本建筑师的赞赏。于是，西安就建起了一座碑院。从此，中国建筑师与日本建筑有了真正的交流。张锦秋被邀请去日本讲学，深受欢迎。

空海纪念牌

由于张锦秋的影响越来越大，她被提为主任建筑师。这期间西安进入了建筑时代。主要是旅游业的红火吸引了外资。日本三井不动产株式会社投资，要在大雁塔周围搞三个项目：宾馆、歌舞餐厅、唐代艺术馆。“三唐建筑”由此叫响。可以说这三个项目都是大项目，建得好赖足可以影响整个古城的风貌，因而，其重要性可想而知。西安市长出面跟日本人签订协议。一般情况下，外国宾馆都由人家自己的建筑师担任主持，这样容易领会的老板意图，所以，由日本建筑师提供的宾馆方案很快就出台了。张锦秋一看这个方案，就皱起了眉头。因为这是“和风”建筑，而没有唐风味道。她提出这栋宾馆建筑一定要慎重，要有中国传统的文化承袭，因为历史上这个地方是有名的“曲江”风景区，古时有好多诗人为这个风景区写下动人的诗篇。因此，这个地方的建筑一定要突出唐朝特色。如果忽视了这点，按照日本人的设计方案搞成和风建筑，那将是永久的遗憾。后来，陕西省领导也非常重视这件事情，他们一致认为如此重要的建筑不能随便让日本人设计。于是，就决定让张锦秋搞一个方案。我们与日本方面各出一个方案，拿给三井株式会社他们看了，经过比较，他们马上决定采用张先生的方案。并且委托张锦秋主持设计。20世纪80年代中期，在中国这片土地上只有一个外资宾馆——广州的白天鹅，是中国的建筑大师佘畯南设计的，再一个就是张锦秋搞的三唐建筑。日本人一向重男轻女，开始他们以为张先生是男的，在建筑现场看到了张锦秋，他们很是惊讶。有意思的是担任三唐工程的结构工程师也是女的。

张锦秋成功地设计了三唐工程，也成功地设计了陕西博物馆。她以自己的才华和激情为西安这座古城创造了一个崭新的风貌。她的事业她的命运甚至她的喜怒哀乐都与这座古城息息相关。我与她交谈得比较多，我觉得她的性格也那么厚实，笑起来一点也不轻浅，还有她的额头，她的装束，都让我去和那片黄土地、那座笃实凝重的古城氛围联系在一起，不可分割。我也曾默默地观察过她，也曾默默地观察过来自别的地区的建筑师，这些建筑师们聚在一起说说笑笑，看似没啥差异，其实，他们身上或多或少都带有各自生活的城市的印迹。一个人在一个地方生活了几十年，这本身就留下了不可摆脱的印迹，何况建筑师，他们与城市的关系比平常人更密切更长久更难以摆脱。

正像我们的城市与城市之间越来越缺少那种明显的区别一样，建筑师们之间的差异也越来越小。但是，我仍然能够把握住南方建筑师与北方建筑师之间的最基本区别，沿海开放城市与西北、内地建筑师精神面貌及生活习惯上的不同。我曾参加过建筑界的几次会议，在北京在哈尔滨在深圳，我有机会熟悉了一大批建筑师。可以说正是他们把我引进了建筑界，我从他们这些人的身上也读到了他们所在的城市的变化。

三唐工程之一部分

建筑学巨擘陈植

中国第一代建筑师已经所剩无几了。原《建筑师》杂志主编杨永生先生是位非常有远见和事业心的人。他主编了一套“建筑文库”丛书，其中《最后的论述》和《杨廷宝谈建筑》都是属于抢救式的财富，多多少少让人感到某种悲壮色彩。正是通过这套书，我结识了杨主编，也是通过这套书，我对童寯、杨廷宝增加了崇敬。翻开《最后的论述》一书，首先看到

陈植

的就是一篇代序的文章，作者陈植。这是我第一次知道了陈植其人。

“陈植，字直生，浙江杭州人，1902年生……”这是从《建筑师》杂志上看到的对于陈植的介绍。我不喜欢这种呆板的文字介绍，所以，下边还有好多关于他的经历与创作特色，我都不再引用。我只想叙述一下他给我留下的印象。

我是从真如车站下车的。当时天色已晚。有位朋友前来接站，朋友是位普通平民，所以，既未带车，也没有给我提供什么优惠，惟一的帮助就是成了我的向导。最难忘的是几年不来上海，就有些陌生了。上海变化太大了，那时南浦大桥已经建成（世界第二大悬索桥）；“东方明珠”电视塔已经矗立（高450米，仅次于多伦多、莫斯科的电视塔，排世界第三）；浦东开发正在紧锣密鼓，旧城改造与新区上马齐头并进，地铁也在上马，本来很窄的路开肠破肚，那天傍晚还下起了雨，在雨中的上海街头奔波着寻找住宿，这很令我难忘。记忆最深的是到处都是高级宾馆，豪华装修，却贵得吓人。本来文人常来常往的文艺会堂，经过装修后，价格陡涨了好几倍。仍然住不起就仍然在雨中奔走。记得还有一个小旅店，几年前我来上海时就住在那里，可是，出现在面前时，它那小小的店面仅仅经过并不复杂的装修竟然将原先的几十元价格提高到了600元。第一次到上海时，我随时可以找到几元钱的住处，这些旅馆名字叫“向阳”呀，“长征”什么的，然而，才几年时间，就再也找不到这种名字的住处了。上海变得真快，一翻脸就不认人了。

日本人搞的花园饭店，美国人搞的商城，都够气派了，令我望尘莫及，细雨迷蒙中在静安区转悠着，眼前迷离的灯光中看到了高不可及的希尔顿大酒店和与之紧挨着的贵都大酒店。希尔顿是美国人建的，贵都是新加坡的，这个酒店那粉色的着面，给我以高贵的亲切感，在雨的光斑中显得很柔和，使得上海的夜空也由此变得不那么凄冷了。然而，我仍然无法挨近它。还有静安宾馆、华侨宾馆等密集的高层建筑。上海宾馆建得太多，早已供过于求，实际使用率据说连50%也难达到。然而，我还是找不到合适的住处。在这样一个洋味十足的城市里要想寻找一个艰苦朴素的地方住，那简直是强人所难。就是从那个晚上起，我读懂了上海的建筑。

差不多走了两个半小时，一直到23点，才好不容易找到了一个住处，那是部队的一个招待所，也仅仅可以容纳一人。脱下湿漉漉的衣服，想洗个澡，没水。情绪糟透了。屋里墙壁和被褥都是潮的，弥散出一股霉味儿。在这个味道中难以入睡，一直听到外面的雨声，倍感凄凉。

第二天，雨停了，但是天并没有晴。我犹豫半天还是决定打电话给陈翠芬。她是上海的一位女建筑师，已经退离了岗位，我相信她会有时间和热情的。果然，她接到我的电话很高兴。她听说我要去拜见陈植，稍一犹豫，她说她得跟陈植打个招呼。她说陈植老先生年纪大了，90岁了，一般情况下是不愿接待人的。我放下电话，以为陈植不可能同意见我。过了一会儿，电话铃响了，陈翠芬的声音非常好听，她说陈植起先不想见，推说身体不好，后来听说你是东北作家，专门从东北来采访他的，他就同意了。

陈翠芬带着我找到了淮海路1212号。这是一个公寓式住宅。老式铁门，有花格图案，也有玻璃，一看就不是防盗门。按响门铃后，等了半天，也没有回音。让你感到里边没有人。终于，门缓缓开启了。是陈植先生亲自出来开门。他真的不像90岁老人。尽管走路有点缓慢，但是，走得平稳，你丝毫不必担心他会被什么绊倒。他个子真矮，再矮也不影响他的名气。进门后空间很宽，楼梯坡度平缓，很适宜老人上。他穿着一件黄绿色的夹克衫，里边套着棉袄，稍显臃肿。但是，他踩在一个个楼梯踏步时，给人以精干利索的印象。他头发稀疏，能够比较清楚地看见头皮，长寿眉下眼睛很有神。从他的额头上能够看到岁月的沉积，鼻翼两侧的法令线清晰如弧，怪不得他如此长寿。他把我们让进他在二楼的客厅。他的公寓整个看去有些陈旧了，也缺乏收拾。家具没有什么值钱的，屋子显得挺宽。客厅墙上有一幅字，很醒目，任何人一进来就可看到。那是上海书法家谢稚柳在他90岁生日那天送给他的，上面写着："建筑学巨擘"五个大字，旁边还有排小字，写着庆贺陈植先生从事建筑65年。

1926年，陈植和梁思成在美国宾夕法尼亚大学留影

前几天，上海各界人士足有二百人聚集到了锦江饭店小礼堂，为陈植老先生从事建筑工作65周年进行庆贺。这个小礼堂很高贵，中央首长都曾在这里开过会。人们选择这里，一方面因为这里够档次，另一方面因为这是陈植设计的。庆贺会是由上海建筑师学会牵头，十几个他曾工作过的单位联合操办的，很隆重也很庄重。陈植老先生在上海德高望重，这不仅因为他在上海有过许多著名建筑作品，当过规划局长，以及各种奖项的权威评委，主要的还是来自他的责任心。他退下来好多年了，但是，他从来没有放弃他在位时的责任。比如他听说大光明影院对面的人民公园被一家肯德基吞蚀了一块绿地，还要往里吞时，他就特别来气了，他到市长那里呼吁绿地不能侵占。结果，他的呼吁起到了作用。他凡是见到不符合城市建筑的事情就总要管。他们这些名建筑家组成一个市容检查团，定期到街上转，比如他发现黄颜色的西班牙住宅被刷成了绿颜色，他就认为是失去了人家的建筑风味，没文化，于是就给市长打个报告，提出来，要改刷黄颜色。当他在车站那儿看到一个大拱圈的广告都是雪碧饮料太碍眼不美观，也写个报告，谈出自己的观点：广告不能没有，但往哪儿摆放，摆在合适的地方有利于城市，摆在不利地方就是丑化城市。上海大世界那儿有层层密集的广告，大家都认为不好看，像一层层奶油蛋糕。陈植和专家们把这些看法和意见写出来，给《科技工作者建议》这份定期内参，这个内参专门为市里主要领导提供，因为这上头有好多意见都特别重要，所以，深受领导们的重视。而陈植老先生的意见更是受到了重视。

上海的建筑是具有世界性的。上海位于我国南北海岸之间，早在11世纪就从一个荒滩、盐场、无名渔港变成了集镇。1074年宋朝庭（宋熙宁七年）在此设立闻上海镇。宋、元、明时上海因未受到战争的直接破坏，“民物繁庶”、“市易日盛”（《嘉庆上海县志》）。当时由于出海河道淤塞与海岸的不断向外扩展，上海离海渐远，但生产并没有因此而受到挫折，反而因加强了同内地的联系而更加繁荣。16世纪初乃有“江南名邑”之称（《弘治上海县志》）。嘉靖三十三年（1554年）上海筑城廓以御海盗，遂成为一个规模不小的封建性城镇。在以后的日子里，由于航海贸易的再度迅速发展，清政府为适应此形势，设立了上海的江

大上海大戏院

海关，专行征收商船的进出口的货物税。于是，上海的位置变得相当显著。

上海具有了世界性意义还是在近代。洋人欲望的膨胀，可以从外滩那些建筑物上读出。上海历来被建筑界认为是世界建筑博览馆。尤其是外滩，那些建筑几乎全是复古主义风格。例如海关大厦的进门是仿希腊的，中国通商银行的顶层是仿哥特的，亚细亚火油公司、东方汇理银行的进门与许多大楼上面的塔楼是仿巴洛克的，华俄道胜银行是仿古典主义的，中央商场上的装饰是仿古埃及的，汇中饭店是仿文艺复兴的等等。西方建筑思潮的产物竟然能够在我国的城市里如此大量地涌现，其中的意味也是够复杂了。

现在的上海呢？仍然可以说是投资者的乐园。上海比别的城市有着更强的吸引力。不仅吸引了外国商人，就连外国的建筑师也将目光瞄准了上海。那个商城就是美国建筑师波特曼设计的。对于这个设计，人们众说不一。这个商城在上海是个大作品，是最大的一处商业场所。综合性的，正中一个大的建筑，两边各一个相对小的，像几个巨大的变形金刚很霸气地矗立在城市的最高峰，一举打破了那个地方的柔和的天际线，有种铺天盖地的压抑感与威摄感。与对面的苏联人设计的秀美的展览中心缺乏呼应，也将旁边的新加坡人做的呈扇形的锦沧文华大宾馆比得矮小单薄了许多。陈植老先生最有意见的是这个美国人对中国上海尊重得不够，他违背了作为一个建筑师的常识：建筑物压红线了。上海的马路本来就窄就拥挤不堪，这么个庞然大物压到了道边上了，行人还能喘气吗？陈植老先生乘车到商城来，车还没等停下他就让开走了。他抱怨，这地方没法停留，占地太满了，这种占法在全世界各地也是违背原则的。波特曼是很了不起的建筑师，他创造了共享空间学说，他是以尊重空间而著称，却为什么建商城时不考虑呢？陈老想不通，很多人也想不通。于是，有种说法，这座商城是波特曼的儿子设计的。他的儿子也不该这样吧？

上海需要陈植老先生这样的建筑师。陈植有资格代表大上海的今昔。昔日，他以他的才华为这座城市增添了好多不俗的建筑，像上海展览馆、大上海大戏院、上海浙江第一商业银行、鲁迅墓等。今天，他以他的道德感和责任感以及他在建筑界的巨大影响在关心着维护着新的上海。如果全国各个城市都有这么一位老人，那将是城市的造化。

与陈植老人仅见过一面，见过一面就无法忘记。他和霭可亲，爽朗健谈，他说他在沈阳呆过，是梁思成让他1929年去的，在东北大学当了三个学期的教授，他还说东北人给他留下的印象很深，东北人结婚早，男的一个个都是小女婿……

他爽朗地笑着、说着，我注视着他，默默地祝福他健康长寿。

成都大师徐尚志

徐尚志

一见面就感觉到他是位教养深厚、具有古典文化味道的长者。举止做派有板有眼，很令人尊重。记得他很庄重地戴顶湛蓝色的布质多角帽，这种帽子大都是导演戴的，所以，人们管这种帽子叫导演帽。徐尚志戴个黑框眼镜，使他方方的脸上充满严肃。

1992年的时候，中国的建筑大师有20名（建设部颁布的）。其中搞建筑设计的15名，剩下5名是搞结构的。徐尚志是四川惟一的一位建筑大师。他是四川成都人，生于1915年。1935年至1939年在重庆大学学建筑。1942年他与戴念慈、李继华三人成立了怡信工程司。从此，他走上了建筑设计道路。1947年重庆成立建筑师公会，他被推举为公会理事长。公会这种组织形式和叫法对于我们来说很陌生了，但是，台湾现在还这么叫。这种公会是行业协会性质，权力很大，凡是公会会员才可到政府申请开业执照，不是会员不许开业。所以，徐理事长在那时也算风光了。

解放后，重庆市成立了建筑公司，他担任公司设计部主任。由于他跟政府提议，设计部发展成建筑设计院。这时，他调到西南设计院。当时，西南大区的书记是邓小平同志，西南工业部部长是万里同志。不久，西南大区撤销，四川六个省级建制：川东、川西、川南、川北、西康省，重庆当时是直辖市，这些地方丝丝缕缕都缠绕着徐尚志的情感，都给他留下了深刻记忆。他在谈到四川城市的历史沿革与现代规划时，我懂得了一位建筑师对于城市有着怎样的情感。

1953年四川省，省会依然设在成都。

他是成都人，在成都呆的时间最长，他对成都这座城市的看法最带有感情色彩，这是一种很复杂的情感。早在1958年，成都的城市规划就是他做的，那是个很开阔的思路，当你从机场出来，进入城市的那条大道正对着展览馆，大道两侧的建筑布局也是那时候定的。这条大道通今达古，为这座古城的发展找到了一个明朗的入口。

历史悠久的成都其情调与北京有些相像，过去曾被叫作小北京。街道胡同院落与解放前的北京有些相似。成都的城墙建于明代，清兵入关时派了旗人居住成都，他们把北京的文化氛围带到了成都：一家一户小院，四合院，那味道挺浓。成都也有皇城，那是明代的历史。徐先生熟悉历史更熟悉现实，他懂规划更懂建筑。许多城市规划与建筑是脱节的，但是，成都在徐尚志大师的身上得以统一。他认为城市是两个轴线，他主张搞放射性的街道，以皇城为中心。

1958 年的规划在今天看来还是令人叹服的。走在人民路上，观看马路两侧挺然而立的那个时代的建筑，真有股子人民当家作主的自豪感。锦江宾馆无疑是大手笔。这是徐先生1959年设计的，1961年建成。占地面积8 万平方米，在构思与布局上与锦江结合，空间关系、桥的关系、体量体形与周围环境都结合得比较自然。就是现在来看，城市中心的宾馆能够做出这种环境来的也实在不可多得。

还有一处明代建筑明远楼是徐先生最为喜欢的建筑，“明远”取“淡泊明志，宁静致远”之意，建筑造型确有高雅清幽之感，三层檐，比例尺度相当精确，每一根柱子在建筑上都很有价值。清代时，这栋建筑就很受重视，因而保护得很好。徐先生每次走到这条街上，只要一看到这处古建筑就会马上感到心里踏实了。无论有着怎样的不愉快，怎样想不开的事情，只要走到明远楼前，用上一点心思去仰望那三层檐分割的蓝天，就会使心绪渐渐归于宁静。有时候吃过饭出来散步，他会不知不觉地踱到明远楼下，就像来会见一位老朋友。老朋友不说话，他也不说什么，就那么双目对视，进行一种关于灵魂的交流。忽然有一天，他走在这条大街上，眼前出现了一片废墟，他的心猛地一沉……

明远楼在文革期间被拆了，拆了也就拆了，城市没有因此而伤感，但是，却在徐尚志的内心留下了一个无法弥补的遗憾。每当经过那条曾经深深激动过他的街衢，他就会感到这条街失去了某种最重要的东西，这种失去将带来整个城市的损失。

一处新建的展览馆在破旧中立起来了，其建筑设计完全违反规律。建筑上讲的是空间、比例，展览馆却是讲究政治需要。这是一处迷信年代搞的圣地，有伟大领袖的塑像，这个塑像是按着政治尺寸设计的：高12.26米，因为老人家的出生日；下边基座7.1米，党的生日；台阶8.1米，军队生日；为了政治，完全不顾建筑尺度。这种干法在当时的国内很普遍。贵阳也是按着这个尺寸做的塑像。这也是一种文化现象，比附文化，牵强文化。比如“十全大补”、“十面埋伏”、“十恶不赦”、“十全十美”等，九全就不能大补吗？九面就不能埋伏吗？九恶就可以赦吗？

明远楼、致公堂、三洞门，这是一组珍贵的明代建筑群，到了清代时，改为贡院，立了牌坊，上边刻着醒目大字：为国求贤。明远楼的拆除，切断了历史文脉，也断了文化人的古之幽情。历史文化名城的价值和分量在现代的浮躁的城市意识中显得越发尬尴起来，也使得这位集规划与建筑为一身的大师愁肠万转：城市总是要建筑新的东西，如何使现代建筑连接历史文化名城的文脉？完全现代式的，不符合古城文脉；完全古典式的，不合乎现代功能的需要，徐尚志他们出于对古城的挚爱成立了建筑艺术委员会，从建筑艺术角度出发，去审查每一个方案，达到标准的才能建。好在我们还有徐尚志这样的有着历史感、文化感的建筑师，他们像爱护自己的眼睛一样爱护着城市。就像保护一寸绿地不被过早沙化，他们在极力保护着城市不至于受到更多更惨重的伤害。比如他们在中心广场建造锦城艺术宫时，就动了很多脑筋，把文章做得很细。比如在建筑物外墙的艺术雕刻上下了很多功夫。那是一种传统味道浓郁的线刻艺术，表现内容从古到今，用舞蹈的方式，从原始的舞一直跳到现代的旋律。这栋艺术宫与对面的图书馆、科技会馆相对应，形成某种空间的默契，它们在浮躁的广场上顽强地守护着贞操般的品格，互相鼓励，互相倾诉，尽管很弱，却令人感动。这是一种高尚的语言，一种悲壮的诉说，是对迅速逝去的文化和历史的啼血般呼唤。然而谁听得懂呢？

他和他的城市一同在经历着历史上从未有过的变化，这是商品经济带来的变化，以其无与伦比的冲击力在冲击着侵占着那些历史和文化的街道和广场。那些地方就像萎缩的肌健，失去了应有的弹性，经受不住任何冲击了。

春熙路原本是商业一条街，不宽，却很有历史。改革开放以来，这条小街犹如一条湍急的河流，不可阻挡地冲击着周围的一切，不仅冲击着中心广场而且冲击着整个成都市。拼命盖高楼，寸土不让，密不透风，全是现代的建筑材料，一片金钱的炫惑。这些高楼一栋连着一栋，越来越挨近中心广场，如果说原先的广场在规划上还有遵重历史文化的意思，并且为此付出了几十年的努力的话，那么现在，这种努力显得多么微不足道。一栋20 层高楼很轻易地占据了广场重要位置，设计时，这栋建筑只有12层，但是甲方要求政府批准再增加一倍高度，不知怎么就增到了20层。这栋建筑以陌生的面孔出现在这里，一下子就打破了这片宁静广场的天际线，对广场环境构成了破坏。问题是破坏的建筑接踵而至，陆续还有几十个高层建筑要建。

“我们反对，但都有来头，规划也起不了领导作用，他们可以找领导批条子。如果这些楼建起来，跟原来的市中心广场所要求的格调就完全不一样了，就不是成都了，就将变成香港、深圳那样的商业性城市了。”

这是徐先生1992年春天对我说的话。时至今日已经5年了，5年后的成都中心广场变成什么样子了呢？我相信徐先生当时拼命反对的那几十栋楼肯定不会因为他们的反对而停建，相反，可能还会有更多的建筑紧随其后，从而更大地破坏了那个景观。那么，成都是不是已经失去了自己的古城风格，变成了香港深圳了呢？全国其他城市呢？

说南道北

一位六次到过昆明的作家在最近一次去昆明时写道：

“车过昆明市区，除了偶尔看到少许的穿戴斑斓的民族服装的女人外，再也感觉不到与其他城市有什么异样。昆明，昆明，你自己的历史呢？”

“昆明正在走向现代，我不能不为之高兴，但是，也失去了昔日的那点特殊的感觉。我几乎没有时空差，到了昆明仍似乎没有离开北京，特别是看到西之碧鸡、东之金马都被遮挡在九天云外，而街道两旁的商店、饭店招牌、广告……像广州……我并非希望每个城市都保存旧貌，我仅仅希望城市改造要适应自己的历史沿革和民族传统，成为任何其他城市都不可替代的城市。”

这位作家是我的朋友，他很厚道，人缘极好，好的原因就在于他不爱挑剔，尤其是对于女性他连缺点都尊重，他对城市的态度在我看来就像对女人。我是1981年去的昆明。记得当时在丽江遇到了中国社科院的几位同志。他们是去为纳西族的摩梭婚姻拍摄资料的。他跟我谈了好多新奇精彩的民族生活习俗。末了，他说这些习俗正在消失，正在逐步汉化。用不了几天，再到这里来找那种文化部落和少数民族的生活情景，将不再可能。因此，他说他们现在是在抢救，像抢救大熊猫。为什么我们总是在到了迫不得已的时候去抢救什么呢？一些小的局部的东西可以抢救，但是，一座城市如果建坏了失去了最重要的特色，那怎么可以抢救呢？

我见过海南的杨虎，他是那次代表当中最年轻的建筑师。他说，海南那个地方在古代时是个没人爱去的地方。现在一下子热起来了。海南的建筑在老城区有殖民式建筑，这些建筑都是洛可可风格。明清时代，文武将领和功臣流放这里，时过境迁，他们不存在了，但是，却因此而留下了一批纪念性的建筑。南方的古建筑造型比较简单，结合民间特点，骑楼式风格，很轻盈、实用。这些建筑与海水与椰子树的自然风光很协调。

然而，20世纪80年代中期以来，海南因建省，全国各地的建筑队伍蜂涌而至。土地出租转让政策一出，房地产业迅速升温以至于高烧不退，简直是跑马占荒，萝卜快了不洗泥。建筑上马太快，还顾得了什么欣赏什么艺术什么环境氛围什么建筑风格。从南到北，各路大军带着各地文化习俗上的特点，以及设计者自身的习惯，有的干脆就要在这个地方打上他们那个地区的烙印，以标志着他们那个公司有多么的了不起。就像在一处重要的纪念物上留下某某到此一游之类的划痕似的。如此以来海南的城市建筑变得芜杂了。

杨虎认为，骑楼可以说是海南建筑的一大特点。但是，这个特点在现代建筑中怎么表现？任何人任何简单的结论也是说不清的，需要对海南文化的深刻理解。海南建筑应该抓住气候特点，作为线索，去研究建筑形式。由于一些业主的急功近利，在刚刚兴起海南热时，他们为了赚钱把一块地搞得太挤，空间留得太小，现在他们才意识到了环境的重要。

海南有体现西方建筑特点的高层大楼，也有仿古建筑，西式大楼可以放在中国任何一座城市里，千篇一律，尤其外观大感觉上缺乏审美价值；仿古建筑由于那种简单化庸俗化的理解，导致了这种建筑与海口的城市环境不够和谐。

罗德启

罗德启是1965年从南京工学院毕业分到贵州的，当时非常单纯，在哪里工作都一样充满激情，从建筑师到主任建筑师，到副总建筑师，到现在的总建筑师、设计院的院长，一晃，几十年不觉景就过去了。他边搞设计边钻研建筑理论，著有《石头与人》、《新型住宅设计》两部书，均由贵州出版社出版。当上院长之后，他一头陷入了烦恼的琐事中。尽管这样，他还挤时间去考察贵州民居。我最感兴趣的就是听他谈民居及当地的少数民族建筑。

罗院长认为贵州民居主要有两部分，一部分在黔西，一部分在黔东南。黔西的民居是布依族的，块式墙、干砌、错缝，看上去全是大缝子，而风却不能直接灌进去。这种民居很巧妙地依山就势，以石头建筑为主，下边畜圈，中间住人，再上边就是库房了。黔东南为少数民族居住区，主要有侗族、苗族等，他们在极不平的山地上做文章，以木干阑建筑为主，还有架空层，极有味道。侗族建筑有着极鲜明的民族性，侗寨的鼓楼是这个民族的标志性建筑。侗族居住以姓族为团，对外姓陆，对内五个姓，一个姓有一个鼓楼，仁、义、礼、智、信，这是汉侗文化的结合。仁寨7层，底是方的，八角尖顶，每层1.5米左右；义寨11层，还有智寨，只有智寨的顶是歇山顶，与别的寨顶不同。每个寨都有一组戏台和风雨桥，风雨桥在我看来要比美国的廊桥好多了。在深圳的民俗村就有侗寨，就有鼓楼就有风雨桥。鼓楼其实就是汉侗文化的结合，由三个部分组成，底部是中国阁楼阁部分，中间是密檐的，相当于佛塔部分，顶部很像亭子盖，这阁、塔、顶三种结合很说明问题，加上民族彩绘，小装饰，构成了侗族的图形……

罗院长在深入研究了这些民族建筑的同时，确立了自己的创作观念。他说中国文化有自身的特性，这种特性是由各地区的地域文化组成的。民居是地域文化，当代文化趋向于简洁明快，趋向于当地民俗相结合。在现代与传统之间寻求一个结合点。罗院长把这个观点运用于现代建筑中。

贵阳在建机场时，贵州省省长跟他提出这个机场如何考虑民族性问题，他认为难度很大。航空港是现代产物，应该具备现代气息，而民族性是多年积淀的东西，时间久远了，就有相对的陈旧性，加之民族性的东西一般都是繁琐的，而现代性首先要求的就是线条的简洁性。既现代又民俗，如何融汇?

机场方案最后选中了罗院长的方案，主要原因是他们的方案较好地体现了民族性与现代性的统一。在民族性上，体现了侗族鼓楼的风味。为了体现简洁性，外部材料采用新的，体现高科技的优势；内部装饰体现民族的，壁画呀，雕刻呀，渲染气氛，体现民族精神。罗德启的这个机场设计虽然不能说是目前国内最好的建筑，但是，他在现代性与民族性结合的努力实践上却是非常值得中国建筑师学习的。因为在目前的中国城市建筑中，一个最为普遍的难题就是如何把握民族性与现代性的问题。

在西北的城市建设中，相对来说还是比南方城市更容易把握地域特色。甘肃是历史悠久之地，因为偏僻高远而保持了较浓的历史遗迹。这里有古丝绸之路的重要地段，有嘉峪关，有莫高窟和麦积山。中国建筑有南之秀、北之雄一说，甘肃建筑则处于中间。古建筑非常辉煌，尤其是佛教建筑。张掖的大佛寺，还有拉卜楞寺这是属于藏族六大喇嘛寺院之一的建筑，其规模比塔尔寺还大。天水是伏羲家乡，自然建有伏羲庙，李广的墓也在天水，杜甫曾经被贬到天水，他在这里一边找他的侄子一边写诗，写出许多千古绝唱。据说天水还有个街亭镇，是马谡失街亭之地……

宁夏的西夏王陵在布局上就宏伟博大，那种融安葬与祭祀为一体的地下地上空间在世界建筑史上也有着辉煌的成就。那排兀立于大漠中的荒冢像山脉一样被等距离切断了，断续中，让你去缀联岁月的残片。陵的背后衬托的山脉，带着大西北的全部气韵，从山体的灰白、淡紫等矿颜色中流出一种永恒的动感，交相辉映，耀古烁今，看上一眼就可以让人激动不已。

最早的建筑半坡村，吐鲁番的交河故城、高昌故城，塔尔寺、莫高窟以及藏族、伊斯兰建筑等，都曾为大西北的那片土地增添了无穷魅力。但是，现代的城市建设搞得如何呢?

兰州是座新兴的工业城市。它是解放后我们国家批准的第一个总体规划的城市。也许是由于狭长的城市建在一座高山之下，所以，楼盖得很高。这里的高层建筑在西北五省中居首。10层以上的建筑一百多栋（1992年为止）。在这么多高层建筑中，能够给我留下印象的太少太少。值得一提的倒是出自东南大学建筑系教授王国梁之手的兰州世纪广场的设计方案。这个方案在1996年2月参加的“兰州世纪广场”全国设计方案竞赛中荣获一等奖。

世纪广场这个名字就很让我喜欢。这是一座集商业、办公、住宅于一体的大型综合性大厦。位于兰州市南关十字东北角，地处兰州市的商业中心区，位置十分显要。设计任务书要求这栋建筑既要体现时代气息，又要反映地方文脉，并与四周环境协调，成为兰州市新的标志性建筑。一座城市要有一个标志性建筑，就像故宫之于北京，埃菲尔铁塔之于巴黎，悉尼歌剧院之于悉尼，很遗憾，我们很多城市没有标志性建筑。也许我们自己说有，却终因这种建筑的平庸而托不起整个城市的风貌。标志性建筑无疑应该是最杰出的建筑，所以杰出，就在于构思的不凡，想像力创造力的丰富。王国梁的方案我能赞赏，是因为这个方案很有想法，构思不一般。它只能建在兰州而不能建在别的城市；只能建在南关十字东北隅，而不能建在兰州市的别处。这就是特点，就是风格，我们的现代建筑太缺少这种独特性了。众多方案竞争，他何以折桂？一方面来自他的才华，更主要的还是他对于西部文化的深刻理解，从而才有了建筑设计的悟性。他是这样认识甘肃兰州的："大西北多姿多彩的自然、人文景观和悠久的历史，铸就了震撼人心的'西北魂'。黄河、雪山、黄土高原、戈壁滩、山坡地和高粱、苞米、山菊花；吐纳日月的牦牛，晨浴的野天鹅，清脆的马蹄声，驼铃声，高亢激昂的秦腔，飘溢的酥油奶茶，雄伟的长城，壮丽的嘉峪关，丝绸古道上的烽火台，敦煌莫高窟的壁画，西北汉子的擂鼓方阵的震天吼，西北各民族的大漠情……融汇成一曲雄壮威武、气势磅礴的交响乐，响彻天空，激荡大地。"

"世纪广场如何折射出绚丽辉煌的丝路文化，如何辉映出西北魂所蕴含的阳刚之美，如何体现出热情豁达的西北人的豪迈气概，如何展示古城兰州的时代新貌和跨世纪的超前意识，如何谐调商业中心区并成为自然当然不可或缺的一员，这些就是我们构思的出发点。我们盼着在漫漫丝路上留下自己的足迹。"

以上引用的这段文字系王国梁所作的《辉映西北魂》一文中的。我是从1996年12月出版的《建筑师》杂志上读到的。我很为之兴奋。不知道这个方案是否实施，如果真正建起了"世纪广场"，我一定要去看看的。我对于大西北那片土地并不陌生，人喜欢那里的所有的古迹。但愿我也能从这个"世纪广场"捕捉到飘渺的西北魂。

孙国城

孙国城与中国当代诸多建筑师比较起来可能并不杰出，相貌也平平，与其交谈了半天却怎么也记不住这位新疆建筑勘察设计院的高级建筑师的外部特点。但是，他却为新疆的城市带去了内地建筑文化。他把北京民用设计院的技术资料、风格都带去了。他为那里建了体育馆、展览馆、宾馆等。1958年建的昆仑宾馆在当地特别有名气。人们对它很是仰视，叫它八楼。一直叫了几十年现在还是这么叫。现在已经有了比它更高的宾馆，十层、十几层，但是，人家不认，只认八楼，八楼在当今的乌鲁木齐早已不再是最高点了，但它仍然是当地人心目中的制高点。孙国城那矮小的身材走在那个阔大的城市中也因此高长起来了。他不仅是勤奋的建筑师而且是位来自中原的使者，他让我想到了历史上的张骞和文成公主等人。

进入20世纪80年代，新疆的建筑和内地一样突飞猛进。当新疆人的羊肉串在南方街头四处冒烟时，新疆的建筑师为了建造一座高档的现代风格的迎宾馆，于1984年专程去了广州，学习那里的花园别墅。造型精美豪华的现代建筑使他们大开眼界，但是，他们没有照抄照搬，而是根据自己的特点建造了自己的宾馆。他们采用了拱圈、曲面、曲线等这些新疆的风格，他们认为广州的宾馆用直棱直角体现建筑之美，而到了新疆就格格不入了，新疆的建筑属于那种生土性质，应该采用圆棱圆角，这种圆角让人联想到维吾尔族的舞蹈。那一条条舒缓的绵软的手臂都是那种优美的曲线运动，这种运动线条反映到建筑上是很生动的。孙国城说，他们的新建筑运用了正反曲线，还有曲面，不仅糅进了维吾尔族舞姿也成功地融汇了伊斯兰的建筑文化。孙先生在谈到乌鲁木齐建筑时，充满深情，就像谈论他的家乡。他像个出征的边塞将士，走出了家乡，走得那么远，就与那里的城市融入一体了。他接受了城市，美化了城市，自然城市也接受了他美化了他。他邀我到乌鲁木齐去，1995年我在结束柴达木之行后，只身去了乌市，可惜我没有能够找到他。但是，我已经看到了他的作品。我所感受到的乌市已经太现代化都市化了，街上太乱，商业味道太浓，文化味道相对淡了。但是，我还是用心地去回味孙国城的话。他说，北京的四合院是灰颜色，紫禁城的颜色灿烂得晃眼，苏州白墙灰瓦清清淡淡，还有徽派建筑都有特点，我们的特点是传统的生土，很纯，日出一片金黄，日落一片辉煌。

我走在乌鲁木齐大街上，日出的时候走过，日落的时候也走过。生土建筑在哪里呢?

我最先知道生土建筑是从荆其敏那里。荆其敏是天津大学建筑系教授，是拉丁美洲与天津大学生土建筑中心的主席。人长得极瘦，却极善谈，思维也极其敏捷。他在学生时代稀里糊涂被打成右派。他学习非常出色，每次考试都是第一名，自然是那种白专典型。给他印象最深的是第一任系主任徐中。此人是从美国留学归来的，他特别看重荆其敏的才学。荆其敏说，是这位系主任塑造了他的人生。系主任打算写一本《建筑与美》的书，刚写出提纲，就遭到了批判。系主任说，我还没有动笔写呢，怎么就挨批判呢?

批判的阴影一直在荆其敏的心灵中凝聚不散。在那个非常的年代他怕挨批判就天天背毛主席语录。他背英文版的语录，背熟了就再背英文版的毛著，他原来是学俄文的，因为背诵英文版的语录从而掌握了英文。这给他带来了意想不到的好处，他的运气也由此而来。学校第一次选派出国代表团，第一要求就是要会英文。那个时代有几个会英文呢？与荆其敏同时代人都因为热衷于政治而荒废了外语，美国留学回来的系主任徐中外语好却躺在医院。当荆其敏接到出国的通知，到医院看望徐中时，徐中颤微微地抓住他的手似有万千话语。这像一幕生离死别，徐中流泪了，那泪水很沉实很缓慢地流着，他以为荆其敏出国后不会回来了，而且，即便回来，他恐怕也见不到了。

荆其敏作为访问学者在美国呆了一年。临出国时，荆其敏突然焕发了精神，他那一直压抑的状态为之一扫。他特意做了一套崭新的中山装，在国内夹着尾巴做人，来到国外才真正扬眉吐气了。起初美国人以为他是中国官员，特别是当他来到了美国的中北部明尼苏达州时，当地人对他很冷淡。他们认为中国对世界封闭了这么多年，学术水平不会高的。但是，当双方坐下来真正进行学术交流时，荆其敏那流利的语言和深刻独到的见解，还有他画的图往出一拿，就立刻赢得了人们对他的敬重。他们无法理解荆其敏在那种政治狂热的年代里何以能够具有如此深厚扎实的学术功底。罗夫·雷普森这位明尼苏达大学的建筑系主任，是位著名的建筑教育家，他曾荣获过美国建筑教育的最高奖，他激动地从座位上站起来，朝荆其敏伸出他的左手。这位美国专家因小时候发生车祸而仅剩下一只胳膊。他用左手画图，画得非常出色，他用左手传递着他对这位中国学者的敬佩，非常真诚、非常到位。遂之两人成为好朋友。这位专家后来到中国来过数次，中国学者也多次派往他们那里进行交流。这一切与荆其敏的才华和努力是分不开的。他完全可以留在美国，事实上与他一同去的人有的已经留下了，但是，他没有留。当我问他为什么没有留下时，他说得实实在在：在美国搞建筑专业很困难，不如在国内搞，留下来的也改行经商赚钱了。他说他不想放弃自己在专业上的多年努力而改行赚钱，所以，他认为自己回来才是正路。尽管他曾在那个非常年代受尽磨难，受尽做人下人的滋味，尽管许多人都认为他到了美国一变而为人上人了，但是，他觉得自己还是属于事业，属于生土建筑。他认为生土建筑是人类最原始也是最具魅力的建筑。生土对于人类的生命有着永远的魅力。混凝土终究要成为城市的垃圾，僵硬的无法融化的垃圾。现代时髦的钢材及化学材料已经给人类带来了危害，将来人类要自己毁灭自己的，地球成了钢材混凝土的僵世界，不能回到大自然中那该有多么可怕。他认为我们现在还没有意识到，但是，一些发达国家已经或开始意识到了。他们研究生土建筑，在欧美的一些地区盖了许多造价很高的覆土建筑，以期恢复原始人类的生态环境。烧砖是一种最大的浪费，每年要损失大量的好土，实在可惜。如果用土盖房子，比砖保暖、融热，冬暖夏凉，不仅造价低，而且还可回归自然。

荆其敏从国外回来认准了生土建筑，他充满热情地到处推广他的生土建筑理论和主张。他用外国引进来的土坯机，到内蒙古进行实践。那是最先进的设备，把土配点水泥，加水稀释、阴干，不用烧干。他还带去了两位与他一样有着事业心的法国专家。这两位法国专家是被秘鲁政府聘去的，因为秘鲁国内太乱，他们希望在中国建立一个生土基地。一切费用都由他们出。荆其敏找到了最好的合作伙伴，或者说是志同道合者。

外国专家认为大西北的土质好，他们兴高彩烈地把土坯背回秘鲁进行化验，结果非常满意。他们的头脑比荆其敏还要简单，以为他们可以马上回来建立基地了。因为协议都签好了。岂不知这是个空头支票，当地的一位官员说不干了！

荆其敏问他为什么？他找了几个不称其为理由的理由之后，说了一句真话，可这句真话没把荆其敏的鼻子气歪。他让荆其敏去跟老外说个情，他要出一趟国，他说这样做个条件这事就行了。

荆教授在跟我说这件事时还余忿未消地说，你说他去干什么？一个大老粗连句外语都不会说，出国去干什么？还让我去跟人家说，丢不丢死人了！

荆教授在内蒙古没搞成基地就又去了宁夏，宁夏没成就又去甘肃。结果，他仍然行不通。主要原因是中国农民不接受他的这一套。农民们受苦受穷惯了，住土房子也住得太久了，他们渴望富起来，渴望盖洋楼、盖砖瓦房。他们说，我们有钱绝不会盖土房子的，受穷还没受够呀？推广盖土房岂不是倒退？任你荆教授多么能言善辩，农民也自有一定之规。他也许太性急了。中国人的认识总得随着时代发展随着物质生活水平的提高而提高认识的，提前了，哪怕一点点也难以行得通。

然而，荆教授坚定不移地去搞他的生土，像位饱经忧患的传教士奔走于广袤的西北大地。那里是中国土层最厚的地方，那里也是中国最有文化最有历史的地方，因而，那里也是最不容易开展生土建筑的地方。那里还有一位教授在搞生土建筑的研究。

他是西安科技大学建筑系的侯继尧教授，他对生土建筑也是一往情深。他是个和黄土地一样厚道沉实的人。留学生八代克彦从日本扑他而来，受了他的影响，也对生土建筑如醉如痴。八代一头扎到了最偏僻的地方，他在洛阳的邙山乡冢头村发现了独具特色的窑洞建筑。这位东京工业大学的博士生欣喜若狂，写出了他的博士论文《黄河流域的窑洞民居》。他的发现在日本引起轰动，他曾被称作现代的空海。

侯教授认为世界建筑正处在十字路口，21世纪建筑向何处去呢？他认为世界的着眼点放在了生态建筑学上。回归自然，返璞归真已经成了现代人的向往。他曾应邀到美国宾夕法尼亚州的一所大学城讲学，他讲到中国生土建筑和地域文化时，受到了空前的欢迎。讲学期间，他处处受到尊重，当他在那个罗马式的阳台上的一把高档躺椅上悠哉悠哉地享受人生时，他望着外边那片碧绿清澈的芳草地，油然联想到自己那坎坷的一生，于是，他禁不住欣然命笔，写下了感慨人生的诗篇，其中有这样一句："几度沉浮豁人生"。

或许中国知识分子太容易感叹了。他们的感叹是缘于一种对于人生的美好的向往。荆其敏说："我们建筑师是为人类服务的，而不是为了物。住宅跟家不是一个概念。住宅是一个物质的，而家是人的情感，弥散着亲情的味道。"他强调说，建筑师在设计房子时，给人一个健康的环境还是一个病态的环境这很重要。他还说建筑师的梦是美好的，可惜破灭得太多了。当时听到他的这番话我就很感动，现在写下来时，仍然为之所动。当时我们不觉谈到了深夜。夜的灯光把他的面部轮廓弄得更加瘦削了。那暗下去的部位是眼眶，就像两个深不可测的黑洞。瞅着这样的一张脸，能不焕起怜悯之情吗？以后每每忆起，就不免去想他是如何用那没有分量的身体去感动茫茫的大漠，他那时候没有建立起他的基地，时融五年了，他建起来了吗？真希望他能交上好运。他受到了那么多的磨难，他现在好起来了，他由人下人成了人上人。人上人该换个活法了，可是他偏不。于是，我只能给他送去一个最通俗的祝福，希望他心想事成。哪怕少成几件也好呀！

我可以按步就班地一个一个地去写中国的大城市，去写这些个大城市里的建筑师。但是，篇幅所限，无法做到。还是让他们自己说一说他们的城市吧。

唐葆亨——浙江省建筑设计院总建筑师说：

"建筑必须尊重环境。但是，现在有些人就不尊重。他们在西湖周围建了那么多的高层，十几层的一片，密不透风，严重地破坏了环境。老一代建筑家都反对在西湖边上建高层，陈植反对得最厉害。那些人以为建高层就是现代化就是城市的繁荣，这是很可笑的。"

唐葆亨是浙江省人，他生于风光秀丽的兰溪县，从小就被美好的环境所陶冶。他的建筑设计我看到的不多，从介绍中我得知有一江山岛烈士陵园牌坊和纪念塔，还有浙江人民体育馆。他的作品达到了多高的水准我不好说，但是，有一点是肯定的，那就是他的作品是尊重杭州这座城市的，并且为这座城市起到了真正的美化作用。因而，几十年过去了，这些建筑还没有被城市遗忘。他热爱杭州热爱西湖，因之这种爱而生出许多烦恼。如果那些承担西湖周围高层建筑的人能够体味到唐总的这份情感，还会那么不管不顾地建高层吗？

袁培煌

袁培煌——武汉建筑大师（20世纪80年代代表作为深圳国贸大厦；20世纪90年代代表作为贤成大厦，也还是深圳的；还有武当山风景区的总体规划。）说："我们在艺术造型上探索较少，在使用上探索较多。武汉建筑没有摸索出自己的道路，这么多年走了一条没有自己特性的道路。

武汉城市并没有沿江形成景线，而是分成几个干道，虽然有个规划，但突出　重点是不够的。城市区域划分不够明确，哪儿是商业区，哪儿是文化区，商业区与文化区如何结合。

武汉建了不少房子，但是面貌改变不像其他地方显著，零打碎敲，没有统一感，碰到哪儿算哪儿。设计院不是管理机构，也不是行政机构，只是城市里的服务机构，决定城市的是领导部门和规划部门。

城市建筑和人一样，没吃饱没穿暖的时候，不挑不拣，都穿干部服，单一色。吃饱穿暖了，要求就不一样了。哪个城市没有解放大道？要求温饱时不追求个性，温饱解决了，才能追求个性。

吴良镛（清华大学著名教授、当年梁思成先生最看重的年轻建筑师）说：我的一个学生的论文我看一遍看不懂，再看一遍也还是不懂，我说，你是在中国盖房子，建筑是最丰富的内容，你却作了最狭隘的理解。

建筑是伟大的艺术，任何领域都没有建筑这么富有。建筑要在多学科发展中吸取营养，在新形势下发展建筑学，使之重新成为主导专业。建筑学在希腊语义中就是大的意思。

我与吴良镛先生仅见过一面，也仅仅是在一次会议上听到了他这番富于激情的讲话。曾听说过他与梁先生之间的一些不那么好说的事情。这在一些人的心目中多多少少投下了阴影。但是，我觉得历史终归是历史，历史的沉重连政治家个人都不能去背负，怎么可能让一个学者去承担什么呢？当然过失每个人都有。在我看到他的时候，他已经不再是梁先生见到他第一眼时的那个英才勃勃的年轻人形象了。他个子不高，方脸，戴眼镜，主持会议的人说他是带病到会的。仍然有人仰视他，也仍然有人在会下赞美他，说他这般年纪了还孜孜不倦学习、积累，他特别强调积累。他都积累了那么多年还是积累，他说知识是个金字塔，基础打得越宽越厚，盖起高楼来才会有高度。他平生正在为这种高度而积累。或许他最后达不到那种应该达到的高度，但是，他的基础还是给后人留下来了，后人会在他的基座上建起具有世界意义的高度吗?

安·华·卢那察尔斯基说：

“任何一个伟大的时代都有与其相适应的伟大建筑”

我要补充说，没有伟大的建筑师就不可能产生伟大的建筑。

那么，中国有没有伟大的建筑师呢?

本章结束时写：中国建筑这些年来无非遵循着两股潮流，一股是仿古建筑，一股是仿洋建筑。仿古建筑大多是用于文化性质的建筑上，那种粗鄙浮浅的诠释造成了许多假古懂，这是一种简单化的形式主义，其实是很幼稚的；而仿洋建筑大多属于商业和餐饮业，这是最为普遍的一种抄袭现象，远远谈不到创新，能够模仿好了，那也就谢天谢地了。应该说，这两种路子都走得太简单化，太庸俗化，正在或已经淹没了我们建筑师那本来就不多的才华和想像力。

因为中国建筑目前遇到的主要问题就是现代性与民族性的融汇问题，所以对于建筑师的要求就是既要有深厚的文化功底，又要有一个开放的广阔的艺术视野和现代意识。

走近钟华楠

接触的俗人多了，就想认知几个不俗的。于是，便对钟先生发生了兴趣。

记得第一次见到他时，就被他嘴里叼着的那个大烟斗所吸引。在我们东北，管那玩艺儿叫烟袋锅子。叼那玩艺的大都是乡下老人，而城里人大都抽洋烟，那是个土玩艺儿，不土的人是绝不会去鼓捣的。何况，已经是20世纪80年代了，中国大陆的现代城市里那种烟袋似乎已经濒于绝迹。可他这位来自香港的建筑师却叼着这么一个土玩艺儿有滋有味地喷云吐雾。这是一种矫情呢抑或是一种习惯?

我在揣度他的时候他是不会知道的。他沉浸在自己的烟雾中，并不去注意周围的人。透过那凌乱的烟絮，我发觉他的胡须也颇有意思。那是几缕灰白的山羊胡，稀稀落落，随随便便，没有什么风采，倒是强化了一种中国的土味儿。仅从仪表上看，他既不像个洋学者，也不像个洋人。这是他很轻松地就与别人建立了友好交往的前提。他作为一名香港建筑师来到大陆参加建筑界活动，自然要受到大陆建筑界的欢迎。每次会上，都得请他讲话。远来的和尚好念经嘛！何况还是来自香港的和尚。他倒也不推辞，讲起话来幽默、风趣，好不造作，机敏中充盈着一种令人难忘的真诚。他说，到大陆来的次数越多，就越不好讲话了。讲什么都不再让人感到新鲜。中国改革开放的步子太快了，西方的洋玩艺一下子都涌进来了，人们什么东西都见识了，已经没有了什么新鲜感。他说他刚来中国那阵儿，讲什么都受欢迎，随便放上几张在国外拍的幻灯片子，加上一点说明就可以大受欢迎。可是，现在不成了。西方世界已经没有什么神秘可言，尤其是给大学生们讲课是一件很让人犯难的事。有一次他一到山西太原的一所大学讲课，一个学生向他提问什么是解构主义。一下子就把他问住了。知识分子是要面子的。他说，他当时尴尬极了，不能说自己不懂，可是，要解答也解答不了。他的机智帮他摆脱了窘境。他装着听不懂对方的话，就把这个

钟华楠及其瑞士夫人与儿子80年代摄于瑞士

学生的问题绕过去了。回到香港后，他无法解脱自己，越想越觉得对不住那位学生。他放下手头的工作潜心钻研解构主义，直到彻底弄明白了，才给太原这所学校写了一封信，老老实实地承认了自己当时不明白，回来后才研究明白的，并向那位学生致歉。他讲述这件事时，是在一次百余人的会议上，其坦诚令我惊讶也令我感动。于是，我决定走近他。

精神

大陆建筑师一般都具备务实精神。在我接触的建筑师中即便是来自高等学府的教授们也无不为着某种生计而陷入疲惫的忙乱之中。他们十分珍惜时间，一般会议他们是不愿到场的，一些不得不出席的会议他们也是提前两天离席。这是因为他们手头都有项目，误了一天就损失数以千计的人民币。即使天分很高的大师们也都在为了金钱而疲于奔命。如此这般，他们就没有时间去问津艺术了。商品经济大潮中首当其冲受到撼动的是建筑界。中国的建筑师们在仓皇地接受那铺天盖地的潮头撞击，一味陶醉于热烈的浪花中时，可曾想过那意志的礁盘已经被啄食出无数的空洞？眼下，要想在中国建筑师中找寻那种学者化的艺术家，恐怕会令人大失所望。也难怪，中国的建筑师和中国的知识分子一样，穷怕了，穷坏了，穷伤了。

香港则不同，香港的建筑师亦不同。这从他们闪烁着金属般光泽的瞳仁中即可窥出。他们走路总是直着腰杆，说起话来充满底气。他们有钱！有钱的人与没钱的人就是不一样！人的追求说穿了就是一种补偿。没有什么就需要补什么，没有钱就需要补钱，没有艺术就需要补艺术。中国的建筑师目前处在补钱的阶段，而香港建筑师则是处在补学问补艺术的阶段。在我的直觉中，钟华楠先生就是这种有钱的人。他在香港有他自己名字命名的建筑设计事务所，这个事务所从1964年开业至今。他还在香港和大陆身兼数职。他还有个瑞士夫人，为他生儿育女。仅此一点就说明他是很有钱的。没有钱能够养得起外国女人吗？我见过这位外国女人的照片，是20世纪80年代中期拍摄的，一头浓密的金发皇冠般炫目，高挺的鼻梁透示出山脉般的尊贵，眼睛不是蓝色的，看上去有中国男人喜欢的那种温情。再从身材上看，性感与美感兼而有之。有这么好的女人可以说体现出作为丈夫的价值。然而，钟先生在香港忙他的事务所，他的妻子则留在瑞士。他们过起了牛郎织女般的生活。为什么他们不生活在一起呢？是不是因为他为了事业而作出的这种牺牲？显然，作为建筑师他知道他的事业在香港，而她呢？是不是也舍不得离开她的家乡——瑞士那片宁静的山林？我也曾作过大胆的设想，是不是我们的钟先生另有所爱？香港与大陆不同，大陆的建筑师得奉行某种约定俗成的规范，而香港则开放得多。这是钟先生的私密，无人问津，但是，对于一个有着创造力的艺术家而言这就显得十分重要。我曾经写过赖特，我很敬佩那位美国佬。我认为他是一个真正的不可多得的艺术家。我曾用一种羡慕的口吻写到他前后所经历的三次婚姻。那三次婚姻给这位大师带来了不竭的创作灵感与激情。在这一点上，钟华楠显然不是赖特。他的婚姻观念也还是我们民族的古典方式。

一个建筑师是否具有艺术家气质不应仅从婚姻上看，主要是看他追求什么。钟华楠在一篇文章中写道："开放带来了龙蛇混杂的局面，但是蛇肯定比龙多。面对这个新出生的市场经济，价值观也是百花齐放。钱，是多么有用的东西！反正甲方业主也不知道追求什么，他要的都给他。他高兴，我拿钱！这不是两全齐美吗？这种心态，20世纪60年代初，我从英国回到香港时也有。建筑师的创造与金钱的诱惑之间的矛盾我个人也与之战斗过。我的同学都成了百万富翁，可我却依然故我。我认为，建筑师应有他的使命感。30年来，我的使命感未曾改变，也始终不悔。"这一段话掷地有声，从中看出他有着多么坚定而自觉的追求！他曾在20世纪80年代初编了一本《当代香港建筑》的书，他向一位富翁建筑师索稿和建成项目的设计方案。那个富翁给他打电话说："回顾了三十年来的作品，很惭愧，找不到一件令我满意的。你放我一马吧！"这是一种哀求，一种悲鸣！金钱得到了却失去了艺术。鱼肉和熊掌不可兼得。钟华楠深暗此道，不为金钱所迷惑。28岁那年，他由伦敦大学建筑系毕业就树立了一个远大的抱负，那就是他所说的使命感。30多年来，他苦苦求索。他常常囊中羞涩。20 世纪70年代有一位非常有钱的欧洲富婆请他设计别墅。他永远忘不了当时那位富婆手里拿着一本画报，摊在他的面前，指点那上面的一处别墅说就要这种样子的。钟华楠说，既然你已经有了固定的模式那你找别人干吧！他拂袖而去。尽管他当时是那么需要钱，可是，他觉得让他照着别人的作品去抄袭，那简直就是一种对他的大不敬。他不想去做一个平庸的匠人，他要做一个不断创新的建筑师，他所追求的是一种艺术的境界。这是一种多么痛苦的过程啊！为了这种追求他的确错过了好多赚钱的机会，为了这种追求，他跑遍西方世界。他看了那么多建筑，古代的现代的后现代的，那么多人为之惊叹为之狂呼的大师的手笔都不能够令他震撼。

他也感叹西方建筑的恢宏博大和深邃藐远，神圣的教堂，庄严的宫殿，摩天大楼……他读着这一处处编年史，读得越多，越仔细，就越有种距离感。他走遍了西方世界，始终渴望寻找一种东西。这种寻找的过程颇有点像一个痴迷中的情人，尽管眼前掠过的都是娇媚漂亮的女人，也都冲他投以动情的一颦，他却独独没有冲动。他承认这都是些好女人，但天下好女人并不都能令人动情。他要找寻的那一个不是这些女人。钟华楠的身上有着一种固执的古典情结。正是这种东西在诱惑他，折磨他，那么富庶的西方世界无法使他安顿；那么优美的瑞士山水无法令他沉醉；那么性感的瑞士女人无法使他销魂，他已经步入了花甲之年，他还像刚迈出伦敦大学时的那个年轻的清瘦的广东新会人一样踌躇满志。新会那个地方是鸦片战争前后西方文明首先闯入的地区，随之那里出过梁启超。他的长子中国第一代建筑大师梁思成也是得益于那一方山水，为我国建筑界带来一片辉煌。梁思成先生的最大贡献在于古建筑。

抗战前夕，他和爱妻林徽因骑着小毛驴，千辛万苦地来到山西五台山考察古建筑。他们发现了我国唐代的原构木结构建筑——佛光寺。完全可以想像那发现的一瞬间是多么激动人心啊！他不仅发现了中国古建筑的价值，而且也发现了他自己的人生价值。从此，他是那么坚定那么执拗地走进了古典。即使文革期间，他受到了那么多非人的折磨，但是，他对古建筑的痴迷依然死不悔改。那是一种真正的建筑学家的精神，可惜这种精神距今已经遥远。梁先生的在天之灵不知能否感知，五十年后，又一个新会人踏入了那片寂静的山路。也许他第一次走向这里没有引起你的注意，可是，他第六次、第七次地踏入这里你肯定看到了。你那黑框镜片在迷离的云雾中晃动着，用以扑捉你的同乡那瘦小的身影。你们相距得太久远，你不能看清他。可是，你渐渐看到他像个钉子一样被钉在了我国现存最早的唐代原构南禅寺前。空旷的大野，一座寺庙，一个老人，他们久久地对峙着，说不好是你在看我还是我在看你。这是一种无言的交流，彼此在诉说着什么，或者在感悟着什么，寺庙无疑布满沧桑，那根根柱子谁知道经过了多少次的粉饰？那种遮掩不住的风骨一看便知，粉饰对他而言显得多么肤浅。台阶并不高，什么人都可以踏上去，古往今来，谁又知道有过多少人从这里出出进进？钟华楠在耐心地一寸一寸地读着南禅寺，他的面孔充满动人的虔诚。

他是来朝圣的，他一次次地来，一次次地感悟着。他走遍天下，见识

南禅寺大殿

过无以数计的建筑，没有一处令他如此动情。这是一种震撼，一种他毕生都在寻找的震撼。终于，他在这里找到了。南禅寺简洁而朴拙，绝无任何雕琢，它也没有庞大的体量与空间抗争。与米兰大教堂相比它过于平实，与科隆大教堂相比它太简陋，见过无数教堂无数宫殿无数人类智慧相凝聚的伟大建筑物的60多岁的建筑师何以被这荒凉之处的寂寞建筑弄得一片痴迷？他每一次到山西，都被南禅寺吸引过去，自己也说不清这是为什么。他曾不止一次地问过建筑界的朋友，为什么南禅寺那么小却会那么强烈地震撼我呢？没有人能够答得出。他还带着一位七十多岁的建筑师从香港去往南禅寺，那位七十岁的建筑师看到南禅寺时一下子把个嘴张得大大的久久无法合拢。

终于，钟华楠弄明白了，南禅寺震撼他的是一种力量，这是一种神力。这种力量在许许多多巨大的建筑物身上是看不到的。在君士坦丁堡，他目睹过圣索菲亚大教堂，11世纪的教堂，他进入其中，空间大得不得了，可是，他没有受到震动。南禅寺虽然体积很小，但在他的眼里是巨大的，因为他从中感悟到了一种凝聚民族精神的巨大空间——那平缓的屋檐，那硕大的斗栱……这种发现对于我们的建筑师来说有着多么重大的意义啊！

使者

钟华楠是香港著名的建筑师，也是香港建筑界的著名学者。他有着得天独厚的条件就是融东西方文化于一身，难怪香港建筑师选举他从1995年起担任香港建筑师学会会长。国内建筑界的朋友们公认他是一位东西方文化焦点上的产儿。香港的建筑师一般是洋味儿较浓，而对于我们本民族的东西则知之甚少，所以，我们说香港是文化沙漠。但是，钟华楠先生的确有别于香港的一般建筑师。他的身上最让人赞美的是不仅有很地道的洋的东西，而且我们本民族的东西也很地道。这是因为当我们国内的建筑师对西方社会还是一无所知之时，他已经对西方世界有了本质的省悟。国门敞开之时，我们的建筑师和我们国内的知识界人士对西方有过盲目的狂热，争先恐后涌出国门之时，钟华楠先生则恰恰是以一种同样的狂热而往国门里边挤。一种是往外涌，一种是往里挤。往外涌和往里挤，都无可厚非，关键得看谁得到的东西多，特别是谁得到的真东西多。

前边说过，他不是个富翁，他每次到国内来都是一次破费。去年他的事务所不景气，他接到中国建筑学会的邀请，因为没有钱作路费，很是犯难。结果，他卖掉了一件古玩，才得以成行。那件古玩他舍不得卖，但他还是卖了，肯定是忍痛割爱了。他对古玩有着较深的研究，他热爱这些东西一如他热爱的民族的文化。他到大陆来绝不是仅仅满足一次会议的参入，而是他把每一次开会都当成自己对于中国文化的一次难得的学习与交流。他每次都要从大陆的书店买回去很多的书，他不但潜心研究中国的建筑文化和建筑史，他还钻研许多边缘学科，诸如风水学、美学、古典文学，近来，他又开始研究心理学和神秘学。这一次在深圳见到他，又见他买了10多本这方面的书。我一边翻着这些书一边问他是从哪个书店买来的，不成想他并不是从深圳的书店买的，而是托朋友从北京和上海等地买的。由此也可见他作为读书人的一份真诚。卖掉一个古玩，却要带回去一批更有价值的东西。有出有进，聪明的钟华楠每次都是满载而归。他知道民族文化的土层多么的深厚，他也知道作为一个香港建筑师如果没有厚实的民族文化底蕴是不会成大器的。他更知道自己所缺的正是对于民族文化的营养。于是，他十多年来，一直孜孜不倦地为自己补课。他的勤奋与他的悟性得到了无论香港还是大陆的同行们的一致赞佩，也为他的建筑创作带来了新的收获。在香港的建筑师中，浮躁者居多，他们在做方案时常常为了图省事随手拈来一个外国的方案照着一抄，就算完事大吉。因此，香港这座世界建筑的“博览会”可以模仿出全世界建筑的繁华与浮夸，却极少能够看到几件有着创新意识的作品，尤其缺乏那种富有创造意味的中国风格的建筑作品。这不能不说是个遗憾。而了不起的钟华楠之所以令我敬佩，令我渴望走近他，不仅仅是因为他对于中国文化的执着追求，而且因为或者说更主要是因为他是一个民族文化的使者，以他的使命意识往返于大陆和香港，把我们中华民族的文化通过文字和建筑进行传播。在大陆这边给年轻人授课时，他针对那种盲目崇洋从而忽视甚至藐视民族文化倾向的建筑设计，以自己的实践极有说服力地劝导学生要加强民族意识与文化素养。因为他是走遍西方的“远来和尚”，说出的话就更有说服力。他影响了一批批建筑系的大学生们，这批人中有的已经走出国门，有的已经小有名气，有的已经当上了市长。这种影响不仅是巨大的而且也是深远的。

钟华楠还担任上海同济大学和华南理工大学顾问教授、广东省政协委员，在担任上海浦东金茂大厦国际建筑设计比赛评选委员和上海歌剧院国际建筑设计比赛评选委员时，他都尽一切努力为中国浮躁的急功近利的城市建筑渗透进民族的文化意识；他像一位有着足够责任感的上海市民，一丝不苟地捍卫着上海的城市环境。开发中的上海，引进了外国的建筑师做方案。钟华楠也被一位业主所邀，为其做一个相当规模的设计。钟华楠发现这个业主丝毫没有环境意识，如果按照他的要求设计，那么无疑是对上海这座城市环境的一种破坏。他对业主进行了规劝，可是，那位业主固执得很，钟华楠当即回绝了这个项目。这使那个业主非常惊诧。他简直无法理解，一个香港的建筑师又不是上海人，怎么会操这份闲心？怎么舍得放弃这令中外建筑师眼红的项目？

钟先生是香港颇有影响的建筑师。他的事务所至今已有30年了。我对他的敬佩不啻因为他的资历、他的地位以及他为那座豪华的国际型城市设计出多少高楼大厦，而是他在香港的城市建设中，为中国建筑文化和风格从传统形式在现代社会中得以再生和延续作出了极有价值的赏试。这种赏试主要体现在他所做的一系列亭子上。在现代城市的语言中，亭子的声音是最微弱的。在古时，亭也是建筑物中最无实用价值的了。然而，它的功能却是最多，它所组成的空间是最奇妙的了。钟先生对亭有着深刻的研究，他认为“亭之无实用，但却为闲逸享受人生而设，这便是无用中之最大的精神功能。”由此亦可窥出他是多么看重精神。

听瀑亭

对于一般建筑师而言，做一个亭子是不会愿意花功夫的，但是他却做得十分讲究。建于港湾公园的听瀑亭，其造型就极有灵性，那四根立柱上架着的金字顶有那么一种飘逸的美感；赛西湖的公园亭蕴集了江南园林的神韵，尽管所有的建筑材料都是现代的，但那种巨大的空心柱子中恰到好处的开圆孔和拱门，使空间产生了层次感，化拙讷为玲珑，变憨实为轻盈，使来此鸟瞰海港和九龙景色的游人留下难忘的印象。在诸多有特点的亭中我最喜欢的还是1983年建于九龙联合道公园的湖边主亭。这个亭子倚岸临水，在设计上是利用九宫格决定九根柱的位置，亭顶的四角无盖，只以木条框点缀增加空间的深度。亭的地台和屋顶都是由这四根柱子支撑悬臂梁挑檐，最大限度地表现了一种浮的超然感。可以说这是中国传统园林设计中的精品。尤其置身其间，立于中心位置，上可观天，下可数鱼，完全可以进入天地相通的意境中。这些亭子无不体现了他的匠心独运，从中我们不难看出他对民族文化在香港的传播所作出的努力和贡献。这些小亭子在香港的街头与那些高头大马般的巨大建筑物相比确实显得过于渺小，但是，它绝对有特色，有民族文化的味道。它的适用价值也不大，然而，它所传递的神韵则是叫人难忘。它为这座文化沙漠般的城市带来了丝丝缕缕的诗情画意，尽管还是那么的微乎其微，却也是多么难能之可贵。他说："使中国建筑文化传统形式在现代社会中得到再生和延续，蜕变而成为现代建筑，适合21世纪的现代生活，从亭的继承以至整个建筑文化的继承，这是我的希望和寄托。"

香港有些建筑师是最缺少创新意识的，他们就喜欢抄现成的，只要抄得快。放眼于香港的建筑，那无数炫目华丽的楼宇又有哪一处不是从西方世界抄来的呢？再回过头来扫视一下大陆那排山倒海般的建筑狂潮，又有多少设计可以谈得上创新和艺术？如何在现代建筑中保持或者说体现一点我们民族的文化，这已经成了建筑界最敏感的话题。那些肤浅的仿古建筑，那些拙劣的大屋顶，那些在楼顶上随便乱用的亭，难道也能说是对于民族文化在现代都市的再生和延续吗？这一切在钟先生面前显得多么肤浅。或许你会不服气，认为钟先生也不过就是做了那么几个小品，与现代建筑大师赖特、路易斯·康等一些人的震惊世界的鸿篇巨制相比还相去甚远。但是，只要肯于去做，从小处一点一滴做起，则多么可贵，何况这种小品正以微弱的声音在顽强地述说着一个古老民族的辉煌过去和昭示着美好的未来。

魅力

与他接触的越多，你受到他的感染就越多。他是个感染力极强的人，他在大陆有好多朋友。每一次想与他尽量多谈一些时，不论在北京还是在广州，总是被前来拜望他的人所打断，想见他的人太多，他的人缘太好。他不仅有着外在的风趣而且有着内在的智慧。他不仅仅是一个建筑师，也不仅仅是一个艺术家，任何一个单一的称谓放在他的身上均免不了以偏概全。他是个有着丰富的多层次人格魅力的人。

对于一般人而言，在他那么多的层次中哪些怕具有了那么一层两层也可以受用了，笔者深感遗憾的是，在一次次逐渐走近他时，只是朦胧地感受到这种人格层次的富有，却苦于无法准确地表述出来。同济大学的戴复东教授认为钟华楠具备的能"文"能"武"的才华不同寻常，在建筑师中是不多见的。他认为"钟先生的文章、讲演，观察敏锐、思如泉涌、行文流畅，针对时弊，往往一针见血。想他在青年时代去去国远游，谙用英语，而今天能有这样的英语水平，显示出他曾下过功夫，底子深厚，这也说明了钟先生对于中华民族的无限深情。"

中外许多专家学者曾盛赞过钟华楠。为他的建筑作品，也为他的文字功力，更多的则是倾倒于他的智慧和学问。

1983年，中国建筑界邀请了三位海外建筑学专家来华讲学。这三位是英国的 SIR DENIS LASDUN；美国哈佛大学建筑系教授JOHN ANDREW；这二位都是世界著名的建筑师，再一位就是钟华楠。三位从不同的飞机上走下来，却奇妙地同时到达北京的建国饭店。他们坐在饭店宽敞的大堂里耐心地等着房间。钟华楠靠着沙发很想抽他那个大烟斗，但他还是觉得在这个场合不大适合便控制住了烟瘾。好在这时大堂四壁回荡着肖邦的钢琴曲，那种缠绵的柔情为他拓开一片幽静的空间，他情不自尽地缓缓沉入其间。就在这时，坐在他旁边的英国的LASDUN问他准备讲什么题目，他说："主人给出了个'当代建筑流派'的题目"。L一听就蹙紧眉头连连说："这是不可能的！"顿了顿，他也许出于礼貌补充道："要么，你若讲，一个星期也讲不完。"钟先生诡诘地眨了眨眼："未必吧？要么这样，趁我们等房间的这一段时间让我试着单说说大纲，你看好不好？"L显得极有兴致："你说你说！"钟华楠调整了坐姿，张口就讲起来："当代建筑设计有四大流派：第一是现代派。"他见对方点头了，才接着往下说："第二是现代派的延续。"L一听这个题目便抢着说，"我就是这个题目。你的第三是什么?”“第三是反现代派，第四是地方主义派。地方主义包括民族主义，包括区域主义，包括第三世界。”L那张深刻的学者面孔一下子变得充满动人的笑容，他非常热情地向钟华楠伸出手，握得很紧说：“我从来没有听过这样清楚的说法，有了这个提纲，便很容易讲了。你很聪明!”钟华楠马上说：“我很不聪明！你可知道我是花了整整三年时间才想出来的。”

钟华楠也是说的实情。三年前，中国建筑学会要他到北京做学术报告，给他定的题目就是“当代建筑流派”。他深感这个题目不好讲，但还是应承下来，只是说需要三年的准备时间。中国建筑学会答应了，就给他三年时间。在这三年时间里，钟华楠可真是破书万卷，行路万里。然而，他面对纷纭复杂的建筑界还是感到无处下手。他颇费脑汁，也仅仅写下了那么几百字便再也无处下笔了。眼见距报告的时间越来越近，他开始了闭门静思，终于理出了头绪。他这种治学精神给他带来的是扎扎实实的学问，他的那次报告赢得了人们满堂喝彩。那位英国专家更佩服致至。他让钟先生到伦敦去找他，一定要找他！以后，钟华楠去了英国找到了L先生，L先生高兴得不得了，如今，他们成了非常要好的朋友。

钟华楠是一位不仅聪慧而且肯于下苦功夫的学者。这是他走向杰出的重要因素。他不仅做出许多令人称赞的建筑作品，而且他写出许多有思想有见地的好文章。这些文章发在香港的报纸上，曾引起过相当强烈的反响。这些文章令当局十分头痛。据说曾派人贿赂钟华楠，要他少写些抨击港英当局的文章。可是，钟先生一身正气，使当局很是尴尬。我读过由商务印书馆出版的钟先生那本《亭的继承——建筑文化论集》，从这本书中完全可以看出他做学问的扎实与深厚。他有许多真知灼见都闪烁着智慧的光芒。比如他对民族风格的一段话：“如果我们要对民族风格的价值来作一个衡量，可拿一些日常生活的例子来看。例如在一个合理和经济的条件下，你的每一餐都在营养专家指导下进食。吃得饱，活得很健康，照理应当愉快，但几天后，你会发现缺了一点什么，那是由于外国餐馆不够‘中国味’……凡是到过国外，并生活过一段时间的人都会明白我说的是什么。这个感情的东西变为生理的需求，这一点点的东西就是‘民族风格’。”在这部书中类似这种精彩的篇章可以随手拈来。

我喜欢读他的文章，喜欢聆听他的报告，就是他随便说上两句什么在我听来也十分精彩。在深圳的这一次由《建筑师》杂志主办的第二届“建筑师杯”的评选活动中，我又一次被他的不同凡响的见地所折服。他面对这些来自全国各地的几百个方案，他是这样说的：“我要接受百花齐放，可是，我还要寻中国花。”“偶尔看到几朵小花，开得也不灿烂。虽然用了化肥，但是，是中国泥土，中国的品种。537朵花（指537份参评设计）多是鲜花，多是洋花，种到中国泥土上，就是开了，也有一点残凋。”

“如果中国跟着西方走，什么后现代派，什么解构派、折中派、复古派，最后中国变成国际主义，不单是中国人不愿意，连外国人也不高兴，也会反对的。”

“中国现今是过渡时期，免不了有些洋味。这个过渡时期是追求生活水平的提高，经济的提高，但不能忘记提高具有中国特色的现代建筑设计水平。外国的东西要认识，更要了解这些东西究竟是怎么产生的。欧美现代年轻人喜欢穿破烂的牛仔裤，我们中国人穿了那么多年破裤子，难道我们也随着西方穿破裤子吗？中国人现在该穿完整的裤子，解构的裤子还是少穿为好。多穿了，着了凉，对身体也不好。”

“中国人有自己的生活方式，有中国的国情，过渡时期的百花齐放，我希望不要太长。据说，将要在深圳、广州、上海接受申请创办私人建筑设计事务所。这种事务所是真正的个体户，他们将面对市场经济，自负盈亏，经济压力一定相当大。他们对建筑设计抱什么价值观，抱什么使命，对21世纪的中国建筑设计将举足轻重。”

“我这次评审，是在追求有中国特色的设计，期望以后有大量的中国品种的百花，哪怕开得不那么灿烂！”

我真想多引一些他的讲话，不仅有深刻的见地，而且充满激情。可惜，他讲得太少了，没有听够。钟华楠先生这种不为浮躁的商品大潮所没，不被权势金钱所惑，沉下心来，甘于寂寞，孜孜以求民族文化之底蕴，之精髓，仅此一点就高出他的香港某些同仁；而他这种站在东西方文化的相对高度上来把握和省悟民族文化的大的视角，亦使国内建筑师望其项背。因而，他的杰出实属必然。

在我步入建筑界时，中外许多建筑大师曾令我肃然起敬。我想一个一个地走近他们。我曾写过《走近赖特》，接下来的就是走近钟华楠。他闻知之后遂给我一信，言及“走近”什么人先要远视之。何况我不能比上赖特。走得太近可能近墨者黑！好一个近墨者黑，真想跟他沾点墨水，黑一点，浓一点，增点分量，否则，岂不苍白！

钟华楠不是一座山脉，也谈不上一条什么河流，他大概也够不上建筑巨匠或伟人天才什么的，但是，他有着艺术家的气韵，哲学家的才思，建筑师的使命意识与献身精神。这种多角色多优势的汇合，便构成了他的独特的风采。真想再见见他，那悠哉悠哉的烟袋锅子，那把超然飘逸还带有几分生动感的山羊胡子，那双全是智慧的小眼睛一闪一闪……

（此文在《建筑师》杂志主编杨永生先生的指导与帮助下完成，在此谨表谢意。）

1994年11月23日　于沈阳牧童居

城市的颜色

——触摸东莞东城

广东我曾去过好多次了，但与东莞总是失之交臂。深圳、广州、珠海还有番禺，这几座城市都与东莞挨得挺近，我却还是到了这些城市，没有能够迈进东莞。这些年来，我不断地从各方得到东莞这座新型城市腾飞的消息，这种消息对于我犹如半天虚浮的虹霓。直到去年年底，我才来到了这里。

我觉得这是一座有性情的城市，而她的性情是由三种颜色拼接而成的。

红

一座城市的性情要说清其实并不简单。这里有文化的积淀和历史的沿革，也有许多人文的东西，更有建筑的风格与品位。但是，对于一个外来者，要想认识城市，头一眼，只能从颜色上去感觉去辨认。有的城市外在的东西千篇一律，缺乏自己的特点，而东莞则不是这样，它像一个非常讲究衣着讲究发型讲究花色布料的女士，在一尘不染的自恋中，等待着像我们这种来自北方的汉子们的惊叹和赞美。

北方的汉子大多因城市与文化的粗犷环境养成了豪言壮语的性格。我们这疙瘩的男人大多不喜欢掩饰的，比如见了好看的女人，我们不会将那惊讶的瞬间感觉掩饰起来，我们会立即以面部或话语的方式表现出来对其赞美与惊叹：比如，哎妈，太棒了！要是换个南方的汉子到了北方的城市或者见到北方的美女，恐怕他就不会像我们北方男人那样直露地表达真实感觉。他们会以含蓄的方式，小桥流水般地渐进渐出。我这样说，不是对比着研究南方北方男人的个性特点，我只是为我对于东莞这座城市将要采取的表述方式作一铺垫。

东莞在我眼里是个完全新鲜的城市，那些精彩的建筑群落，新鲜得如同刚刚采摘下来的水果。这些“水果”在树木的隔离带中始终鲜活着。特别是屋顶的红颜色，红得赏心悦目。

新世界花园，积木般的小别墅，一色的红瓦屋脊，俯视时，红得斑驳璀璨。还有东城山庄，建筑的壮美形成一个队列，这个队列让我联想到英国皇家的仪仗队。那种神气昂然的红帽子，那种高头大马，那种一丝不拘的队伍体现着间距的威严与高贵。还有景湖花园，那圆形的环绕的别墅建筑群，俯瞰时，一个个不规则的歇山顶式的屋脊，婉如铺排的一片片深秋的枫叶。我想，这种建筑的屋顶所要表述的大概就在于高贵的审美吧?

红色的斑驳还出现在家乐福超市的水果市场上。火龙果、小西红柿、李子，以及各种叫不出名目的水果，也组成了一道色彩的河流，说成风景也行。还有徐福记的生产厂家的展示厅里，各种糖果也斑烂多彩，而红色的点缀与包装，已经不仅仅是食品的意义了，其中透示着欣赏的品位。

我们在参观时，年轻的小伙子们穿着红衣服，显得格外精神。我不知道他们选择红色作为工作服，是不是希望企业红火的意思，不管怎么说，徐福记真的够红火了。每天那么多世界各地的车辆停在那里等着装货，这里的沙琪玛创造了奇迹，居然可以影响股市的升涨。我也从这里带回两袋沙琪玛回到东北，对于一向不吃这种玩艺的我，吃过一块，就一发不可收了。我们全家在一段时间内展开了沙琪玛大战，人人都快吃疯了。我们楼下的超市收银台都被我们的购买量震惊了。

红色，曾经作为一个时代的颜色给我们民族留下的更多的是血腥与灾难，但是，在东莞这座现代化的新型的城市里，红色却像一个昭然的路标，为我们的新城市布局，也为我们的新生活，拓出一片崭新的方向，也可以说像一支鲜艳的笔，在充满激情地挥动中，写下了令人惊叹的篇章。

红色用于建筑，也有着华夏文化的渊源。古建筑的朱漆大门，寺庙中的红色柱子，还有戏楼的喧闹与热烈，当然逢年过节时，那些张灯结彩，以及喜庆时的剪彩，旗帜什么的。但是，红色在建筑师的手中，一般是相当慎审的。因为，这有个分寸问题，一旦用得不够准确，甚或泛滥开来，其副作用可不但是刺眼的问题，那会使得本来渴望安宁的阴柔的城市带来一片躁热与不安。

东莞的红色是有其自然文脉可以追溯的，当我们徜徉在1100年的历史长廊中，仰视着文阁、许公岩、“进士赐恩”牌坊的时候，我们脚下那滴翠的山坡岩层是红砂岩山体，那种红砂岩是千古岁月的积淀，也是这里独特的肌理与文脉。据说，因为这种山体不长草木，全被炸掉填土了。尽管填土生成绿茵是一种美，但我仍然觉得应该保留一处红砂岩的原生态自然景观。这不仅是地质学的意义，也是一种浑然天成的风景，就像建筑物的立面在经过了那么多的现代华丽材料之后，许多人却喜欢用粗砺的原生态石料与木料装扮。这是一种返朴也是一种回归。

我所以喜欢东莞的红砂岩与红色的屋脊，在于这是一种独特的存在。城市正在越来越大同化的时候，能够有自己独特的东西是多么难能可贵！

红色，是一个城市的激情。我们这些作家在东莞东城区的文化中心时，迎着阳光，看到我们的团长高洪波先生为中国作家协会在东城区的创作基地剪彩时，他胸前的红花与手中飘动的红绸子，一并热烈着，燃烧着……

记得我们站在创作基地的阳台上，向远处眺望时，东莞的红瓦点缀在城市的高处，它显得很是高贵，沉静。

绿

中国的城市大多求同，草坪，喷泉，加上不伦不类的音乐。尤其在北方城市，树少人多，楼高人矮，门胖人瘦，车贵人贱，一句话，城市与人的关系不融洽，城市比人似乎重要，人对城市有一种畏惧心理，就像百姓见了不可一世的领导。

所以，在北方的老百姓都知道，一任市长上台后，头一件事就是要抓城市市容改造。所谓市容改造，说到底无非栽花栽草，就是让城市的地变绿。能够让灰秃秃的城市地面变绿，这确实是件不错的事情。但，绿地并不能够代表一切。城市的美不仅仅在绿地上，而是绿地与建筑与环境应该有着和谐的统一。

在我生活的城市中，近年来，绿地面积是多起来了。但是，那种绿地就像展厅里的沙盘，只图摆设或供人参观使用。对于普通市民而言，是敬而远之的，因为缺少亲切感。草坪再多，你也不敢靠前，你如果上去踩踏一下，是要被罚款的。我所居住的那个北方最大的城市中有个最大的广场，因在市政府门前，便被叫作市政府广场。中国的城市中许多广场建在市政府门前，而因此被唤作“市政府”广场的广场比比皆是。顾名思义，广场是属于市政府的，而不是属于市民的。仅从这种叫法，就缺乏亲民性，就有待于商榷。何况在这样的广场上，老百姓有诸多不自由的感觉。

首先进入广场时，就提心吊胆，因为广场四周所有通向广场的路，都有车辆穿行，行人要想进入广场只能与汽车抢道。本来应该挖个地下通道的，却没有任何人想到这个。我每天都在这里看到进出广场的老人，是如何战战兢兢地穿行于车辆之间。广场为什么就不能为人们提供起码的方便呢？

香港是国际大都市，作为这样的城市最令人舒服的地方，不在于多么豪华的建筑和城市设施，而是因为这个城市几乎所有的设施都是为了人们的方便。比如，你乘坐大巴去机场，那车会一直开到候机厅门口的电梯旁边，你只需一抬脚，就可以踏入电梯，顺畅升进候机大厅。这就是现代人的方便与舒适。

而我们的城市呢？在环境与人的关系中，孰轻孰重？

记得有天早晨，我到市政府广场晨练，而与我一道来这里晨练的老人们在广场的一处低矮石墩上压腿。我也照此压腿。结果，广场管理人员过来了，非常粗暴地制止我们，并且极带侮辱性地让我们将压腿时，脚跟部位与石墩表面接触点的痕迹擦拭掉。石面是那种麻面的花岗岩，粗糙有余，而在这上面去擦拭简直是不可能的。但，你不擦拭，他就不放你走开。看样子，这位管理人员是纯心要让人难堪的。且不说为了石墩的表面而不顾及人的面子是否本末倒置，就是从石墩的功能而言，也不是家里的橱柜，如何需要擦拭呢？可那位管理人员看似认真地一丝不拘维护城市形象，可他转过身时，居然点烟了一支烟，在神圣的广场上不可一世地喷云吐雾。

我们向往的广场不在于庄严感和神圣感，而在于亲切感。亲切感首先从绿地中漫溢开来。东莞的草坪品种与北方的草坪肯定不同，那种草的光泽像高质地的毛毯，宽容而亲切，市民们是可以任意到上面坐一坐，躺一躺的。

从我们居住的御景湾大酒店的明净窗户望开去，外面的绿地与园林式的理水，构成了纤巧之妙韵。那绿地的精质，特别是漫坡的弧度，可以与高尔夫球场比美。这里有峰景高尔夫别墅、新世界花园、盈彩美地、星河传说等一批可圈可点的建筑部落。这些建筑如果没有绿地的衬托，其效果是不可想像的。

东城区仅为东莞的一个区，但这个区的绿化是令人赞叹的。城区生态建设与保护上居然能够做到城中有林，林中有城，整个城区像一个公园。数字有时是很说明问题的，尤其我们这个讲究数字报表的国度：东城区的森林和绿地覆盖率在43 %以上。我们内陆城市讲到覆盖率时，只用“软硬覆盖率”，而从来不用绿树绿地覆盖率。

走在东莞的街头，有种安逸感。细心去体味着这里的绿色，如同欣赏岭南派的绘画。真是一方山水养一方人呀。在这样的绿色中浸泡，即使当不成山水画家，也能够养一副好性情的。我们到了一个村子去，那里的老百姓面对马上就要告别的家园，搬进城市里居住的感觉，是一片惆怅与无奈。路边一个老人沮丧在说，他一点都不希望搬家。因为他从小就热爱着这片山林，这片绿色，他舍不得这种环境。在中国其他地区农转非，那是天大的好事，而在这里，由农民转为城市市民，无疑是对于农民的一个严厉的惩罚，诸如受过刑事处罚的人，才会由农民身份强行转为城市市民。这可能就是东莞这个地区绿色与生命的生动对话。

事实上，城市的这些绿地的作用，已经不仅仅是外在的美化，更不是做给别人看和为了上级领导检查，或者评比个卫生先进城之类；它能够直接作用于人的情绪、情操的。

你焦虑时，它可以为你过滤；你狂躁时，它能够镇静你；你闲暇时，它能够将你引入诗的意境中。它长久地滋润着城市与人，城市与人就会默默受到陶冶。于是，所谓的城市韵味儿，就是从这样的滋润中走出来。我曾在一篇书写北方城市的文章中，谈到绿化覆盖对于城市的意义时，我说，家庭暴力将会因此而减少。

绿地使得城市的美有了足够的依附。东莞的绿地与屋脊的红顶相衬时，相得益彰，给人留下独特的浓烈的回味。这种回味伴有着饮了好酒之后的醇香。

白

白色，是一种底色或曰原色。我在东莞看到的建筑物，凡是令我比较欣赏的，都是采用白色作为主体立面的新建筑。这种新建筑不仅结构造型新潮，使用的建筑材料也轻盈舒畅。这些白色主体着面加之通透的玻璃幕组合，构成了东莞系列组合，正是这种系列的组合形成了标志性建筑。

在东城区的参观中，我认为具有代表性的建筑是东城区的文化中心，这个中心的总体设计注重了文化品位与精神指向，功能也相对完善，其中拥有剧院、书城、健身室等等，与周围的区府大厦、文化广场形成一个整体性效果。这种非常现代的建筑，是邀请国外知名建筑师设计的。从线条的开合中，空间的布局上，都能给这个城市带来一种新的理念。

我有幸在东城区的文化中心礼堂讲了一次课。这次讲课，给我留下的印象是极深的。中学生们来了很多，坐得满满的，他们一袭白色装束，这使得本已明亮的礼堂空间显得更加敞亮起来。白色始终给我以圣洁的感觉，学生们穿着洁白的校服，以一种对于文学的圣洁感端坐在那里。他们给我递了那么多字条，因时间关系令我却无法一一回答。但这些字条我都带回来了，此时正置于我的案头。我一张张抚平这些千里迢迢带回家的东西，这些洁白的纸张，上边的每一行字都是那些认真听我讲课的中学们写的。你听听他们提的问题：

“你认为中国至今未获诺贝尔文学奖的原因是什么？今后还有这个希望吗?”

“你觉得鲁迅的弟弟周作人写作怎么样?”

“你觉得一个人有灵魂吗？你一个作家的灵魂是什么?”

“我国跟外国的文学有什么不同?”

“孤独是作家独有的财富吗?”

这是五张字条，是我信手抽出来的。全是高水平、高境界的问题，我真不敢相信这是出自于中学生们的思考。他们不但关心着中国文学世界诺贝尔，不仅关心鲁迅还关心他的弟弟；孤独呀，灵魂呀，这是带有着神圣感的问题呀。由此看来，东莞的圣洁不但体现在建筑物的墙体上面，也在这些不知名字的中学生们的字条里呈现开来了。我感到遗憾的是，我没有足够时间能够好好跟他们交流一下。他们的想法肯定很有意思的，他们的意识他们的观念会有许多值得我学习与思考的。

学生的教育，也如同一个建筑项目。多年来，东城区实施了“教育强镇”的战略，引进人才，联办小学，所有的学校在建筑上均有一个了不起的飞跃变化。在文化中心的教育专门陈列室里，我们看到了那些全新的花园般的中小学校舍。我注意了，这些校舍的墙体大多都是采用的白色质地的材料，看上去，因白色与绿地的衬托，使校园环境显得典雅而高洁了。

白颜色，绿颜色，红颜色，这三个颜色的相互搭配，相互映衬，便得东莞这座城市形成了自己的性情与品质。静心思索，这里之所以有着如此快的发展步伐，有着如此清晰的发展思路，就在于他们有着一个相对圣洁的追求与目标。为了这个目标，他们始终不渝地引进人才，他们搞智性工程，在文化与教育方面舍得投资，如果说我们那里的城市将引进外资放在第一位的话，东莞却是将引进人才放在头一位。

先前来过东莞的人，现在来了后都说，真没想到，东莞发展得这么快；先前没有来过东莞的人看了东莞之后，感慨的是东莞也不比深圳差呀，呆在这里真舒服。据说，过去人才都喜欢住在深圳，即使东莞的人才也愿意到深圳居住。但是，现在不同了，不仅东莞的人每周休息日不再往深圳跑了，倒是深圳广州的人到了休息日时，却开着车到东莞来度周末。他们认为东莞这个地方清幽，是静心修身养性的最好地方。

是的，这是个很具灵性的地方。中学生的字条中，有一个问题是问我在写作时，何以能够获得灵感。我现在可以回答：到东莞写作，肯定会有灵感的。所以，中国作家协会能够将创作基地建在这里，真是功莫大矣。

2004年2月27日　于沈阳牧童居

寻找沈阳城

我一直对于我们的城市认识不足，尽管我天天浸泡其间，却被淹得有些委缩与迟钝。我与我们城市的关系，就像与一个天天在一起厮混的人，因过于熟悉，居然一点也瞅不出对方有什么了不起的名堂。忽然有一天，一张不大不小的报纸上赫然出现令人震惊的标题：沈阳建城2300年！

这不过是一则消息，顶多三五百字，但是，这则消息却非同小可，而且政府有关部门为此召集了有关专家座谈论证，还为此搞了一个规模不小的庆祝活动。仍然是这么一片浮躁喧哗的空间，却似乎因此罩了一层苍桑的光环。于是，沈阳建城一夜之间变成了二千三百年。

把一个城市弄成恁老的资格，莫非是一种福分?

仅仅寻一件值得炫耀的沧桑外衣

第一个发现沈阳2300年的人是一位著名书法家。他说考古是其专业，而书法只不过是业余爱好。一般人看来，他的业余爱好要比专业更有成就。

能够有着如此震聋发馈发现并论证的人，显然非同小可。我为此而深感遗憾的是我与他生活在一个城市有20余载，却不曾寻找过他。就像我不曾寻找我们的历史悠久的文化古城究竟在哪，究竟什么样子。

沈阳2300年确凿吗？信不信由你。第一个找寻到的人无疑找到了一个硕大的学术成果。考古家兼书法家的李仲元先生为此撰写了十数万字的学术论文，在公开刊物上发表了12篇。很遗憾，没有多少人读过，我也不曾读过。但读不读并不重要，重要的是他的研究成果在本市官员们看来如获至宝，他们发现并披上了一件值得炫耀的沧桑外衣。

中国是一个历史悠久的国度，千年历史名城随处可见。仅现存的县、市级城市中，有着数百上千年的历史的，也过千了。我们是个讲究等级的国度，批准历史文化名城也按等级。比如国家级、省级以此排列。迄今为止，仅就国务院公布的三批国家级历史文化名城而言，第一批批了24个，第二批是38个，第三批又批了37个，三批一共是99个。差一个过百。我不相信正好是99个截止。我更不赞成历史文化名城还需要层层报批。报批历史名城形式上与报批经费、报批指标、还有评职称报批什么的，差不多吧？反正报批是我们的一大特色。

沈阳无疑列入了国字号的99座文化名城之中。列入的原因与2300年的发现似乎没有关系。发现者说，2300年的沈阳城是一个叫作秦开的人建造的。秦开系戍边的秦国大将。他建沈阳城时设立了五郡，而沈阳不过是燕置辽东郡下属的一个军事城堡而已。对于沈阳而言，它的地理位置始终远离汉民族的政治经济及文化的中心，是那种边塞小城。事实上，沈阳城初名候城，就是伺候与守候之意，其属性不在于繁荣经济文化，而在于军事意义。这与真正意义上的城市似乎不能同日而语。

城与市原本两个概念，在最初人类创造中："匠人营国，方九里，旁三门，国中九经九纬，经涂九轨，左祖右社，面朝后市。"远古的沈阳城没有这种市的概念。军事城的属性与市民生活的城的属性原本就是不一样的。何况沈阳城在努尔哈赤以前，始终远离政治、经济、文化的中心。作为军事小城，自然是兵家血刃之地。何况历史上这片土地有着众多不肯安份的少数民族争霸侵扰，匈奴、东胡、鲜卑、女真、高句丽等，走马灯般留下各自的影响。这种影响使得汉文化的传播受到阻碍，不能长驱直入，而只能是一种漫长的浸淫过程。这个过程未免显得支离破碎，甚至过于脆弱了。

有这样经历的城市如何侈谈城市意识？倒是多民族的交融中形成的粗犷豪爽、大碗饮酒、不拘小节等习俗，一直存留下来，构成了现代沈阳人的某种秉性基因。比如轰动全国的抢枪犯罪大案"二王"的通辑追捕，还有轰动世界的卓长仁劫机大案均为沈阳人的作品。再往上溯，还可以说到胡子文化，最大的胡子应该是张作霖。我的一位朋友立志研究胡子文化，他说，在别地造反的胡子大都是因为被逼无奈，铤而走险，而沈阳的胡子在走上这条道时，更多的并没有到山穷水尽无法生存的地步。沈阳人骨子里有匪性。到了南方，要是吃亏了，只要一瞪眼珠子，说声：妈的我扇(SAN)你！就会不吃亏了。

城市性格是粗糙的，势必在城市建设中难以细腻。试想，耐下心来搞城市和家园建设的历史毕竟太短暂了！因而，总是显得粗糙有余而精心不足。比如，在街道的改造上过于匆忙，好像不快点建好就得进行部落游移似的，至于建得好坏并不那么过分重要，不好也没关系，可以再换个地方重新弄嘛。甚至建那么重要的城市立交桥也没有细心过，遂成了全国城市的笑柄——立交桥上有红绿灯。一届官员的杰作成了笑柄，而又一届上任的市长第一件大手术就是拆除这几座丢人现眼的“新加坡”，并且由此铸就了自己的威信与城市改造的功绩。当然，他也由此步入罪恶渊薮。沈阳一代市府官员的堕落，与沈阳城市的建筑有关，也与城市的风水有关，更与城市的文化的关。

我曾经在一篇散文《原谅城市》中写到了城市意识。意识是现代人的时髦东西，就像过去的主义一样。我们讲商品意识、文化意识、足球意识，我们为什么不可以讲讲城市意识？也许在那些稳定居住史比较漫长的南方城市，对于城市意识是极易接受的，而对于沈阳这种城市如何能够形成这种城市意识？

至少我对此缺乏信心。我们的城市不讲究，我们的市民也不讲究，他们在大街上任意摆摊，任意叫卖，让那些刺鼻的烧烤味道搅合得整个夏季夜晚不得安生。而居然会有为数不少的人搅合着灰土烟尘在街头极不卫生更不雅观地大嚼大咽。

极不名誉的市民与极慕虚荣的市府官员们哟！找了一件历史的闪光外衣披上，与这些街头市民究竟何用？

值得我们骄傲的东西还剩多少

17世纪初，安德里亚提出了基督城构想；陶渊明提出了桃花园设想；霍华德提出的是“明日花园城”构想；城市作为人类美好的家园存在，总是伴有人类最美好的寄托和向往的。沈阳作为真正意义上的城市出现，也是在17世纪20年代——即1625年，努尔哈赤迁都沈阳后，才使沈阳城由边塞军戍小城一跃而为一国之都，完成了城市的真正嬗变。2300年的辉煌，对于我们的城市不过是一纸空头支票而已，带不来更实惠的东西，而真正为沈阳带来实惠的是女真人迁都沈阳至迁都北京这段过渡，总共才19年。在漫长的历史长河中这19年的确太短暂了，但即便短暂一瞬，构成了沈阳城市史中最值得炫耀的一笔，其城市地位迅速提高，成为东北地区的政治、经济、文化和军事的中心。如果没有这19年的资本，我们的城市肯定无缘报批国家级历史文化名城。

一直为沈阳人带来自豪和骄傲的是清代建筑：一宫两陵。即故宫和东陵、北陵。到沈阳的游人必看故宫。沈阳的故宫与北京的故宫不同，沈阳的故宫不仅先于北京故宫，而且沈阳的故宫是清人还没有夺取皇权之时所建，也就是说，是一个民族正在上升阶段而建。故宫所体现出的满族人的建筑文化非常浓郁，国内恐怕没有任何一处建筑在体现这个民族的文化意识上比故宫更浓。屋脊上的琉璃瓦边缘处是一圈绿色的边线，这是对难以忘却的草原最直接的怀念。从建筑的地势而言，择高而居更是这个游牧部落的长期习性。汉族的建筑是以官位而决定台阶高低取舍，高堂庙宇更是殿高而屋低，在满族的建筑中与此恰好相反。故宫的建筑最有价值的内容是墀吻——青砖古墙四个角上的浮雕般的琉璃图案。这是沈阳故宫独有的特色，在国内其他地方的建筑物上是不可能领略到的。因此，每年到故宫参观的人络绎不绝。

因了这座故宫，门前那一条街都跟着抖起来了。街道变成了明清一条街，成了沈阳城的一大景观。而街两侧的餐饮业、娱乐洗浴业、书画业、各种小商小贩也都纷纷火爆起来。如果没有故宫，这条街肯定不会弄成这个古里古气的样子，而更让我莫名惊诧的是在这条街的尽东头，那个假古懂的城门楼下边，有两个穿着打扮一身清兵装束的小伙子僵硬地持一杆扎枪，怪模怪样地像清兵一样守着并不需要守的假城。烈日曝晒下，我真可怜这两位守门人，不知为此可以拿到几多薪水。

不管我是多么不赞成为了故宫而生硬拆建伪造的这条怪里怪气的街衢，但我从中足以看到我们的城市在今天走向商品时代的全部贪婪。围绕着这片皇天厚土风水宝地，许多人由此挤身这里作着发财梦。他们不遗余力地占据着这里的每一寸土地，而且不断扩张着蚕食着。他们以为只要沾点故宫的风水，就会发家，结果，可怜巴巴的故宫被四周铁桶般合围着，压迫着，窒息着，一些超标建筑霸气地横空出世，严重破坏了故宫的天际线，特别是那条最有特点的东路十王亭建筑的凛然王气遭到亵渎，我在那里充满敬意地蹲下身，将镜头自南向北抻出，企图拍出整个十王亭的排列气势，然而，我无论如何躲不开大政殿背后那位高大的变形金钢般的现代高层建筑，那是一个大商场，真不明白为何一定要建在这里，而且严重破坏了环境，这种傲视皇宫皇冠般的做法能不遭到报应？

你从镜头里看去，你会感到故宫正含悲忍辱地被无情无理地侵吞着，故宫只有忍耐，像那一簇簇斗栱。我对于故宫的斗栱情有独钟，我曾写过它们："如果说墀头是独有的古建筑的诗眼，而斗栱的作用则是融贯千古。它是一个民族的符号，也是我们这座城市的符号。它默默承受着压力，承上启下，融今达古，是耐性与坚韧的城市性格的结晶。”

也许是报应吧，据说围绕故宫想发财的占有者们竟无一发迹的。特别是那个大商城无法红火。我们应该好好保护故宫。我们不妨想一下，在我们这座偌大的城市里，能够让我们骄傲的建筑有几处？故宫在呻吟，北陵也在唉声叹气。北陵的后陵是那么一大片古松林，这片古松林每一棵都是我们城市的宝贝，都是价值连城的东西。然而，它们的生存空间越来越拥挤，原有的一大片空间正在被我们的城市现代建筑所侵吞，有一座高架桥粗蛮地贴近了这些沉静的古松林，可以设想一下，每天会有多少车辆从桥上边飞掠，任何一个轮子都会带起尘土从而伤害古松，何况还有那些噪声和汽车尾汽！

灵性之地那都是金光闪闪的金银财宝呀！当贪心人渴望敛财时，你可得小心！

在我们数百万的市民当中，有多少人能够读懂沈阳的古城古建筑呢？又有多少人能够捋得清文脉龙脉呢？即便曾经一度呼声很高的建设者，他是以市长的魄力和位置赢得过市民的信任，于是，他大刀阔斧地拆建城市。修了花坛，也修宽了马路，还搞了一些显赫的城市改造项目，人人为之沈阳的变化而震惊，可谁注意到了在他权威的大手草率地一挥时，我们城市最为重要的东西被毁坏了多少？

当然，这不都是他挥手间出现的破坏，沈阳最好的街道中街，两侧是那么有风度有风范的民国年间的建筑，一排溜风格和谐儒雅的二层小楼有模有样，典雅而温存，棱角与尊严同样清晰地体现着城市文明的风貌竟然被拆迁得一场糊涂，如今几乎踪影皆无，即便侥幸残存下来的，也不是因为建设者的仁慈，而顶多是因为经费问题而无法斩草除根！取而代之的是什么？是杂乱的建筑，古不古今不今，土不土洋不洋，根本没有什么和谐可谈。我每每走到那里，便禁不住替我们的先人而扼腕。

神秘空间与建筑谶语

据说耶和华降临时，要看看世所建造的城和塔。耶和华说：“看那，他们成为一样的人民，都是 样的言语，我们下去，在那里变乱他们的口音，使他们的言语彼此不通。”因为耶和华在那里变乱天下的语言，所以那城名叫“巴比伦”，就是变乱的意思。那塔名叫巴比伦塔。

上帝变乱语言的目的大概是要一种差别吧。中国的城市与西方的城市就是有着明显区别的。左右西方城市空间的是塔，而左右中国城市空间的并不是塔，而是墙。中国城内一般是见不到塔的，塔是在郊外，或者更僻静一些的地处。而墙，高墙，厚墙，大墙则格尺一样规划开了人与人之间的距离。

沈阳城的近现代建筑中最有代表性的要算大青楼了。大青楼：仿欧式青砖大楼是张作霖在1922年始建的，俗称“大青楼”。主楼三层并有一层地下室，楼高近30米，为当时沈阳的最高建筑……

大青楼代表着沈阳的一个时代，即张作霖的大帅时代。我到沈阳后走进的第一个建筑就是这里。当时我们作家协会就进驻这里。无论从建筑上还是从历史文化方面，大青楼在我看来都充满神秘色彩。仅我在这里呆的十二年间就曾耳闻目睹了诸多怪事。我曾试图对这些怪事进行某种合乎情理的解释，但终没把握。

准确地记得那是1981年深秋的一个夜晚，我孤独一人在大帅府的办公室值宿。当时的那个办公室就是老虎厅，就是张学良处决杨宇霆的地方。

关于这段传闻很多。张学良能够枪毙杨宇霆确实不是一件简单的事情。有人说他曾犹豫再三没办法用一块银元掷地，结果三次都是要杀的暗示。杨宇霆的被杀，使得车水马龙的杨公馆突然变得门可罗雀了。一个清冷的下午，张学良的夫妇在清冷的杨公馆门前撞见了杨夫人，她躲闪不及，只好无奈地与少帅夫人寒暄。会说话的少帅夫人说那件事使汉卿一直很后悔，他后悔当时的冲动。杨的遗霜始终未作答，她听到少帅后悔的话岂不更加难过?

人死是有预兆的，杨宇霆临出门时他的妻子就感觉不好，就一而再而三地归劝他，阻挡他，但是他坚信少帅不会对他怎么样的，其实他未必心里就一点准备也没有。当他进入那道森严的青砖高墙院落时，他肯定会有死到临头的预感，只不过他是大丈夫大军人，即便死至临头，他也不会掉头逃窜的。他是堂堂正正走入老虎厅，视死如归的。相形之下少帅倒显得不够气派，居然未敢出面而是派人从背后开的枪。若干年后，我从银屏上看到了在美国教堂虔诚作弥撒的百岁老人，怎么也无法与当年那位风云少帅进行合理迭印。

也许是英魂不散？也许这里积累的怨魂太多？反正我在那个阴暗的老虎厅夜晚值班时令我魂飞胆颤。使我紧张的一个原因不仅是杨宇霆，还因为一位才华横溢人品高洁的作家英年早逝，白天刚进行完骨灰告别仪式，他的遗像就挂在墙壁上。还有花圈。

那天夜晚我怎么也难以入睡，刚刚迷糊着就被一阵吱吱嘎嘎的门响惊醒。记得那门我明明划上了却莫名其妙地开了一道大缝子。那天晚间绝对没有风。我只好下地又一次将那扇沉重的阴沉沉的门划好。

我再也无法入眠。不知什么时侯迷糊过去又被一种门响声惊醒。那声音可怕极了，也奇怪极了。就是从那扇暗紫色的又高又宽的门下边发出来的声音。可那扇门却偏偏纹丝不动。门的每一条雕饰都凝聚神秘，那门板的颜色和厚重感使我不禁联想到真有什么鬼魂出现。

住在大青楼里的人说，夜里也听到了奇怪的门响和奇怪的脚步声。有人说得更恐怖，在漆黑的走廊里只看见两只白色的脚在移动，脚上边什么也没有。甭说看见那两只鬼里鬼气的脚，只要一进入那漆黑的大走廊就禁不住怦然心跳。即便是丽日晴天那走廊里也是阴暗的，高悬顶棚的那盏放在哪里都应该明亮的灯光偏偏在这里像生了锈，整个走廊的墙壁都涂满了粘腻的铜锈。灯光照不到的地方总像藏着幽灵。圆形的窗户嵌着不谐调的彩绘玻璃，像一只古怪的眼睛弥漫着一种不祥和的光。岁月的伤口在这里随心所欲地延伸着，楼梯蹬的水磨石质地的棱角已经破皮，踏步处光滑凹凸，湿漉漉的拖布擦过后踩上去如履薄冰。门窗框与墙体的衔接处裂开了口子。宽大厚实的木窗台不仅泥垢斑驳而且多处腐朽。二楼的棚顶不断地漏水，把帅府所剩无几的尊威戏弄成一疙瘩一疙瘩的尿图。我曾经私下里想过，大帅脾气一定暴躁，要是看到他的府邸如此水裆尿裤他岂不怒发冲冠？更让他生气的应该是三楼。原先的空间格局被破坏了，一个个不规范的小房间里拥挤着与张大帅没有什么关系的人。宽阔的走廊成了公用大厨房，每天都是浓烈的战火硝烟，墙体厚实讲究封闭性的昔日帅府大概在初建时没有预测到排油烟的问题。油烟对建筑内部的损害是严重的。地板磨损得像块浮肿的肚皮，再好的皮鞋踩上去也发不出健康的响声。昔日的尊威哪里去了？帅府的遗风只是如此衰败这般雕敝？我在这栋大青楼里住了十多年，从未感觉到这是一座多么有名的建筑、多么好的房子、多么舒服的环境、多么值得珍惜和流连的处所！我所感受到的是一种压抑、一种沉闷，我好像从一道道地板缝、墙壁缝、天棚缝听到了无可奈何的叹息。一位神经敏感的女大学生第一次走进这里，一眼就被一位老编辑的满脸褶子所惊骇了。那是怎样的褶子啊！我曾试图读懂它，可是我读不出作为生命的信息，却执拗地将它与这座建筑的裂缝缀联在一起。他在这里沾了晦气还是他给这里带来沉闷?

我有一位文化界的朋友8年窝居在一间8平米的办公室里。家具办公用品堆放得几乎没有了落脚的地方。他的5岁的儿子看上去健康可爱，可是一旦到了别人宽敞的家里便不顾一切地进行破坏。他会穿鞋在洁白的床单上痛快地踩踏，弄翻了椅子打碎了杯子，更让人受不了的是他把人家鱼缸里的金鱼眼睛抠去然后再弄死。剩下一条被抠去了一只眼睛的金鱼惨不忍睹。他这种破坏意识与他居住的狭窄憋闷的小屋子不无关系吧?

人们是否意识到你在破坏建筑物的同时建筑物也对你构成损害? 是不是因为我们一味强调人对建筑的破坏便视而不见建筑对人的伤害? 可以说在大青楼真正得意的人没有不倒楣的。

建筑学讲究空间关系，也讲究空间与人的关系、环境与人的关系。令人遗憾的是建筑师一直在呼吁这个问题却无法引起人们足够的重视。特别是长官意志对建筑文脉构成的损伤是有目共睹的。每一任市长上任时，都知道抓城市建设。这不是坏事，可你对你管辖的城市的来龙去脉到底有多少了解? 你是否真正尊重你的城市?

我采访了建筑大师刘克良。他跟我一样是外来的沈阳人，他也跟我一样一直在寻找沈阳城。寻找沈阳城那并不清晰的文脉，寻找那遥不可及的渺远古城。不过，他的寻找与我不同，他寻找的目的是为了对这座城市拿出更负责任的新的设计方案。

那位昨日黄花的市长在市府广场周围要搞一个会展中心。一块三角地段，全国招标，专家组在应征方案中选中了一个最佳方案，那就是刘克良的。外形看去，有着圆的组合的层次和丰富感，墙体灰色着面，用那种麻面的石料。南面是正面，八根廊柱，有着人民大会堂的庄严感，但弧度却体现着这个时代的韵律。柱廊实际是庑廊，后边一排大玻璃幕墙。他的这个方案最具匠心之处是吸纳了故宫神韵与空间意识。比如中央大厅的设计在造型上就模仿了十王亭。前边大后边小，体现了八字摆列形状，而且空间上采用了八棵树也呈八字排列，设计议会厅的空间时，按着故宫十王亭的阵式布局，他喜欢八字形，十王亭犹如这个游牧民族的固定帐篷，大师深谙故宫八字形摆放之深意，那是努尔哈赤的军事民主的写照。在戎马生涯时，努尔哈赤每每遇到难题时，就会与八个旗的头领一起研究商讨，而他们坐进了沈阳故宫大殿，那一路通向大政殿的空间，也仍然不忘这种军事民主。刘大师说，既然沈阳要建会展中心，要开会，那么创造一片“军事民主”的空间感觉不正是沈阳城文脉的承袭吗？为了设计出中心部分会议室的形状，他在吃饭时受到一个咸鸭蛋的启发，就绘出了一个鸭蛋形状，整个方案无论建筑艺术还是文化内涵还是对于沈阳城市的理解，都有可圈可点之处，赢得了专家评委们的激赏。可惜被那位大市长一票否决。他不喜欢！他说他就喜欢玻璃幕建筑。他不仅是对建筑师的不尊敬，更是对于这座城市的不尊重。他不是看不明白方案与故宫的文脉相通，而是他压根就不喜欢那种方案中明显体现出的“军事民主”意味吧？我们的市长比当年的老罕王更自信？

差不多就在这个时候，故宫门前发生了一件奇闻，一块无价之宝的石碑歇马石被一辆豪华骄车拦腰撞断。石碑在贴近故宫大街的地方，距马路牙子还有一段距离，而且位置相当隐蔽，却仍然难逃劫数。而这块石碑是歇马石，突然撞断与不久后马向东的澳门豪形成默契，于是市民们将两件事联系起来街谈巷议，竟有了谶语与宿命色彩。

如此说来，慕权威否定大师的带有故宫神韵的方案，是否也是某种噩运的先兆？他后来又组织了新的招标，选择的方案喜欢的方案没有看到。现在也无法看到真实的建筑。因为诸多不合理，导致了这栋建筑可能要下马。其实已经是上不去，下不来了，那栋拔高起来的高大躯体此时正蒙羞在一圈布网的包裹中，是在为那位腐败的高官而蒙羞还是在为我们的城市把那位腐败分子当作救世主而蒙羞？

赖特发明了有机建筑理论，他认为建筑是有生命有感觉的，这很神吧？其实，听听刘克良的建筑方案中透出的谶语意识，你更会惊讶不已。那是他为本市法院设计的一个方案，人家反复强调法院的现代意识，并且对他说，法院要与国际接轨，一定要有现代性。

他犯了核计：法院的现代性是什么呢？按着大师自己的理解，就是人民性，就是平易近人而不搞衙门作风，要方便老百姓，让老百姓出入方便。所以，他设计的方案从效果图来看，正面工整平衡，像一个天秤，天秤的含义自然是法院的本色了。中间是入口，开一个大而敞亮的内天井，没有任何台阶，一迈步就可以进去，就能看到斜上方的一片晴天，进法院看晴天，这是人人明白的深意。但是，法院他们自己却看不明白了。他们说，这法院怎么可以方便老百姓随便出出进进呢？法院嘛，就是要强调其庄严神圣感，就是要威风凛凛。结果，刘大师的设计方案被彻底否决了。

取而代之的是一个八面威风，玻璃幕墙体嵌有的立柱一根根犹如监舍铁栏透着冷酷。最鲜明的特点是那正面临街的大门是陡然拔起的高耸的台阶，一点过渡没有，简直是一道危危陡崖，走上去令人莫名担犹，不禁想到那句不希望铤而走险的老话：悬崖勒马！

这台阶确乎如危崖，绝不是我危言耸听。从这里走上去最高座位的两个人：先前的那个和后来的这个，都没有能够勒住马，结果纷纷跌落成了沈阳慕马大案中的一员。还有那个十分贪婪的副院长。院长表面看去很朴实，而且口碑极好。当问题被揭出来后令许多善良的人匪夷所思，因为那简直是太耸人听闻了，此人不仅有经济问题，而且生活腐败程度令人发指——他与好多女人发生关系，而且每有一个他就拍下一张裸体照纪念。打开他的保险柜，那里面有着厚厚一叠裸女照。从银幕上看那厚度要比一副扑克牌厚。据说，他更为恶心更令人发指的隐私还有——一个彻底失去廉耻心的法官，该坠入多么深的渊薮！我担心的是我们的城市可别一起坠落。

极端空虚带来极端无聊，极端无聊导致了极端无耻。假如他们要是接受天秤那个方案，没那道平地陡起的危崖呢？那么，他们是否会如此迅速从权力宝座上栽下来呢？也许这种假设也属于无聊之列，但，“危崖”至少是具有象征和谶语的意味的。

命运是不能假设的，建筑蕴藏的谶语玄机，又怎么能够让人小觑呢？沈阳的“新加坡”(带红绿灯的立交桥)垮掉了一茬人，结束了一个时代；而那个雄心勃发具有大人物坯子的市长在炸掉了“新加坡”之后，大概不会对他统辖的城市的任何一种建筑物抱有同情和怜悯，他更不会去理解一个建筑大师如何辛辛苦苦搞出的那个与故宫文脉相通相融，缀联沈阳千古的会展中心方案。这个方案他不会尊重的，努尔哈赤的文明他也不会尊重，他可能也会吟出“只识弯弓射大雕”的诗句。不能否定他在为建设这座城市时所展示出来的魄力，但又怎么能够原谅他的种种失误呢？人们总是善意地把他当成建筑师，说他是清华大学建筑系毕业的，因此，他可以大挥板斧任意砍削沈阳城市的文脉，甚至有人还说他是建筑大师刘克良的同学。其实他并不是学建筑更不是建筑系毕业。对此种说法，他并不去否认，所有给予他的光环他都不否认。他对于建筑师表面上很恭敬，当他与刘克良在一起时，捧臭脚的人说他是建筑行家，这时他不得不略带尴尬地指着身后的刘克良说这才是行家专家。还对刘克良说，以后我们城市建设的任何方案都请您过目。结果呢？他处处在躲闪着大师回避着大师，他生怕他的建筑行家头衔在大师的面前成为笑柄。事实上，他已经暴露了自己对建筑的无知，至少，他对于沈阳的文脉从来就没有认真考究过，他从来就没有找到，甚至根本就没有认真去找过沈阳城！不光是沈阳的这位背时市长，就是全国的市长们，又有谁认真研究过他们管辖的城市文脉，从而真正像看重自己的官位一样看重自己的城市呢？

沈阳有四百多万人口啊！到五里河体育场看十强赛时，我裹夹在巨大的人流中，看到许多人将中国国旗画在脸上，一片如血的鲜艳，不仅有种深深的恐惧感。这么多人不是被理智操纵而完全受到情绪操作，一旦泛滥，那将会是红色的毁灭。沈阳有这么多年历史了，可这么多人该盲从还依然盲从，该激动还依然激动。究竟为了什么？

我在寻找答案，一如我在寻找那看不见摸不着的远古的沈阳城。

城市遗忘

我们的城市在迅速地遗忘非典。关闭的场所豁然敞开，大门上张贴的那种“今日已消毒”的条幅也已显得脏旧了，而公共汽车的挡风玻璃上贴的这种“消毒”标记更成了多余的膏药。人们集聚着，欢笑着，在纤尘不染的强光烈日下，把耽心与恐惧扔得一干二净。人们好像在争抢着忘却，遗忘之疾，远甚于我的打字速度。

本来采访好的生动素材，却因为想沉淀几日，竟突然感觉恍若隔世。朋友们打来电话询问我在做什么，我说在写文章。什么文章？我只好如实秉报：写非典。对方哈哈一笑：还写非典呀？你等着再来一次非典时再发吧。

人们忘却非典就像扔掉一枚在自己身边随时可能引暴的炸弹；城市忘记非典就像忘记以往任何一次浩劫。

而我还得面对着开启的电脑，却无从下笔。电脑很快进入黑色的睡眠。

黑色的胳膊箍出现在谁的臂上都是不幸的，而我的朋友的儿子的左臂上的这个箍尤其令我揪心。人们用那个东西寄托哀思。那是黑纱，但在我们家乡，就叫胳膊箍了。朋友是在北京一家出版机构供职。每次我进京时，他只要知道了都要拽我喝酒，印象最深的是我们那次家庭式的聚会。他的妻子当众表演芭蕾舞。因为从她发胖的形体上，我们怎么也难以相信她曾有过的芭蕾生涯。结果她的专业味道的踢腿，带给我们宴席一片欢腾。一个活生生的充满热情的女人，就像永远充足气的球一样，随时可能从我的记忆中弹蹦出来。

然而，就在我去北京鲁院的第三天给朋友打电话时，他提醒我要注意非典。他还说，他的妻子有位非常要好的朋友得了非典，她去医院探望了。他说，等她妻子回来，就请我去他们家喝酒。记得我们还开了几句关于非典的玩笑。我说你还敢让老婆去看非典患者。可别被传染了！他说不可能，她壮着哩！可是，无法预料的是，他那么强壮的妻子那么热情似火的女人却在我们通电话后的一周，告别了人世。而他与他儿子也相继染上非典。我将这个不幸的消息通过E-MAIL发给了远在丹麦的一位朋友，她与死者是最好的朋友，她在短短的回信中居然说："为什么呀，这样的幸运的事情不落到我的头上！"她是在海外皈依了基督。而她也是在那次我们聚会上笑得最开心的人。

在京城疫情闹得最严重时，我们鲁迅文学院这批主编作家班有一多半人选择了离开，少部分人选择了坚守。我也选择了离开。

简直像逃难逃出北京。当飞机抵达沈阳时，是2003年的5月27日。这个日子对于沈阳这座城市的意义在于13点30分。因为这个时间，政府下达了禁令，对于来自北京的人（疫区）统统给予特殊"关怀"。我们是十二点到达桃仙机场的，如果晚到一个半小时，就回不了家了。

据说，我们以后的北京来客，无论海陆空各处，都得受到"特殊待遇"，而且，统一隔离的宾馆费用还得自己掏腰包。

虽然没有被政府正式隔离，但非正式的隔离滋味儿也并不好受。我觉得自己当时像在被通辑的在逃犯，无法真正跨进家门。当时我家对门的邻居正好搬走了，空下来的房子暂无人住，那里便成了我的监舍。妻子女儿当时都在家，她们只能眼巴巴地隔着门镜看我与我对话。我们都有说有笑的，像演一场滑稽小品。但她们就是不敢开门。

当天晚上，亲友们打来电话，让妻子去街道报告，妻子与我商量，是否去报告。我感觉她要出卖我似的。告诉街道，就等于把我交出去了，那么，我可是真正地被监管对象了。我可能连下楼出门的机会都没有了。一个人成了被监管对象，那是什么滋味儿？莫非妻子真有大义灭亲的精神？

外界压力在增加，如果隐瞒不报，要负法律责任。不过，妻子最终还是顶住了压力，没有"出卖"我。但是，我与家人隔门相望，每天每顿饭是妻子送出来，放在我的门口敲敲门，就像往号子里送饭似的，我等她返回身关上门，才敢打开门将饭碗端进屋里。如此这般熬过了一周。

我头一次下楼要去外边，却碰见了楼道一位老太太。她打量着我问我怎么好多天没见到我。我刚想说去北京了，却突然缩回去了。我吱唔着，我庆幸自己得亏没有实话实说。当时，听人说隔离期是十二天，又有一说是二十天。无论多少天，我当时都属于"刑期"未满。

那些天，特别回避"北京"二字，连边儿都不敢沾。一向不善于说谎的我，就怕遇到熟人问我怎么最近没看到你呀之类。沈阳没有发现非典，但是，那几天比发现了非典还紧张。非典之于沈阳，就像有一棵定时炸弹随时可能被引爆似的，只不过由谁引爆，什么时候引爆而已。

现在说来，那都是虚惊，是市民的神经过于脆弱，往好了说，是市里领导比较看重他们的官位。虚惊中，不乏幽默与荒诞，但无论什么感觉，对于我们这座厚实而粗犷的城市来说，早已踪迹皆无。我们城市以零的纪录，与非典无缘。有人说这是市长们的偶然福气，也有人归咎于我们城市采取得及时的果断的防范措施。

我们的偌大的城市，因为一个非典没有，在我们这些所谓写家写手去采访“非典”时，不免有种不过瘾感。广州有个钟南山，还有邓练贤，北京也有感人的英雄。我们沈阳虽然没有非典，但也有非典当中涌现的英雄。比如，组织上派我采访的那个辽宁省疫情中心的主任就算这类人物。他亲临一位非典死者现场，为死者打包。三层白布，全用过氧乙酸浸透，严实地绑扎完死者的头部后，再裹缠一层塑料，用纸棺装入，挖一个四至六米深的大坑，在里面烧葬，再深埋。所有瘟疫倒霉者都是这么处置的。他当时戴的是美国进口的N95口罩。他的勇敢来自他的专业知识。

他是我们这个城市的头一个惊醒者。他买了一批防护服，并且开始培训。在此之前，这座城市从未见到这可望而不可及的白色的纸质的一次性的连体防护服。

这个城市如今恐怕只有他会记住头一次非典袭击城市时，是4月5日19点45分。如果写故事片的话，片头出现的字幕是：桃仙机场。然后，一片黑幕。黑幕中有刺耳的救护车鸣笛，增加紧张恐怖气氛。然后，夜幕的停机坪出现一架飞机。飞机由香港飞来。他居然还能记住航班号为：CJ635/6APR。一队白色美式防护服，突然包围了飞机。然后是给飞机消毒，再然后是将机上的全部乘客一个不落地“特殊关照”起来，让他们住进了宾馆。这是我们这个城市隔离史上的头一例！

被隔离的人中有外国人也有中国人，有南方人也有北方人，疫情预防中心主任说，尽管这些乘客们对于这种“关照”都有着想不通，但是，经过解释，人们也都释然，配合“关照”，但惟有我们自己城市中的人骂不绝口，而且摆出一副小官僚的不可一世的架式。他感叹着说：人呀，素质可太不一样了！

被采访者赵卓如此得出结论时，我不免在问自己：如果我也在那趟班机上，我会不会表现出一种高素质的配合呢？

我们城市第二次虚惊是在沈阳第四医院。那里住着一位北京回来的警察，据说高烧不退还到处遛达挨个病房串，结果，这所医院被封。疫情主任说，当时咨询他时，他是不同意封四院的，因为医院怎么可以轻意封呢？但是，我们的城市就是硬性把个大医院封了五天。然后，调查所有去过四院的人。而我妻子偏偏去了四院看眼睛，更偏偏的是，她去看眼睛时，那个非典疑似警察也去看了眼睛，前后不过一小时。肯定是同一个眼科医生给看的。因此，我们的城市我们家也因这一事件紧张起来，而我刚刚获禁，妻子又成了可能引爆的炸弹。我与女儿开始将她隔离起来。

当四院解封时，我的妻子也松了口气，原来那个警察退烧了。他退烧了，我们的城市也退烧了。但是，没过多久，第三次紧张陡然而起，而且这一次其轰动性更是惊天动地！

那是个星期天的晚上，大约有二十点的时候，女儿突然打来电话，她说她们学校出大事了。女儿一开口就把我们吓得够呛：她们学校发现了一个非典，现在满院子都是车，所有领导都来了。女儿说她被封在了院子里，进不去寝室了，而在寝室里的同学又不能到院子了。好在天不冷，我们劝女儿要沉着一些。

电话刚放下不一会儿，就又有电话打进来，亲朋好友一瞬间都知道了辽宁大学发现了疫情。城市的神经在那时突然变得格外敏感格外脆弱。等到深夜零点以后，我刚刚睡下，门铃突然被刺耳地按响，我紧张地翻滚而起，原来是街道来查问女儿是否回家了？

街道怎么知道我女儿在辽宁大学？又何以行动得这般神速？再后来，就是全市人民行动起来，调查所有与这个非典同学接触过的人。登记添表，逐级上报。在皇姑卫生局的大门口，我就看到一位熟人拎着几张表格朝我扬扬，告诉我他来此报表。他其实与辽宁大学毫不沾边儿，但是，他却报表非常积极。我也不清楚他的表上添得那几排人是怎么与这个叫张金波的同学接触的。那几天，被调查出的有257人遭到真正的隔离，这些大都是男同学。得亏他们学校男女生相距较远，这使我对女儿的处境还比较放心。但是，女儿说那些被隔离的男生好可怜呀，他们天天唱歌。

我们的市长那几天肯定紧张，我们的大学校长可能更紧张。他们的官运可能都系于这个张姓学生身上。据说我们的省长说过这种誓词：如果高校发现一例非典，他将首先引咎辞职。

那个张姓学生终于从死亡线上活过来了，他等于蒙受了不白之冤。不过，他也因祸得福，如果不是这样的特殊日子，他也不会成为特殊人物，而他如果不成特殊人物，他的重症肺炎必死无疑！而他生死攸关的时刻，抢救他的重大意义使他从死亡线上回来了。他的小命系着许多人物的大命，正是这些人物能够决定着我们的城市的命运的。而我们的城市也终于又松了口气。

那些天，辽宁大学（简称辽大）成了危险的代名词，也像我刚从北京回来那时人们谈北京色变一样。邻居们在一块堆儿指着我们的背影说：他家女儿是辽大的。每每这时，我们都会感觉如芒刺在背。

非典祸害着我们的城市，先是香港广州，继尔是北京疫区，那段时间至少有27万人由北京而来，对我们的“零纪录”城市均构成了威胁，而四院、辽大，都在这种虚惊中祸害着我们的安静。而这几次祸害的旋涡中，恰恰我们一家三口均热烈地卷入其中。就在我写这篇文章时，我的可爱的女儿还打来电话跟我撒娇说，她想家了，好想好想呀！

她们学校的那个惹事男生现在肯定活蹦乱跳了。他大概不会愿意去回顾那些个病中的日子。但是，由他引发的这场风波至今仍然留有后遗症呀！他们的学校处于半解禁状态，所谓半解禁就是允许一小部分同学出校门。允许的方式是发通行证。女儿他们系里有40个名额，同学们都在眼盼盼着。女儿是非常恋家的，但是，她没有去争这40个名额。当初，她们学校管理上是最松的，但是现在，她们学校是管理最严的。

街坊邻居现在看到我们时，会问这样的话：怎么，你女儿还没有回来呀？然后，她们就嘴一撇替我们忿忿不平骂上几句，她们骂得内容无非是说“扯蛋”、“整景”之类。没有非典了，学校怎么还不让学生回家？

她们一边骂着一边嘲笑着。她们在骂非典，在嘲笑着非典中的过敏现象，她们只是忘记了嘲笑自己，其实她们所有的嘲笑都与自己有关。但是，她们就是以这种喜笑谩骂的方式将自己与非典的关系忘记了，也将她们与城市的关系忘记了。

非典已经成为往事，就像伊拉克战事早已成为遥远的昨天。谁还有兴趣翻一翻当初抢看的战争报导？非典消息也没有了，非典中的先进人物报导宣传也接近尾声了。城市有什么变化吗？

非典与我们的城市无关，即使有关也被我们的城市遗忘了。餐饮业火起来了，娱乐业狂起来了，建筑业也在轰轰烈烈的震颤中，不肯让我们的城市安静下来，去思索一点什么。其实，城市的秉性就是轰轰烈烈地覆盖，热热闹闹地忽略，实实在在地遗忘。城市越大就遗忘得越快。只有乡村，只有狭窄的田间小路伴着更窄的小溪涓涓流淌时，才会有记性，才会浮想联翩，才会刻骨铭心。

记忆只能属于乡村，而遗忘才属于城市。

不妨往前翻翻，比我们城市忘性更大的城市比比皆是，比如被我们的非典引发起来而祭奠的瘟疫灾难之城，就有古罗马，五次瘟疫大流行——有过日死万余人的记载，也有过蝗灾导致的八十万人丧命的记录，还有鼠疫每天夺走千余人生命的恐怖日月，但是，古罗马城遗忘了。或许因为古罗马城遗忘太多太快而最终导致了自己的毁灭?

巴黎、伦敦这样的国际级大都市也遗忘得太快太多。比如1348年，巴黎城有五万人死于鼠疫；伦敦也有十万人死于鼠疫；还有整个欧洲的巨大遗忘：对于黑死病的遗忘。城市遗忘得还不仅是大瘟疫，还有对于战争的遗忘。尽管修建了那么多纪念馆、陵园还有各式纪念碑之类，但是，那也阻挡不住滚滚的遗忘。也许我们的城市还年轻，还没有像老年那样容易浸泡在回忆之中。纪念馆碑之类东西其实不是为了记忆而修的，而恰恰是为了忘记而修的。

城市的灾难是不可避免的，城市的遗忘也同样不可避免。

城市人步履匆匆，总是要往前看，行走得越快，就往前看得越快。通衢大道每一处开通，都是对于城市记忆的窄巷的埋葬。而楼群越多越密，越使得城市失去了回忆的空间。最后可能连缝隙都没有了。

当我们叹惜被摧毁的东西太多，诸如文化的民俗的人文的精神的，好多好多值得惋惜的东西时，当我们的专家学者一次次微弱地发出抢救民间抢救古迹古建筑古城墙时，我们不是清晰地感觉到我们犹如膛臂吗？我们挡不住的不是历史车轮，我们挡不住的是城市的疯狂，我们无可奈何的是城市的脾气。

城市在建筑与发展中是不可能成熟的，真正成熟的城市是不可能大跨步发展了。能留住记忆的城市，自然是苍老的城市，而总是不肯忘记什么的城市，肯定是小城市或小乡镇。

留下记忆的只能是个体而不可能是城市。而叹惜感伤什么的也只是狭义的。我至今也弄不清人们何以为城市冠以性格这一词汇。性格只能是生命个体的东西，它什么时候它怎么会属于一个巨大的没有敏感神经的城市呢?

对于城市而言，有价值的东西太多了，可珍惜的东西太多了。要是什么都舍不得什么都保留，岂不是回到了雷锋珍惜一双袜子的状态？如果说城市的进步就在于对有价值的记忆的践踏与覆盖，可能不会有人赞同，但事实上，我们的城市从南到北，不就这么过来的吗?

当然，任何事情总有利弊可寻，犹如长江之水，因为三峡大坝的修建，淹没了那么多千古佳境，毁灭了那么多有价值的东西。但是，毕竟大坝的建设对于我们的城市的灿烂益处无穷。孰是孰非，可能不是这一代人能够说得清的，更不能统一。

因此，我写此文的目的，就是要归于一个观点，该遗忘就让它遗忘吧，你强调不让遗忘也不行的，你强调“千万不要忘记”，“忘记了过去就意味着被叛”什么的，那只能是人为的东西，甚至显得可笑了，不仅无济与事，相反会因这种强调而使城市遗忘得更快。好在，从某种意义上讲，遗忘是一种大度，是一种进步。

城市的生命力在于忘却，人类的生存信心也在于忘却。

2003/6/22 于牧童居

情感建筑

阿玛蒂之后，史特拉底瓦里将小提琴制造推向了登峰造极的地位。能够拥有一把史特拉底瓦里提琴，是当今世界上任何一位著名提琴家的梦想！无论是小提家穆特还是大提琴家马友友。马友友是一直在寻找梦里这把史特拉底瓦里的大提琴，这把大提琴原本属于杜普蕾的，但随着她的一病不起，这把通人性的大提琴悲伤地躺了十二年，于是，在一个阳光明媚的日子里，与马友友遭遇。马友友抚摸着光滑明亮的琴体，一如抚慰他心爱女人的富有体温的高贵脖颈。

祖克曼在谈到史特拉底瓦里小提琴时激动地说：“我认为提琴不是一件工具，而是我的一部分的延伸。我对它有着极大的情感。对我而言自然是万物的本质。感谢上天有史特拉底瓦里、瓜奈里、阿玛蒂，有他们发挥了树的功能，才制作成朋友般的小提琴，必须是有活力的，必须呼吸，就像我一样。”祖克曼所说的提琴像我们人一样，便是他赋予了提琴以人的丰富而敏锐的情感。

据说，史特拉底瓦里这位不朽的提琴制造者懂得建筑。

美国有位女摄影家，叫作凯瑟琳·奥比。她是1961年出生于俄亥俄州圣塔斯基。1995年，她在惠特尼参加的双年展上所展示的摄影作品，一下子就掀起波浪，并由此波及东京、悉尼等地，从而引起世界性影响。其实，她的摄影头一回引人关注，还是在1991年她的第一个个人展展出时。她的作品是以另类青年的肖像为主题，很个性也很特别。搞摄影的人比比皆是，谁还不能拍照两下子？要想在众多镜头中闪烁出你的诉说魅力，就应该独特，应该具有冲击力。

如果说凯瑟琳·奥比引人注目的理由在于对另类青年的猎奇上的话，那么，我觉得她的猎奇的意义只能属于短期行为，犹如商业摄影，而不会有艺术的长久魅力。

那么，这位真正的具有轰动性质的女摄影家的成功秘诀究竟在于什么地方呢？

在于建筑，在于她懂得建筑！

她对那片洛杉矶和旧金山的中产阶级的住宅投入了长久关怀，那是她的一份深沉的有着岁月积淀的情感。她的作品中尤其耐人寻味的是《肖像系列》，这不是人的肖像系列，而是建筑的肖像系列，她居然将建筑视为肖像。在《房屋1号贝弗利山庄》这张片子里，我们看到了一处房子，非常美国式的房子，画面显然表现的是一个门，却将这个门放于画面右侧而不是居中。门很瘦长，作者的情感和想说的都聚焦在这个门上。另一幅《房屋2号贝尔埃尔》仍然表现的是门，不过，这个门居中，且占居整个画面，属于局部拍摄；还有一幅《房屋3号贝弗利山庄》仍然是表现门的，这是个大门，两扇关闭的大院门。侧门、正门、大门，一而再再而三地表现门，她是把门拟人化了，门是具有情感的，门是会说话的，门是对于过去的眷恋呢，还是对于孤独的倾诉？对于摄影而言，把建筑作为肖像表现，以门代嘴说话，肯定比以人表现更耐人寻味。因为她将难以诉说的情感赋予了她所拍摄的对象了。

美国有位著名的建筑大师赖特。在一次权威的建筑作品评比中，他的性情建筑《流水别墅》位于榜首。这是世界百年百位建筑大师的建筑作品排列，他折桂，自然引起全世界的关注。这个作品是他为学生的父亲而设计的私人宅邸，别名叫《熊跑别墅》。这个建筑大胆地不可理喻地将山泉流水引入室内，浩荡或放肆地穿行而过。如果房屋主人不是他学生的父亲，如果他的权威不在他的学生和学生的父亲心目中确立得不可动摇的话，那么，这个建筑还能够存活吗？这个真正具有冲击性的建筑如今成为一道名胜，每年吸引了不下于八万游人前来观瞻。

赖特的建筑之所以力压群雄，我觉得还不是他的独出心裁，也不是他的猎奇，而是他对于建筑的独有的哲学理解。比如他的影响巨大的“有机建筑”理论。在他的理念中，建筑是有情感的，建筑材料也有情感。这表现在他不仅喜欢使用原生态的石料、木料，即使使用钢筋水泥时，他也赋予它们的感情空间，他让它们尽量裸露着，不缀繁褥的服饰，即便屋子漏了，人家焦急万分地打电话质问他，他也潇洒地让人家弄个盆接水就行了。再比如，他在做方案时，将住宅设计成一棵大树，当然是躺倒的大树，有主体躯干，有枝蔓，在走廊伸延时，他感觉那是连通着大树的生命血脉，甚至他还能听到这种建筑的呼息。这位来自威斯康星的建筑大师，他的命运也时常与他开着残酷的玩笑。他有过多次婚变，即使在他年迈时，他也有过婚变，但致命的打击来自他的建筑庄园的意外焚毁。这位高傲的建筑哲学家面对焦土终于垂头丧气时，是他的最后一位年轻夫人鼓励他勇敢地振作起来，一切从头开始。

赖特热爱女人，热爱生活，热爱建筑，在他的世界里，充满着情感的力量。他目光中的建筑物，是情感的载体，是富有生命的活物，而绝不是呆然的工具与物体!

其实，一个真正有艺术品位的建筑师眼中的建筑不能是冷漠的，一定是有情感色彩的。比如已故的建筑前辈梁思成先生对于北京古城墙拆毁时的痛心疾首，再如童寯、刘敦桢先生呕心沥血之于建筑学，以及建筑学巨擘陈植九十高龄还步入上海街头指点上海建筑等等。

艺术家的异秉，在于以炽烈的情感去拥抱什么融化什么，最好是生铁，还有冰川什么的，但石膏就不必拥抱了，因为在建筑与雕塑的材料中，有这么一说：石膏象征着死亡，泥土象征着生命，大理石象征着起死回生……

2003/4/18 于北京鲁迅文学院

都市流向

城市的现代锋芒是无法收敛的。不管你喜欢不喜欢愿意不愿意，你就得接受就得适应。城市的表情在过去如果说是因含蓄而充满魅力的话，那么说城市的现在，则全然抛开了这份传统的服饰，变得简单而直露。不是嘛，玻璃幕墙体通体透亮，还有什么含蓄可言？钢架交错，似裸露闪亮的筋骨，没有任何羞涩需要多余的遮掩。远去了，哥特式建筑；远去了，巴洛克的繁绮奢华；远去了，爱奥尼与多立克柱子，就连我们古典的影壁墙、歇山顶、鸱吻、雕梁画栋也无法取悦都市的目光。大工业与现代化正在不可阻挡地改变着我们的城市的面孔，犹如一双粗暴的手，把城市陈旧的服饰一件件剥得净光。

古罗马的著名建筑师维特鲁威早就对建筑下过这样的定义，他说，建筑就是组织人们的生活。城市建筑对于人们的生活的影响无论过去还是现在都是有目共睹的。

由城市及人，由城市的服饰演进说到人的装束变化，这是颇有意思的。北方大连曾喊过口号：建成北方香港。喊了好多年了，也不知道现在建没建成，即使建成了，我也不知道其意义何在。我只知道这个城市每年都在搞服装节。

城市人的生活状态的变化首先要从服装上表现出来。比如，过去的女人以包裹严实为尊为美，连衣裙是小翻领口，还是长袖的，腰间还有个捆扎的带子，不扎不端庄，不淑女，现在还有人穿这种连衣裙吗？不仅不穿长袖的，甚至连袖子都是多余的。由长袖而半袖，再由半袖而变成无袖；裙身过去长至膝下，甚至垂到脚面，走起路来风摆杨柳，婀婀娜娜，不乏古典韵致。从什么时候时兴了超短？再看上衣、马夹、一些两件套装、三件套装，一些原本属于辅助性的衣服倒变成了正宗服饰，几乎取代了西服上衣西服裙。而且，这种取代没商量，马夹也好，上衣也好，越来越短，短到了可以露出肚脐眼。阳光下，上下衣之间因脱节而断层，透出的那一条子皮肤的白皙度犹如一道灿然的光带照亮行人的眼目时，城市建筑的玻璃幕墙体肯定会更加刺眼，更加热烈。城市的热情与城市的温度都会随之升高，那些阳光照不到的阴郁的古典柱廊以及浮雕的阴暗凹处，也会被这道肤线的光芒洞穿吧？城市不会再有含蓄了，而更加易变的人们还能存留几多含蓄?

城市在告别繁冗，在失去含蓄，城市中的人，势必也要适应这种流向。

睡衣式的服饰可以堂然出现在闹市，男人忘记的背心却以一种新的面料成为了女性的抢眼时装，还有人愿穿翻领衣裙吗？越短越好，越露越好，越透越薄越性感越好，为什么牛仔裤被体形裤取代？又被裤袜特别是那种裤子式的裤袜代替？还有短裤，更具超越优势。过去人们出趟国，到日本，或者到香港深圳，回来给亲友捎带的最普遍的礼物就是丝袜裤袜，哪一位女性的家中没有一叠未拆封的塑料包装的棱角分明的长短丝裤袜呢？买的时候，肯定像藏书似的，看不看没关系，先买来搁家里摆着放着，那是一种喜悦，一种满足。那时候大概不会想到会有一天不再喜欢吧？时髦的女孩子现在谁还会在大热天往光滑的腿上套一条丝袜？不穿那东西是一种纯朴，而纯朴则成了一种新的时尚。

泳装更说明问题。比基尼正在成为一道风景线，尤其是海滨的城市。

由此，我想到了南方的园林建筑。那种奇妙的造园手笔可以用几个字概括：漏、透、瘦、皱。比如，扬州的瘦西湖，一条挺窄的小溪，却叫成个湖，这是最瘦的湖了，也充分体现出江南人的聪明才智。我不知道如果不叫这个名字而换成了别的，比如窄河什么的会不会大煞风景？太湖石真好，造园没有太湖石是不可思议的。太湖石就具备这种漏与透的特性，而且，很有灵性。太湖石可真够瘦了，像骷髅，而作为人们向往的减肥药却无论如何不可能把肥肉减到这种味道。至于皱呢？就是多一些褶子，多一些曲线，这跟皮肤的打折无关。总之，这四个字体现了造园艺术的精髓，体现出一种千古不变的神韵。当然，按照这四个字造出的园林，无论到了什么时候，都不会是直白的、单调的，其中的含蓄是可以让游人驻足且流连忘返的。而流行时装的这几个字则正好与园林艺术达到的效果恰恰相反。

或许我不该进行这种比附，时装与园林原本就不是一回事，一种追求的是艺术的永恒，一种要的只是闪烁迷人的一瞬，多一点，长久一点，那都是犯大忌的。现代人的生活观念不恰恰是在改变永恒吗？谁还讲白头到老？哪还有什么举案齐眉相濡以沫？爱情是真是假？哪来的永恒爱情？有那么一个瞬间就了不得了，所以，风靡的爱情歌曲只能是“让我一次爱个够”、“不求一生相守，但求一朝拥有”，“瞬间就是永恒”之类。

瞬间，只能是瞬间，再难忘的瞬间也还是瞬间，不可能代替永恒。而我，一个有着古典情结的中年北方男人更看重那种永恒。我曾冒着大雨赶到同里小镇，为得是去一睹那里的古建筑风采。那真是一批国宝：一处藻井就是一座展馆，被灰尘遮盖的彩绘极耐人寻味，一扇有着木雕的门扇就是一件艺术精品，如同屏风般的组合门扇叙述了一部《西厢记》，有莺莺，还有张生，张生与莺莺的约会是永恒的，令我感动，可惜这几道门扇朽了。燕翼楼造型奇特，特别是屋脊有着宁静的动感，有云流动时，更是神奇，跃跃欲飞，令我难过得是它已经折断了翅膀，塌了腰身。可惜呀，这些中华民族的绝活有着永恒的意义，却寂寞着，颓丧着，无人问津，被现代城市弃之，如一只蹩履。

然而，真正有价值的东西是无法被扔掉的，比如，我上海绍兴路上有一家书吧非常之火，朋友领我去时，我突然发现了奥妙，原来是那屋子里摆放了好多江南民居中被弃置的旧家具还有匾坊之类，一种古色古香的怀念之情令所有到这里来的人无不动容。终于，我像找到家一样在此流连忘返。

风格与耐性

当金钱逐渐成为衡量价值的惟一的标尺时，我们的时代不能不变得浮躁起来。这时候作为一个文化人便不能不时时感受到一种窘迫。前年我参加了一个全国规模的“建筑与文学”的学术研讨会，记得会上一位著名建筑师向我们这些作家提出了一个问题：为什么西方的古建筑是用石头建造的，而我们的古建筑都是用木头？这是个比较有深度的问题，在建筑界曾经引起过一些专家们的思考。我翻阅过相关的资料，这些记载大多是从建筑材料和地理位置的角度出发来论述的。因为我们古时的建筑大都在黄土高原，而黄土高原是没有石料的，所以，按照就地取材的方便就选用了木料。西方的古城则建在有石料的地方，他们自然就选用了石头作为建筑材料。

但是，我在那次会上回答这个问题时，是从另外一个角度即民族的耐性或者说统治者的耐性谈了自己的看法。

历史上，朝代的更替总是要焚毁一些宫殿而重新建造自己的宫殿。一个皇帝的在位时间最长也不过几十年。作为皇帝要登基时必须建好宫殿，而在位期间又要建好陵园。这么繁重的建筑只有木结构才可以完成。而西方的石头建筑是极费时日的，圣·彼得广场在整整一个世纪的时间里锤声不断，巴黎圣母院从动工到结束用了三百年的时间，而科隆大教堂用了600多年。可以想像这是一种怎样的耐性！莫非我们的民族就一定比西方缺少耐性吗？

说到底，还是一个为什么而建筑的问题。我们是为人而建筑，为皇帝而建金銮殿，皇帝还在打江山时，眼看要坐进圣殿了，于是，开始大兴土木，一定要抢在皇帝打下江山前，将宫殿建好。所以，这种建筑是绝对需要快速，需要抢下来的，这是不需要也不可能需要什么耐性的；而西方的圣殿大多是为神而建筑，为神的建筑就比为人而建的建筑有着更多的耐性。神是不着急的，可以慢慢来，可以精雕细镂，可以将心灵的阳光去温存那些笨重的石料的。这里边有一个崇高感神圣感的问题。

我们都知道意大利生产一种著名的小提琴，那是以阿马蒂家族命名的。从中世纪至今，他们一直恪守着制作工艺：备料选料一二十年。制琴大师亲自深入深山老林选树、砍伐、晾干、锯板、再晾干，起码也得过10年才能使用。每把小提琴制作过程得一两年。

再看看维也纳的伯森多费尔钢琴，当初出自一家默默无闻的小厂，因为李斯特使他们扬名。成为名牌后100多年来，他们始终坚持以传统手工艺为主，生产一台专用三角钢琴工艺流程需要62个星期。我国近年来也兴起了钢琴狂热，一个早晨就可以冒出几十上百家钢琴厂，而年生产几百几千台的厂家也并不稀奇。对比一下，也是一个“为什么而造”的问题，一个是为了商业和音乐的崇高永恒；一个是为了纯粹的经济效益，多赚快赚。为了赚钱，鲁班的后代已经退化了。有一次，我到上海的商城参观，一位20出头的港商正在那里装修一个酒店，他用的工人全是60岁以上的退休老工人。他是廉价把这些退休老工人请来的。他说在上海年轻的工人中技艺已经失传了。

到过北京的人一下火车就可以看到对面那座弧形的现代味十足的国际饭店，那是中国建筑设计研究院设计的，被列为北京新的十大建筑之一。这个设计也多次获奖。但是，一位建筑行家对我说，这座建筑的做工过于粗糙，工人的技术太差。而承建者当年是一批最过硬的队伍，他们总是承担援外任务，20世纪50年代，他们为斯里兰卡建造了国会大厦，那种质量和工艺为我们伟大的祖国赢来了永远的荣誉。可是，当年那些老工人退下去了，他们的卓越的技艺竟也随之退去。我们失去的仅仅是一种技术吗？再看一看比比皆是的新建筑，那么多雨后蘑菇一样冒出的房地产开发公司，建造了那么多住宅，而又有哪一座能够使搬进去的用户不蹙眉头的呢？

我们的建筑部门从来都是以每年建造了多少面积为荣向领导汇报的，从来都是看重施工的速度当然也有关于质量的说道，可是，质量到底放在一个什么样的前提和位置下？

我们到处可以看到名牌名优金奖，到处充斥着正宗祖传什么的，可是，我们恰恰丢弃了祖辈就不怎么多的耐性。我们越来越缺乏耐性了。一个人没有耐性那就是一个不健康的人，一个民族缺乏了耐性那就是一个不健康的民族。如果我们天天呼唤着产品质量，莫不如好好呼唤一下耐性。金钱正在大口大口地吞蚀着我们的耐性，把我们搞得无比浮躁起来。这的确很危险。我们现在比历史任何时候都更加需要耐性！

感觉城市

作为一个电视工作者，我从镜头里无数次地阅读着我们的城市——沈阳，至少有二十年了，我从没有感到枯燥和厌倦。在中国偌大的版图中，我们的城市不能算作最美，但我可以肯定地说她是最耐读的城市之一。

多么令人震惊的辽阔与博大啊！从任何一个角度接近这座城市，你都会感叹东北大平原的坦荡襟怀与豪迈的气概。一马平川，洋洋荡荡，横无际涯。对于那些渴望伸展的都市而言，沈阳着实宽阔得过于奢侈了！

酣畅的交通，达观的空间，使我这个从陋巷中走出来的中年人常常感到目眩神迷。我们拥有全国第一条高速公路——哈大路，只需三四个小时，就能完成平原与海洋的连接，而现代与古老的城市文脉又在哪里衔接呢？

女神的面孔并不娇媚，但她神圣而庄严。太阳鸟无需飞翔，已经完成了远古涅磐。

我必须将镜头仰起崇敬的角度，在如此雄伟的历史柱体上攀升着。沈阳的故宫是一个不容忽视的时代。墀头是独有的古建筑的诗眼，而斗栱的作用则是融贯千古。它是一个民族的符号，也是我们这座城市的符号。它默默承受着压力，承上启下，融今达古，是耐性与坚韧的城市性格的结晶。

满蒙回鲜汉多民族在这片土地上其乐融融，满族鼓舞、鲜族舞、大秧歌，各有味道，就像满汉全席、老边饺子、热腾腾的火锅，热腾腾的生活——还有婚丧嫁娶，晨钟暮鼓，各种风味小吃，不仅为我的童年世界增添记忆，更使我在今天繁忙的人生旅途中有一个温馨的驿站。

我时常感慨我们的城市太丰富了，包罗万象。古建筑与现代建筑和睦相处，信仰的标志，与充满欲望的建筑物和谐地组成了迷人的城市天际线。我们的城市很温情，有着东方女人的含蓄美。即便是荷兰村里这片引入的西方的花卉，绽放之时，竟也显得半娇半嗔，甜甜蜜蜜，枝枝叶叶总关情呵。

我敏感于沈阳城的变化，二十年来，我的镜头始终对其充满钟情，常拍常新。即便你面对一个钟情女人，十年二十年，也有厌倦的时候，但我不厌倦沈阳城的原因就在于她总是在变化中装饰自己，丰富自己，总能给你提供一种新鲜感觉。

一个有着2300年历史的城市，应该说够成熟了。但是，成熟而不失激情，这正是令我迷恋之处。在我的感觉中，沈阳城的血脉从未硬化过。善于思索善于发现勇于创造，正是今天的城市换上一片璀璨盛装的缘由。

这是位于城市东南门户的一个广场，我们称作21世纪广场。标志性的建筑物在你的眼里像什么？有人说像眼睛，有人说像窗口，而我看它是一把实实在在的钥匙，傲然立于这片日新月异的土地上，等待着高雅的智者仁士拿取。贝多芬的伟大在于扼住命运的咽喉，然而他只扼住自己个人的咽喉，而我们的城市的命运咽喉由谁人来扼住？如何扼住？

这片新开发的土地就是我们沈阳城的咽喉，迎着新时代的阳光，就是从这里走出了一批朝气勃勃的学子，他们以非凡的才智与勇气，开拓了沈阳城，他们拖着拽着沉重而古老的城市，一起飞翔。

他们飞起来了，尽管飞得还不够高远。但他们却飞出了一片希望。

我们成熟的城市，没有失去激动的创造。你看，多么红火的晚霞。首先是激动了我的镜头，而后才燃烧了天际。那是一腔豪情，多像我们东北大汉豪饮之后的一张张赤脸。

这片土地给予我太多的情感，太多的眷恋，太多的回味。

令我百读不厌的还有城市的神秘感觉。天外的来客，陨石群，人人称奇的怪坡，怪坡的意义不在于多么神秘，而在于满足了城市的好奇心，让人们一享童趣的感受。

沈阳人从不会斤斤计较的，他们乐善好施，豪侠仗义。不同肤色不同民族的人在这里都会生活得很愉快。

曾经充满灵性的浑河，变得宽阔而娴静了，简直是波澜不惊。这是一种成熟的光泽，不再浮躁。值得玩味的是波光潋滟，云帆悠悠的意境。两岸倒影祥和而充实，城市那绷紧的神经，可以在这里得以梳理。因为有博大才会有包容，因为包容才会有温暖。

温暖，才是适应人类群聚的第一要素，而正是在这一点上，古老的沈阳总是能够焕发出勃勃生机。

飞奔吧，矫健的年轻人！飞奔吧，我们古老而年轻的城市！

诗意的行走

我们完全可以将许多事情的发展说成是正处在十字路口。比如，世界的建筑正处于十字路口；中国的诗歌正处于十字路口；城市的发展正处于十字路口；而我们的城市交通，也可以说正处于十字路口。

在我的印象中，凡是处在十字路口的时候，就是最渺茫和最具希望的时候。因为，你需要停下来观望，如同进入了回顾与展望、欣慰与踌躇、现实与理想的两条垂直相交的坐标系中。

交通对于现代的城市而言，其位置已经不甘心于过去“衣食住行”的序列排行了，衣食无忧的人们越来越看重出行。当我们城市中那种房地产开发的临时性围墙上将“诗意的栖居”这种高雅的句子弄得十分通俗时，我就觉得应该套用一下这句话，使其变成“诗意的行走”了。

何为诗意的行走？又如何能够行走出诗意来呢？

交通规则有这样的规定：小型客车在设有中心双实线、中心分隔带、机动车道与非机动车道分隔设施的道路上，最高时速必须限制在每小时70公里。这种限制或者说各种限制，构成了交通的概念。而限制与诗意原本是风马牛不相及的。二律背反曰：行走的诗意只能是产生于限制之中，而只有真正适应了限制，才可以进入诗意。

遗憾的是，我们的城市对于限制的适应能力太差。这种限制不啻是各种禁令与指示的牌子，红绿黄灯什么的，还有一种人的意识和习惯中的自律能力。这种自律的底线如果划不清晰，那么你是享受不到行走的快乐的，更谈不到诗意了。在西欧行路时，你会随时看到身材笔挺高大的背影碑石般立在道口，半天不动弹。即使没有任何车辆威胁到他们时，他们也会笔挺而立，直等到红灯变作绿灯。他们也一丝不拘。而我们没有这么斯文，见到没有车时，管它什么灯呢。但，你行走在人家西方的城市时，人家的车也斯文，会停下来为你让路，一定要让你先过去；而你要是行进在我们的路上，那么你就会被比你更抢的车辆吓得屁滚尿流。你还侈谈什么诗意?!

我们只是教育学龄前儿童学习走路，其实，我们的成年人没有学会行走的人大有人在。我们只注重强调行车时的人们状态：一慢，二看，三通过；却忽略了对人们交通心理的关注。

行走的诗意肯定要比栖息的诗意更具诱惑力也更美好。不久前，一家网站在探究人们何以幸福，怎么样才能幸福的诸因素中，旅行居然是构成幸福的第二位因素。可见现代人对于行走的渴望。

通常意义上的行走是赶路，赶路就导致心急，这种状态肯定与诗意无关。有关的行走不是赶路而是旅行，是条件优越的旅行。比如在巴黎，每年炎热季节，人们就会离开家门数月，开着像房屋一样的车子，到郊外或其他更美妙的大自然中去享受生活。他们这种出行的方式本身就带有着浓郁的诗意色彩。

我们现代生活中，汽车族正在迅速壮大。买车的人越来越多，想买车的人更多。如果能够研究一下各种想买车的这些人的心态，肯定很有意思的。

能够买上车，架驶着自己车出行的人，肯定是提高了自己生活的质量。但是，能够驾驶自己的车行驶并不等于你就会由此获得行驶的快乐与幸福，甚至可能相反。就像我们如果骑自行车时，就会被驾驭粗野的汽车从身边呼啸而过时，气得想大骂一顿；而当你某天没有骑自行车而是坐在小车里时，你也会为骑自行车抢道的人气得忿忿然。

交通的诗意来自条件，也来自感觉，这两点缺一不可。就是说，交通的诗意是建立在主观与客观的双向默契上，而绝不可单纯强调一方。

问题是，我们的交通弊端几乎无一例外地出现在强调一方的偏执中，不妨回忆一下，路上时常看到有堆积的发生交通纠纷的双方中，相持不下的原因都是因为都强调对方的问题；而人与车的矛盾更是来自彼此的报怨。报怨是没有诗的。

诗意的行走不是报怨，不是口号，也不需写到墙上。诗意的行走与能否买得起高级轿车不成正比关系。诗意的行走来自诗意的生活，而意诗的生活离不开诗意的建筑诗意的城市。

对斗栱的诠释

斗栱是一个物件，一个古老的物件，在现代都市的天空中，似乎越来越失去了它存在的前提。因为它附属于古建筑的木制躯体。比方说，就像牙床类属于人体的结构。如果躯体失去存在的话，那么部件还能有多少存活的可能？至于我把斗栱喻作牙床是否贴切，我没有把握。

实事上，斗栱之于古建筑的作用要胜于牙床对于人体的作用。牙床不起支撑人体分量的作用，支撑的任务交给了骨骼们。而斗栱却是有着不可推委的承重作用。而且，对于古建筑而言，斗栱的作用是不可替代的。它位于柱梁之上，一个一个单体构件相融相合，亲密地组合成一体，环环相扣，如蟒蛇缠绕，与屋顶相衔，可以说承上启下。它有着一种结构的震慑力和感染力，只因承受了难以承受的委曲和重压，才藏头缩尾，在极剧的痛苦中将自己折叠起来。这是一种最稳妥最牢固的姿态选择，千万年都不会松动变形。我曾于1992年在北京的华都饭店应邀出席了中国建筑学会，工作人员发给我一个会议牌戴在胸前。那个牌子上边有一个鲜明的符号，就是中国古建筑的斗栱。一位白发苍苍，神态飘逸的老教授告诉我斗栱是中国建筑学会的会徽。与会者每个人胸前都有这个会徽，这使我在任何时候都可以看到这个精灵般的会徽。何以用这个作为建筑界的标志呢？

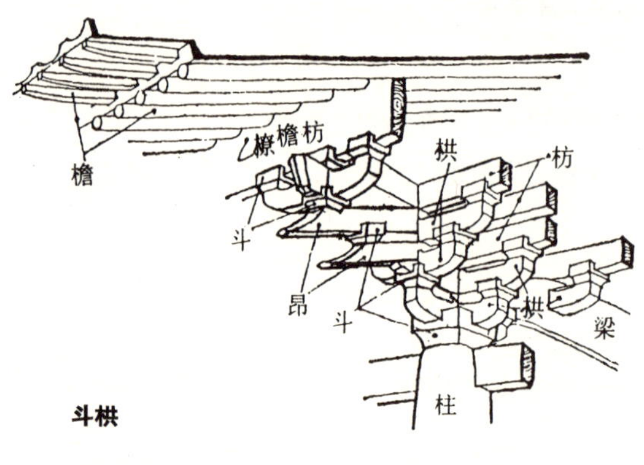

斗栱

古建筑上边有那么多的构件嘛！是因为它最美吗？还是因为它的作用最大？或许因为它最具备人格化的品质？以我粗浅的理解，感觉还是因为它的品质。你看，它所处在位置并不显赫但却极为重要（当然我说不出古建筑上哪个位置不重要，这有点像某领导一天内出席了不同行业的数个会议，他在每一个会议上的讲话都强调了此会议的重要一样）。斗栱所承担的责任是最大的，压力也是最大。它处在一个关键的力的契合点上，默默无声地进行着力的分解，这是一种极有修养极有耐性的分解，不张扬，不卖弄，以其个性化的魅力与品格赢得了人们的尊重，终至成为一个最有价值的符号，一个最具表现力穿透力的符号。

令我惊异得是它首先是一个痛苦的符号，一个扭曲的符号，而恰恰是在这种痛苦与扭曲中弥散出个性魅力，释放出奉献的品质。所以，千万年来凝固成一个永恒的象征。

我们传统文化中，讲究文以载道，莫非斗栱亦能载道？

去年夏天，中国建筑界与文学界在杭州搞了一次有关“文学与建筑”的学术研讨会。会上，我的发言引起了与会建筑家们的极大兴趣。他们兴趣的中心点就是来自于我对斗栱从品质上的独特诠释。我说斗栱这个符号已经人格化了。婉如中国的建筑师，中国的知识分子，他们所处地位置肯定在上边，而不是在下边，处在重要位置，但又不是栋梁，主要作用是承受压力，承担责任，而且默默无闻地承受着，在无奈中承受，在扭曲中寻找失去的自我。这种扭曲是一种不自觉的扭曲，却能够自觉地适应，不事张扬，不管吃了多少苦多少委屈，也能够有着持久的忍耐。当年不就有人说中国的知识分子是“物美价廉，经久耐用”吗？除此之外，还因为斗栱永远在起陪衬作用，至少它高贵地陪衬了显赫的屋顶，让屋顶阳光灿烂，光芒四射，让梁柱横空出世，傲然挺立。它自己呢？委缩在那里，连阳光也不易见到呀！

散会后，人们直至饭堂时，还在兴味勃勃地谈论着斗栱，谈论着我对斗栱的独家注释。他们中规中矩，很是认真，可能鲜于听到这种信口开河，不免感到新奇。现在想想，我的斗栱注解还得加上一点说明，就是我所说的知识分子只能是属于过去的知识分子，是从那个特定年代过来的知识分子。至于现在的知识分子早已今是而昨非了，他们这个整体在迅速分化着，他们已经具备了一个暂新的定义，至于这个定义应该用古建筑上哪一个物件来作喻体，我就不得而知了。也许，他们更应该属于新建筑。柯布西耶最具轰动性的著作即《走向新建筑》，但现在看来，这部振聋发聩的文章也留在了上个世纪。这个世纪的中国建筑师们行动大于文字，他们可能觉得写字远不如做事更过瘾。他们全都很忙，退休不退休的都很忙。那么，他们将忙出怎样的效果呢？

上海滩纪事

准确记得那是1984年4月2日，一个阴雨绵绵的夜晚，我在上海的虹桥机场下了飞机，随着民航的班车混进了市里。我所以用了一个混字，是因为我第一次来上海，举目无亲，心里没底儿，只能随着人流走。上海的马路很窄，人行道的石砖铺得也很粗糙，被雨水打湿后，在灯光中闪着捕捉不定的光斑。和我同机同车的陌生人都相继散去，融入雨网迷蒙的城市。而我，突然觉得不知所措。我的任务是到上海组稿，我想去的地方应该是《上海文学》编辑部。可是，当时已经是夜晚9点多钟了，何况我还摸不到《上海文学》的门坎。只能挨到第二天去找了。

一个人郁郁地徘徊。我不知道该到哪去投宿，也就不知道该乘哪路电车。索性随便挤上一辆公共汽车，开始了城市流浪。

汽车把我载到了外滩。南京路上有霓虹灯，有好八连，这是我从一部电影上所熟知的。果然，霓虹灯使我觉得亲切无比。霓虹灯下的建筑群很让我大开眼界。古典风格的柱子与浮雕，还有都铎式尖顶、拜占庭式圆顶、古希腊式的塔楼什么的，都在灯光下显得很神圣。我朝灯光最亮的地方走去。我来到了和平饭店。和平饭店的门是那种旋转的门，那是我第一次接触到了这种旋转门。印象最深的是在我刚要去推那扇十字形的转门时，从里面旋出一位非常靡登的女士。她穿戴华贵，领口开得很大，那是件黑色的裙装，领口处装饰着白色的光滑的皮毛。乳房挺得很高，就像油画上的西方贵妇人。但是，我清楚地从她那描眉与口红上看出了她不是洋人。于是，我才敢于问她这里边是否可以投宿的问题。她只是轻描淡写地瞥了我一眼，就走下了台阶。她穿着高跟鞋。现在想来，她也许没有听懂我的话。但是，在当时，我觉得很是受到了伤害。借着和平饭店门口灿亮的灯光，我低头打量了一下我的这身穿戴：一双笨拙的棉皮鞋，鞋面沾满泥斑，肥大的裤脚也是泥水一片。我浑身的躁热早已汗湿，我把一件半截大棉袄脱下来搭在胳膊上，肩头挂着一个鼓囊囊的旅行包。我开始意识到了我的这身穿戴与霓虹灯的城市的差异就像我们沈阳的三月与上海的三月的气温差异一样，于是，我打消了走进这座灯光明亮的饭店的念头。

我开始朝灯光不明亮的地方奔去。我选择穿戴朴素的行人探路。上海人说话快，也听不太懂。又不便于追问，那样会显得更土更傻。街头上有许多个体摆小摊的，简陋的小棚子上边斜挂着一盏自家拉出的电灯。我就是从他们那里打听到了住店介绍处。那时的上海住宿还得有个介绍的部门，否则，是难以住进店的。

雨时大时小，却全然不顾及我的情绪。又在雨中找了一刻钟，找到了这个介绍处。介绍处是个不大的小窗口，有几个和我同样狼狈的外地人守在这里。我排在他们后边，轮到我时，递上了介绍信。那时还没有使用身份证。

我被介绍到“向阳旅社”。所谓介绍，就是领取到了一张小纸条，上边写着这家旅店的名字。还盖着一个红印章。我小心翼翼在收好，生怕被雨淋坏。又一路打听着。虽然雨仍在下，身上脚下也都湿濡濡一片，但一想到马上就可以找到下处安身之地了，心里不免一阵透亮，脚步也迅捷多了。

说不清这家向阳旅社的准确位置，反正是在外滩那个范围。我找到时，已经是夜深人静了。记忆中的向阳旅社还是一副无产阶级面孔，朴素得不像是大上海的门面。门口绝对没有霓虹灯，也没有广告牌，只有一盏像个体摊点的灯在没有任何修饰的门上边，连个灯罩都没有。进到里边，又是一个小窗口，像公共食堂卖饭票似的，高度一米多一点，得哈下腰跟里边的人说话，再傲慢的人也得谦恭曲膝。照例是盘查一番，然后登记，交钱，开收据。对了，不要押金。记得非常清楚，我掏出10元钱递进去。我们主编给我的住宿标准是10元，我惟一担心的就是别超过10元。

收据开好了，连同找回的钱一起推给了我。雨中奔波了四五个小时的我这时感到疲劳至极，看收据时，眼花缭乱。一定是开收据的人写错了，在价格栏里只写了一个1，少了一个0。于是，我扭回头，猫到小窗口递回收据对里边那人说收据开错了。那人对我哇啦了一通上海啊拉话，我也听不懂，无可奈何在摇摇头，心想，反正明天还有时间跟他说清楚。

往里走，是一处内天井。有位胖女人在打毛衣。她接过了我的住宿单，也不听我说什么，就把我领进了一条更暗的过道。我这时坚信他们搞错了，他们少收了9元钱。反正报销，我不需拣这个便宜。东北人实惠，拣了便宜不吭声，这有失身份。毕竟是文化人嘛！我当时真是死心眼，或者用我们当地话说是死蟹子不鼓沫。我怎么就一门心思只想提醒人家搞错了，怎么就不想想上海人何等聪明精细，安有错可误？

当胖大嫂或者胖大妈把我送进我的房间时，我竟傻愣在门口不知道该往里边进了。

在我们东北有一种最便宜的店，我们管它叫作大车店。这种大车店是专门为乡下进城来的赶大车的老板子（车豁子）设置的，这种店没有丝毫装修，条件极其简陋，当然价格也极其便宜。有虱子、跳蚤、臭虫什么的，当然离不开蚊子。我作梦也不会想到，在十里洋场，在霓虹灯的街道上居然会有这样的大车店，而我竟然也像车老板子似地迈进来了，一脚门里一脚门外，犹豫什么，还有勇气再回到风雨中吗？

屋子里灯光亮度像旧时磨亮的铜钱，还有跟乌云差不多浓的烟气，刺鼻的酒气夹杂着臭脚丫子味儿，还能听到高一声低一嗓子的猜拳行酒令。我差点被什么东西绊了一家伙，定睛看时，是地当央放着一捆胶轮胎。真正是到了大车店。当我眼睛适应了室内灯光，我发现与我们那里大车店惟一不同的是没有那种大炕，而是双层铁床。数一数，28张。就是说，这间房子里住有28个人。怪不得只收了一元钱的住店费。真为我们编辑部省钱了。我们那位勤俭持编辑部的范程主编在我行前一再嘱咐我要省花钱，这一回，他该满意了吧？

还能睡着觉吗？看书也是不可能的。真羡慕那一堆喝酒的人，他们都是来自五湖四海吧？他们当中有人跟我拉话，甚至还有人劝我也喝一杯。我爬上了二层铺，连衣服也没脱，就那么躺下了，身上的粘汗要多难受有多难受，开始还敢翻身，因为屋里人大多没睡，后来，熄灯了，我就不敢翻身了，一翻身，铁床就响得厉害，那会影响下边床铺人家休息的。这一夜可以用四个字概括：度夜如年。

第二天，找到了《上海文学》的厉燕书和张斤夫还有周介人，像漂泊的地下工作者找到了党组织，投进党的怀抱真温暖。我跟他们发着感慨，我说，我这回明白了，凡是名字叫作“向阳”呀、“长征”呀、“红星呀”这类旅社都是最差的，都是“无产阶级”的。

我住进了文艺会堂。既便宜又体面，恰好是住宿标准限定在10元钱的我们这一行当的人最好的去处。虽然只住了几天，却留下了一种劫后余生般的深刻。不久，我们辽宁作协与上海作协两家联合搞了一次文学笔会，去了黄山，回来后，我们又住进了文艺会堂。文艺会堂再次令我难忘。令我难忘得还有淮海路上的上海文艺出版社的小楼。那小楼住着真舒服，更有家的味道。一人一个房间，自己拿钥匙，有专人给做饭，每当我住进这种条件的房间时，我都要回味向阳旅社，忆苦思甜。我以为我将永远告别了1984年那种风雨奔波找宿之苦了，却想不到1993年，我再次到上海时，又有了同样的经历。

当时上海新站还没有通车，我们从真如车站下车。也是那样的季节，也是一下车就赶上了下雨，也是晚上九点左右开始找宿。所不同的是这回不是我一个人，而且还有上海的一位朋友接站，更主要的是我已经不再是第一次闯上海滩的楞小子，我已经熟悉了上海，我知道我不会再挨近向阳旅社，甚至“长征”、“红星”、“大众”这种名字都躲闪。我们直奔文艺会堂。我们是打着的士，谈笑风生地直奔文艺会堂——我们的家，我们的体面的收费不高的家。

从出租车上下来，我几乎找不到近在咫尺的家了。文艺会堂变得面目全非，豪华的装修令我等望而怯步。这里成了富人的宾馆，不再对穷文人微笑。尽管我们的住宿费规定标准由十元提高到二十元，可是，在上海街头一路走去，二十几元能找到住处吗？我们又将希望投到上海文艺出版社小楼，可是，小楼已经住满人。我们就在街头开始了新一轮的流浪。我们在静安寺附近转着。那些记忆中的俭朴便宜的店面，只是把外着面一改，换点大理石，换点灯饰，还有牌子，里边贴点壁纸，价格就会由过去的几十元猛翻十几倍。过去的名字也变了，旅社是没有了，都被饭店、酒店、宾馆所取代。我想那个当年的向阳旅社肯定也装修了也变质了，它不会再有一元钱的价格了，至少恐怕也得翻一百倍。

再也看不出那个时代的味道了。上海变了，一百倍地变了。我们一路找下去，最便宜的宾馆或者饭店也不下于300元。上海到处可以找到住人的地方，却独独找不到我们可以住的。我们就在风雨中奔走了两三个小时。我这时对城市建筑已经开始留心，我已经着手写建筑的书。我认识了一批建筑师，其中就有上海的几位建筑师。还有陈植先生，他是我所敬重的我国第一代建筑家，跟梁思成是留美同学。我还知道美国人波特曼在这座城市设计了其大无比的商城，而这座城市的大宾馆比比皆是，却与我们无缘。抬头看到雨网中的前方就是希尔顿大酒店，与它相亲相依的是贵都大酒店，一个是淡粉色着面，一个是米色的服饰，它们都很高大巍峨，排列密集的窗口有的亮着灯有的没亮，没亮的比亮的多，里面肯定空床很多，可我们只能高山仰止。那一瞬间，我们几位感慨不已。我们当时都是因文学痴迷而走到一起，却在那一个风雨夜晚我们沉默不语。我们同时感受雨水淋到脸上的滋味，流到嘴角和眼角的滋味，还有雨天走路又不知走到什么时候的滋味，当然我们都认识杜甫，也都知道他老人家关于广厦和天下寒士的感慨。感慨有什么用吗？其中一位朋友去了日本，打工，赚钱，忽然有一天，她来了一个电话，声音飘飘摇摇，有点像从雨中打来的。穿过岁月和空间，她是从日本打来的电话。久违了，我们都同时激动和感慨，6年了，我们彼此感受着对方的呼吸就像当年在上海街头同时感受着风雨，感受着一处处把我们拒之门外的辉煌大酒店。她说她已经嫁给了日本人，她让我听她的儿子的哭声。她笑得很甜，我弄不清是不是真甜。她问我这些年忙什么？还在写作吗？我说不写作还能干什么？她感叹了好一会儿，说，太苦了，写作太苦了！我们有一段很长的空白，彼此不知用什么话来充填。当年，她是作过多么痴迷的文学梦啊！现在，她远离了文学，远离了中国，远离了中国的朋友，我不知道这种选择与那个风雨夜晚是否有关。有一点我是记着的，她感叹着说，还得有钱呀！我提醒电话那边：电话费挺贵的，就先说这吧。没说完的就留着写信吧。对方说，没关系，这点钱算啥。那时候我要是像现在这样……

她没有往下说，只是轻轻叹息。还说什么？有什么好说的？城市总是要变化，人生的选择也总是要变化，人各有志嘛！我仍然在过清贫的文学日子。在写这篇文章时，我忽然想到，我已经有6年没再去上海了。这六年上海更是翻天覆地。浦东开发，世纪大道，又有多少恢宏建筑多少高级宾馆矗起呢？这些建筑与我无关，再去上海，可能仍然无法住进这种标准的宾馆，但是，现在我不会再像当年那么容易感慨，容易激动了。轻易，我不大希望去上海，即便去的话，我也希望那边能有人接待，至少应该按排好住处，就像上海文艺社的小楼，在我看来，胜过希尔顿还有贵都之类。到上海住宿是要分层的，太便宜了，一元钱，是难受的，而太贵了五六百，也不会好受（自己掏腰包）。只是希望上海文艺出版社别黄，那个写作之家的小楼别改头换面装修，倒是应该再扩建一下，能多容一些到上海找不到地方住的文人最好。只是价格别涨得太高。

1999年8月16日于沈阳牧童居

拥有福分的同时

——感慨于沈阳大东区的历史建筑

随着古玩的升值走俏，古建筑也随之升温，且越来越引起了人们的珍重。我这样将古建筑与古玩相提并论似乎有些大不敬了，但事实上我们对于古建筑的尊敬远逊于古玩。

古建筑是一份不可多得的家产，是上苍的偏爱

像存有家产一样，一个城市能够拥有古建筑，就等于拥有了一份丰厚的家产。这份家产是一种标志，是人类文明发展的阶段性的标志。这种标志经过岁月的浸泡，如同陈年老酒，芳香愈弥。然而，曾几何时，人们并不知道这些家产值钱，相反，倒嫌碍事儿，忙手忙脚地予以拆迁，人们热衷的是拆了后再建新的。一时间，我们的城市到处可见那些被支解的沧桑物体如何在呻吟中倒下，甚至有的连呻吟也发不出来，就永远地消失了。我们只能面对一个沙盘去叹惜昔日的盛京城如何天圆地方，如何城墙威严，假如能够保存到现在的话，那么我们百年来所有的新建筑加在一起，也抵不上这个“古玩”值钱！

然而，一切都为时晚矣。我们总是在惋惜的沉痛中认识城市。但，更为惋惜的是我们却始终未能在这种惋惜的认知过程中真正地认知我们自己。

一个城市的损失不能责怪一届政权，就像不能责怪一代人一样。北京一位建筑专家曾给我一个任务，让我帮他了解一下沈阳的钟楼现在还在不在？要是不在，那么是什么时候拆的？我知道它早就不存在了，但是我却不知道它早在张作霖时代就被拆除了。

中国是历史悠久的国度，中国有许多超过千年的历史名城，很让老外的眼珠子艳羡得发蓝。但中国人自己的眼珠子从来就不曾蓝过。我们这片土地上罗列着太多的古典宝贝，不妨从原始社会的穴居起步，直迈到越来越繁华的琼台玉宇、高楼大厦、巍峨宫殿。那是历经几千年、几万年，甚

至几十万年的时空演进：“北京人”山洞，河姆渡遗址，阿房宫残垣，秦始皇陵，汉唐长安，明清北京城，唐宋元明清历代的宫殿、坛庙、寺观、陵墓、园林、民居等等，当然还有我们沈阳的“一宫两陵”，它们不仅以优越的姿态傲然于人类居住的时空之下，而且以它们发展的经历诉说着中华民族悠久的历史文化，成为一部煌煌的石头铸就的史诗。好东西多得花眼了，就不会珍惜了，因而，拆起来就不会手软。

1986年以来，我国已有21项古迹被列入世界遗产保护的名录中：长城、北京故宫、周口店“北京人”遗址、秦始皇陵、敦煌莫高窟、泰山、九寨沟、曲阜孔庙（包括孔府、孔林）、武当山古建筑群、布达拉宫、苏州古典园林、天坛、颐和园等。从这时候开始，我国的重要遗产保护工作也已跨入了世界的先进行列，成了世界遗产大国。在这21项世界文化与自然遗产中，古建筑占了绝大部分，说明我国悠久的历史文化和锦绣河山，得到国际社会的认可。令我遗憾的是，在这21项与我们居住的城市却无缘。

为了申报我们的故宫、北陵，我们的官员们用足了智慧。据说国际组织来考察评定那天，沈阳人的聪明达到了极致。因为我们的故宫环境由于怀远门外，那处不可一世的堆金铺银的巨人般建筑，而将故宫环境氛围破坏得不忍卒读，所以，为了不被考察人员发现，我们安排了一位身材奇特高大的人陪同，须臾不离考察人员的视线。像黄继光先生堵枪眼那般，堵住考察者的目光。得亏那是一位来自日本的女士，她矮小而和善，她一转动，沈阳的大个子就会顶天立地般封堵住她的目光，而使她无法看到怀远门外的那个刺眼的新建筑。

在考察北陵时，我们也采取了同样的聪明方式，没有引领考察者从正门进入，因为正门是个假古董。劳民伤财修建了正门却不敢从正门步入，这就是滑稽的现实。说这些旨在说明我们对于古建筑的态度。好在，这些与我们大东区无关。大东区拥有着一批二三十年代的建筑，这些建筑虽然已经很有历史感了，但与上述华夏大地上的那些古建筑相比，根本算不上古建筑，只能属于近代新建筑。然而，将这些有着历史沉淀的建筑与现代建筑比较起来，我还是要称其为“古建筑”的。古与今，只是比较而言。

面对大东区这些个我所视作的古建筑，显然有着那个时代的骄子风貌，可喜的是，经过了那么多轰轰烈烈的运动，这些个洋味儿十足的公馆依然能够保存下来。不是任何一个城市都有这种资深建筑的，也不是任何一个地区都能够拥有的。对于今天的城市而言，拥有了这样的建筑便是拥有了一份家产，拥有一种福分。大东区拥有了这个福分。你瞧，杨宇霆公馆、常荫怀公馆、孙烈臣、吴俊升、王明宇、赵尔巽等一批公馆在深沉地与我们浮躁的现代建筑对峙着，构成了一种反差，也构成了一种对话。

要开发利用首先得亲近这些建筑

美国有个建筑艺术大师叫赖特，他有一个著名的建筑理论："有机建筑"。在他的感觉中，建筑是有生命有情感甚至也会呼吸的，因而，他从来都将人们视为死的物体当作了活的生命对待。因而，他才有了惊世之作《流水别墅》。从这个意义而言，我们大东区留下的这些历史公馆极像历经沧桑的老人，曾一度被时代抛弃了，没有人赡养，也没有人心疼，它们只能怯怯地躲避着，在一隅中黯然神伤。它的表情是无奈的，也是担忧的。它们的命运对于它们自己而言早已失却了意义。何况能够存活与否，并不取决于它们自己。取决于新建筑的霸气和现代人的城市意识，或开发商的心血来潮。

在我的感觉中，这些老建筑能够存活下来不能不说有着某种侥幸。它们退缩到现代建筑拥挤不到的地方，懦懦缄默着，这些老古董最大的自我要求就是别碍事儿，却无法抵御任人宰割的命运。事实上，能够幸存下来的这些建筑，在现代人的使用中，与它们当初的建筑功能和价值早已相去甚远。比如，孙烈臣公馆曾是公安局的办公场所；杨宇霆公馆竟然被税务部门使用，而且使用期间，两个对称的四合院有一个踪影皆无，剩下的这一个摇摇欲坠，一片残破；还有常荫槐公馆，即使作为一所学校，也有诸多不合理的使用空间，而对于古建筑，所有不合理的使用，都是对于它们的粗暴伤害。

现在，当它们逃过诸多劫难，又逢春风，被我们所认知到其开发或使用价值的时候，我们应该怎样善待它们呢？是急功近利地使用，还是更长远地去谋划，确实有必要予以论证。

在我看来，建筑的生命不在于它们自己，而完全在于我们的把握之中。如何合理地对待它们？如何科学地维护与管理或修缮？这都应该遵循着客观的规律和法则，过冷的弃置与过热的关怀，其效果都是不够睿智的。过冷的弃置，其损坏程度我们已经从杨宇霆那凋敝的四合院落领略到了；再看汤玉麟公馆（和平区），如今仍然被冷落着，空空荡荡，在闹市中心荒芜出一片凄凉；而过热的开发使用，在国内其他城市或者在我们自己的城市中，其损伤的古建筑也不乏其例。诸如某饲料公司租借着某公馆，这种性质的公司租借本身就是对于古建筑的损伤。

那天我去拍摄常荫槐公馆，睹物感怀，就觉得心里边有些压抑。不啻是因为破败，而是觉得那里不该插进了一个小工厂，还堂皇地挂着“厂长”的牌子。这种小工厂与资深的公馆建筑是风马牛不相及的。何况，居住者并不看重租借的地方多么具有历史和文化价值。

要想开发利用这些古建筑，首先得去亲近它们，尊重它们，弄懂它们，理解它们。理解的含义不仅是建筑结构方面，还有人文文化方面，以及过去的那个时代所存留下来的精神价值。建筑是符号，是物质的符号更是精神的符号。物质和符号辨认起来并不难，而精神的符号如何看待，并不那么简单。比如，杨宇霆公馆吧，其主人杨宇霆在今天的价值和意义究竟是什么？还有常荫槐。他们是被张学良除掉的。历史上对待这个事件有过真正的令人信服的评定吗？不妨我们今天试问一下：张学良除掉杨常真就是那么词正腔圆吗？晚年笃信基督并且每逢礼拜必去夏威夷教堂的张学良，在无数次面对上帝忏悔之时，难道他能忽略了对于杨、常的处决吗？真不知道他的内心有着怎样的波澜。

对于杨宇霆、常荫槐本人的功过是非，究竟有谁去试图说明白？我只是从杨景华馆长那里了解到这样一个事实：常荫槐的后代在张学良公馆里看到了一张他们的前辈被五花大绑的照片，并且，常荫槐身上被打了一个红叉，于是，他的后代提出了议异，认为这是对于他们前辈的不尊重。于是，这张照片被换下来了。杨宇霆的后代恐怕不会到张学良公馆来参观了。他那蛇山沟的故乡，如今依然凋敝着，而他的家族也人丁散落了。据说文革中，他的一个侄子被从铁岭粮库揪到这里批斗，被折磨了足足五个小时后，竟至被活活打死。罪名当然源于杨宇霆的汉奸遗名。

据说大东区政府非常重视这座公馆。要出三百万和税务局进行置换。然后，政府要着手修缮。这是个令人欢欣鼓舞的举措。但是，仅限于赎回来，修缮一新，还是不够的，还应该从文化上精神实质上予以研究。毕竟杨宇霆不是个简单人物，他曾以57万元创办了兵工厂且是位有作为的厂长。他的作为是多方面的。不说别的，仅从他身上体现出的一个来自穷乡僻壤的穷孩子顽强的奋斗意志，或不甘居人下的精神力量（当然也有性格缺陷），这些方面对于我们今天振兴东北老工业基地而言，无不有着重要的价值。

所以，开发利用的前提是亲近，是了解，是尊重。而绝不是心血来潮。棒杀不了的建筑，也得小心被捧杀。

在今古反差中寻找默契

任何古建筑与现代建筑的关系都是有反差的，甚至格格不入。我们在保护古建筑也好，研究古建筑也罢，重要的不是为了保护而保护，也不是为了研究而研究。在我们拥有它们的同时，古建筑就已经进入了我们的城市语系当中，并且随时会影响着我们城市的情绪变化的。拆什么修什么补什么，其结果都不是孤立的，都是要牵动城市神经和感觉的，并且影响城市整体环境的。我们知道，没有古建筑的城市是肤浅的城市，不尊重古建筑的城市是粗暴的城市，是缺少人文关怀的城市，也是缺少温情的城市，但是，如果将古建筑的维修或重修提升到了一个不适当的状态的话，那么，也不免会令人怡笑大方的。

当然，重视古建筑比不重视为好。至少拥有了古建筑，会使我们这个地域生光的。特别是当地的领导在讲话时，会因此而语调高亢的。而有的城市或地区领导在讲话时，会因本地没有古建筑而放低音调，或者感觉脸上无光。有一回，我曾听到一位县级领导讲到他们在毁坏一大片冬小麦，搭建起了民国年间的公馆时，异乎寻常地得意。他说，他们的目地是为了吸引摄制组来拍摄电影。而我到这个所谓的拍摄现场去看过了，这种假造的民国年间的建筑在我们沈阳比比皆是，特别是被拆改的那一条中街上。问题还不限于此，后来我听说这个电影拍摄基地完全是上当受骗的产物，并未引来摄制组，只能是劳民伤财。我为这样的对于古建筑的“热爱”方式感到深深悲哀。

而那位讲话者呢？他的志得意满样子鲜活得令我久久不能磨灭。他对于文化的追逐与羡慕是不应该受到谴责的吧？在他的思维中，是“有条件上，没有条件创造条件也要上”的逻辑，他的认定方式简单得可以：文化等于古建筑，他要在没有古建筑的地方白手创造古建筑，在没有文化的地方白手创造出文化。如此这般去认识古建筑似乎并不是个别现象。那些制造假古董的城市，不就是出于这样的认知吗？还有好大喜功的功利主义意识，也在程度不同地伤害着我们的城市。比如那个江西的世代传颂的滕王阁，1993 年，我参加了在这里召开的全国建筑家与作家的学术研讨会。当时，我们面对如此高大巍峨的现代建造的“古董”不知所措，那个设计者也在场。他在谈到这个建筑物的设计时，满腔难言苦衷。但有一句话他说得非常清楚：就是当地一位长官在建这个古董时提出一定要高过武汉的黄鹤楼。这么一高，就远远高出历史文化了，这是个大得过了头的“楼房”了，而远非当年灵秀的被云蒸霞蔚的“阁”的形与神了。

这说明了什么？说明了我们现代人与古人，现代建筑与古代建筑是有着真正的反差的。而且这种反差并不是可以人为弥补的。至少目前国内还无一例重建的“假古董”能够得到人们的一致认可。然而，现代人为何如此这般趋之若鹜地一建再建假古董呢？

古建筑与现代建筑并峙于我们城市中时，两者的反差需要找到它们之间的默契，就像贝聿明先生在设计卢佛尔宫新门时，大胆使用了玻璃金字塔。这个玻璃金字塔的使用，起到了现在建筑与古建筑之间的桥梁作用，或者换句话说，是在古建筑与现代建筑之间找到了一种默契的方式。

要找到这种方式，我以为需从两个方面努力。一是从建筑本身去找。另一个方面，是从人文文化方面去寻找。

建筑方面：得弄清楚这些建筑的风格特色、历史背景以及与当时旧中国的整个联系。大东区这些个有头有脸的公馆建筑，都是建于20世纪的二三十年代，从19世纪末至20世纪的30年代，这段时间，被建筑界称作“中国近代新建筑的发展时期”。这些建筑在中国各大城市争相出现，形成阵容，也形成气候。这些建筑有着无法排解的殖民情结输入，也有留洋的学生们归国后的踌躇满志，我在《中国建筑师》一文中，曾详实地记述了中国几代建筑师的形成过程，其中我写到第一代建筑师梁思成、杨廷宝、童寯、陈植、赵琛等人均在美国宾夕法尼亚大学建筑系留学归来。他们的眼光已经是中西文化交融的眼光。在二三十年代的中国建筑界，已经有了中国建筑师自己的事务所，如基泰事务所等。他们将欧洲新建筑运动及当时流行的“装饰艺术”风格争先恐后地引入了我们的城市。这在杨宇霆公馆与常荫槐公馆还有大青楼等建筑物的那些柱式、浮雕或阳台石栏上都可以看到。

由此，可以得出这样的结论：这些建筑是中国建筑发展史上的一个承上启下、中西交融、新旧交替的过渡时期。在这些建筑上，我们能够读到中西建筑的文化碰撞，也能够感知到近现代建筑的历史搭接。再往深处去读，还能够感受到这些建筑客观存在相关联的时空关系是多么的错综复杂。在这个基础上，再去认识前几年在我们的城市建筑中狂卷的“欧陆风”，你就会从中发现那种微妙的承袭性了，而且透过这个建筑的承袭性，你还会发掘出人性的趋从性或崇洋性及媚俗性。

建筑本身弄明白了，那么，在考虑这些建筑与现代城市与周围环境整体关系中如何默契，就会减少许多盲目性。

再从人文方面寻找默契：二三十年代的沈阳就是中国的缩影，而那个时候的沈阳正面临着经济与精神的多方位振兴，那个年代的大东区的地位是显赫的，那个年代大东区的民族工业不仅需要振兴，更需要有大的发展的。工业的发展是与整个城市整个时代的发展相呼应的。因而，作为兵工厂的功臣厂长的杨宇霆，与作为张学良刀下鬼的杨宇霆，那戏剧般的人生骤然翻盘，不是很耐人寻味吗？难道这只能是他个人的悲剧吗？杨宇霆是沈阳法库人，他有着与生俱来的性格，也有着那片土地上特有的习性，但是，他的奋斗他的才智他的功绩仍然是不可磨灭的。那么，从他个人的性格也好，从他的家乡地域文化研究也好，或者从他们奉系中的杰出人物之间的关系来研究也好，都是很有意义的。特别是应该将这种研究与今天的东北人的性格成因，或者沈阳人的文化与心理积淀结合起来加以分析，既有差异，也有趋同。在这种差异与趋同中，寻找最本质的因素，这对于振兴东北离不开振兴东北人的母题，无疑会意味深长。

其实，寻找建筑差异也好，寻找人文文化差异也罢，说到底不过一句话：这些建筑物在今天将作何用途是最合适的呢？作展馆，作旅游景点，这是千篇一律的思维，问题是要办一个什么样主题的展馆？就是说，要办出一个极有个性特色的展馆。还拿杨宇霆公馆作例，这是个远不如大帅府公馆那么辉煌的建筑，但是，这也肯定是东北历史上有着重要价值的建筑物，它与大帅府建筑应该是相衬相成的，如同两面不同意义的镜子。或者说，一个是正面照着，一个是负面照着。如果说大帅府更适合公共话语的话，那么，杨公馆便是私人话语。一个私人话语的展馆，似乎更具有人情味儿。我们就应该在这种人情味上去研究探索，比如，可以探索东北人性格成因，也可以从风水学的意义上探索人的宿命色彩，由杨宇霆、郭松龄等个性极鲜明的“败将”的典型案例一一陈列，并且，将其成长历史，性格中先进的东西或落后的东西，敞亮的东西，阴暗的东西，予以强烈对照，从中找到规律性的东西，这样，对于我们今天研究振兴东北的问题，和振兴东北人精神的问题，必将提供一个生动形象的参照系。这个私人化个性化的展馆，不妨还可以取名为：振兴东北人精神与灵魂的展馆。

我在前些天大东区政协召集的关于这些历史文化的非正式论坛中，有过一个信口开河的演讲。记得我当时讲得很富激情，也很具有煽情色彩。我讲到了我曾在杨宇霆公馆的那个破败的小四合院中看到一排杨树。它们是在墙外边的，但是，它们在几十年的光荫中，一直朝墙里边倾斜着，它们倾斜得极有感情，直到它们完全长歪了，长到房子的墙体里面了。我理解这些树是对这个房子的主人的深深的情感所致。白先勇有过一篇极感人的散文叫作《树犹如此》，借此题目结束我的这个没有深思熟虑的文章吧，但愿没辜负大东区政协的一片信任。

2004年5月31日于沈阳牧童居

没有建筑师的城市

到西藏，你会在暝暝之中感受到某种巨大的包裹，影子一样使你沉潜而无法飞升逃离。细细揣摸，你便会察觉到你进入了高原的巨大骨架之中，这些高原的骨架便是一路上看到的那些远近不等的高耸山系所形成的有限空间。

高原的骨架是有序的，由高及低，绵延出雄伟，也绵延出随意，在我看来，无论雄伟还是随意，均透出不可超越的优势和傲慢。西藏有很多大山，像上帝摆放的不可企及不可分割的城墙，西藏也有许多小山，小山则充满灵性有些随意性地摆放着，看上去形状差不太多，却不乏特立独行之感。从这些特立独行的小山上，我发现了一个规律，那就是这些小山都是用来组合宗教式的建筑的。它们那种缓延的坡度与陡立的险峻之反差，本身就构成了世俗与宗教的严格界定。这种山体即便不在上面修建寺庙，那么风吹雨淋中也会自然给你一种神圣的庙宇外形的。比如江孜宗山古堡；

布达拉宫

古格王朝遗址，玛旁雍错西侧的小山及乌寺，还有藏东南的雍布拉康——西藏的第一座宫殿等。这些神圣建筑与山体是那样的吻合令人称奇。布达拉宫更是如此。

布达拉宫是拉萨城市的标志性建筑，相当于天安门之于北京城。许多次从画片上看到过，但毕竟不是真实的存在，而现在，我正在北京中路上行驶，带着一颗急盼的心——到了与林廊西路的交叉路口时，我下意识地朝着东北方位一看，透过一堵粗糙的屋脊，一眼就捕捉到了布达拉宫。那是飞掠中的第一眼，便有种特别的感觉。我当即认识到了这是一个最佳的拍摄视角，从平民粗糙的楼角上方穿过，从市井喧哗中超越，两个空间叠印出拉萨的味道，肯定够味儿。

当时，车是在行进中，布达拉宫一闪就被楼群重新遮没。被遮没的布达拉宫有着更大的诱惑。拉萨的街道除八角街之外，大多缺乏西藏味道，特别是那些新建筑，总感觉不太像是拉萨的，像国内任何一个城市的。这些大同小异的楼群时常让我觉得惋惜。而它们遮挡了布达拉宫，更让我深感痛惜。要是我说了算，肯定把这些遮挡物统统扒掉，让所有进入拉萨的人不论从什么角度都能一眼望见布达拉宫。

布达拉宫终于一览无余地出现在我的面前时，我觉得午后的太阳过于强烈过于晃眼了。宫殿与朝圣的人群一同被完全坦露在烈日下的广场上。广场成了一面反光镜，散着光热。布达拉宫真是一座不同寻常的建筑，可以用建筑学的术语叫作标志性的建筑。它就是西藏的化身。怎么可以想像没有布达拉宫的西藏是个什么样子?

许多资料对于这座建筑都说得太多：布达拉宫位于拉萨古城之西的红山上，始建于公元7世纪初松赞干布时期，后因战乱失火烧毁，就是说，我们现在所见的布达拉宫，基本上是17世纪以后，尤其是五世达赖喇嘛罗桑嘉措掌权时扩建起来的。布达拉宫经历过火灾，火灾中也不乏奇迹出现，整个宫殿焚于大火之中，却能够保存下来法王洞和超凡佛殿两处。据说那尊释加牟尼像和安放的木框在熊熊大火中安然无恙。释加牟尼在西藏享有着最高的拥戴和崇拜，特别是在大昭寺那尊12岁的等身佛，更是无时无刻不在体现着真正的顶礼与膜拜。许多虔诚的信徒们千里迢迢朝拜大昭寺就是为了一睹释加牟尼的12岁等身相。我一直以为12岁等身相不够高大，12 岁嘛，却不曾想真正到了近前，我一点也看不出来那是12岁的等身塑像。这种感觉还是留着去大昭寺时再写吧。

真正走近布达拉宫是在第二天的上午。我想，所有来拉萨的游人第一件要观看的项目大概就是布达拉宫吧。因为有西藏石油局的帮助，因为有了向导，我们在进往布达拉宫时，可以享受特权，那就是可以把车子开上山去。我是第一个反对这样做的。我们是来朝拜布达拉宫的，就是来寻找那种沿阶攀登的感受的，要是坐车一直从旁边绕上红山，那就会失去最重要的感受了。以书记为首的一行人当然要尊重我的意见了，人家说得明白，此番就是陪同作家来西藏的嘛！

当时，天下着一层蒙蒙细雨，空气中有种粘绸感。布达拉宫是一座真正可以称得上圣殿的建筑群，当然我们平时也可以说别的宫殿是圣殿，但所有的宫殿如果与布达宫相比，那肯定黯然失色的。别的宫殿绝没有布达拉宫这种地势的优势，地基得怎么个垫法能垫成这样高耸的气势？何况靠人工垫起也不会垫出这种自然的山脉走势。即便那些彪丙古今的欧洲宫殿，也都是建在平地上而没有这种超拔的气概。我在巴黎的香榭丽舍宫和巴黎圣母院所感受到的建筑氛围也缺乏仰视的角度，就连那座当年因豪华而称著于世的凡尔赛宫，除了广场的宽阔气度之外，也因地势的平缓而使你可以平步移近它。但是，布达拉宫你不可以平步移近。你看它——高高在上，即便不是带着圣徒感觉去仰望，你也能强烈感觉到它直耸云端，超凡脱俗。在我之前，肯定有无以计数的人拍过这座圣殿，这座圣殿我认为是拉萨最难拍摄的镜头。

端起相机贴近取景窗时，却发现怎么吸纳似乎都不妥当。站在广场正面拍？还是在侧面那座高坡上？来拉萨之前，柴达木的著名摄影家老梁就告诉我拍摄布达拉宫的角度就是站到侧面拍，他强调了拍侧面，就像拍一个人的侧面脸要比拍大正面好，至少能多一些可供回味的含蓄。但是，我在昨天晚上已经迫不及待地找到了老梁说的那个高坡试拍了几张，却兴奋不起来。我总觉得太一般了，也太表面化了，会有成千上万人立于这个高坡上拍，也不过是拍了个平面效果图而已。布达拉宫的个性应该说十分独特，光线投在上面时，那么多的窗口感受光线的深浅度肯定不一样，而那白宫部分与红宫部分如同两件不同质地不同色彩的袈裟，每一部分的缀联，都有着不可理喻的深奥，特别是那种皱褶处，更叠和隐秘着渺远深长的岁月，而这些在镜头中如何准确传达？我苦于找不到更合适的角度。

其实，当时急于拍摄这座圣殿时，我所困惑的还不仅仅是找个角度的问题，更主要的是难以找到感觉。没有感觉，怎么可以拍摄布达拉宫呢？

平素，布达拉宫总在遥远的感觉中隐现，而真正近在咫尺时，居然不想更近地触摸它。从任何一个角度仰望时，我最欣赏的还是这座圣殿的台阶。走在侧面成“之”形接通凡尘，台阶极像精致的键盘，以西藏特有的方式，进行富有特色的铺排，这种“键盘”踩上去，肯定有着音乐旋律感的。

把阶梯想像成键盘，且就在自己实在的脚下踩出飘逸的神圣节奏来。这份感觉确实不错。抬头顺阶望去，长长的键盘犹如通向天际。高处有种融入云层的感觉，一种神圣意味自然就会从脚下升腾起来。凭着这种升腾感托起你俗世的渴望，你会在极近的距离处将镜头对准扶摇而上的建筑。真正离得近了，你才会感受到那么复杂的空间摆布得如此错落有致，虚实相间，疏密得当，在阳光与阴影的随意对接中，斑驳的神圣将令你目眩神迷。你可以拍摄任何一个局部，任何一个局部都藏有神秘和内涵。别的建筑是不可能任何局部都值得拍摄的。

我的朋友赵星奇到这里拍了很多照片，但有一张拍布达拉宫的片子很是让我重视，他是从侧面将镜头仰起足够的角度，将厚实的布达拉宫拍成一个窄条，这窄条飞毯般有着飘离地面的感觉。这样以来，他就把自己对这座心仪已久的建筑的感觉捕捉到了，并且很尊重地将这种感觉在自己的镜头里得以提升。我是在他的事务所里看到这张放大的照片的。他放大了好多照片，一水儿排列在那并不怎么宽敞的房间里，他喜欢将照片放大装上框，似乎只有这样才会不遮没他的摄影艺术。这些题材丰富的照片我基本喜欢两类，一类是他的莫斯科风光，再一类就是西藏了。而西藏片也还是这幅布达拉宫拍得好，尤其他是用茶色冲洗的，这种颜色更接近灵魂。

对布达拉宫的认识绝不应该仅限于第一眼。如果仅仅是一眼就谈印象，不免过于轻率。我们那天是在导游边巴的带领下进入布达拉宫的。边巴是地道的藏人，他选择了公元1966年的一个星期六来到了人世。孩子生下来后，父母便请来高僧为之取名。他的名字边巴便是星期六的意思。以星期六取名挺有意思。《鲁滨孙飘流记》中，不是也有个人名叫“星期五”吗？边巴说，在西藏从星期一叫到星期六的名字很普遍，特别是叫这个“星期六”名字的特多，他上学时一个班级里就有七八个边巴，如果外面来人找边巴，就会有一排溜人出来应认，后来他们就将这些边巴进行排队梳理，有的以职业来区分，诸如业务边巴、会计边巴、保卫边巴等，还有其他分法，诸如：大边巴小边巴男边巴女边巴胖边巴瘦边巴一边巴二边巴边巴1边2等。边巴讲述时，引得我们大笑。笑毕，我说，我们就叫你导游边巴。

那天是八一建军节，与我们一起踏上这神圣台阶的还有不少军人，军人都是年轻而单纯的面孔。台阶似乎很长，走累了，就停下来，抬眼一望，但见彭措多朗大门和那根巨大的用整棵树干做的门闩，边巴告诉我们这是从布达拉宫正面入宫的必经之路。进了大门，是一条窄窄的廊道。这里没有窗户，只有几个深邃的墙洞。透过墙洞，能看见厚达数米的宫墙，宫墙是用三合土堆制、石头砌边而成，这种建筑工艺在1300多年前实属少见。我紧随着边巴，出了廊道，视野豁然开朗起来。我的面前神奇般地拓开一个面积为1600多平方米的广场，这个广场藏语称德阳夏，意即欢乐广场。

边巴说，每年藏历12月29日，这里要举行盛大的歌舞和跳神活动，达赖喇嘛和各级僧俗官员、民众前来观赏，届时广场上人山人海，气氛十分热烈。

我们朝德阳夏广场的正西面走去，那里有三排并列的木质扶梯。中间的扶梯是专供达赖喇嘛上下的，一般僧众官员和游览者，只能从两边扶梯进出。那木梯很是陡峭狭窄，一上一下交错两个身躯便显得难为情。我不知道是否还有别处的攀升入口，反正边巴引领我们就从这里攀上去，进入了白宫。

布达拉宫以极高的历史价值和旷世宝藏闻名于世，是藏族建筑艺术与文化繁荣的象征。即使就建筑的平面而言，也显得十分复杂。从建筑风格上说，是将汉与尼泊尔的建筑融为一体，而汉的建筑特点主要体现在雕梁画栋和内天井的处理上。布达拉宫整个建筑由白宫和红宫两部分组成。属于政教合一的建筑物，也属于人与佛共享的空间。白宫顾名思义是白颜色的，是属于政体；内有历代达赖的寝宫、噶厦政府办公用房、集会大殿等。听说现在还有行政学院什么的。迈进数不清的门坎，在幽深与神秘的空间徜徉，如果不是边巴引路，我实在不知该往哪里迈步。许多云云众生，许多肉体凡胎，在深遂的弥漫着酥油的黯廊里拥挤着碰撞着寻找着。

我在达赖的寝宫里看到了除了精彩的壁画之外，还有那个空空的座位，和座位上边摆放着的一个金黄色的靠垫，像一个用缎带精心制作的半截上身，笔直地端坐在那里。据说，在藏族文化习俗中，这种坐位不能空着，必需摆上一个替身。我很想把那个金黄的替身拍下来，可几次欲调整焦距，均未能拍成。一则过往的人太多，触碰太多，你无法安静地端平相机，再则，管理人员也不允许拍照。

在十三世达赖的寝宫看上去与故宫皇室有着相似的味道，我寻思这是否与达赖进北京受到皇帝的影响有关？那种幔帐与隔扇，还有侧房、皇座、台阶什么的，都能让你找到京城皇宫的遗风。

布达拉宫可供记叙的东西太多了。比如红宫的那些灵塔——“萃堵坡”还有地下室的文成公主和松赞干布塑像。每位达赖的过世都在这顶层的红宫高耸大殿中留下一座金鳞金翅的灵塔，塔躯上边镶嵌着过于繁琐的珠宝，不用灯光装点，便也可以从不同角度感受到那种珠光宝器的闪闪烁烁。我分不清宝石的各种价位和质地成色，但我知道这庞大的需要仰视的宝贝上边，任何一个微尘沙砾，都是宝贵的。据载，达赖五世的灵塔仅黄金就使用了一万八千两，黄金还没有珠宝昂贵，珠宝价值十倍于黄金。灵塔的豪华与否肯定与喇嘛的地位尊严不可分割，在这一点上，与我们汉人的皇帝不惜重金修造墓穴何其相似。

不想在此赘述布达拉宫，也无法赘述。我若写多了也不讨好，人家该会说我是照着解说材料抄袭的。我觉得布达拉宫有点令我眼花缭乱。我用了差不多一个上午的时间在这座巨大而神圣的空间转悠着，我在感受着这里的丰富，这里的神圣，对我而言，最有价值和意义的还是对光的感受。光在这里肯定与在别处不一样。通过镜头来研究光，感受光，可以说是我此番西藏之行的最大奢望。即便在日后进入的各个寺庙，也不可忽略这寺院里的光。

由此，我不能不钦佩西方的一位摄影家，他叫德洛内。他对光颇有研究。他越是对光的能量和无物质性进行深入研究，他的作品也就越是清楚地表达了他的信念：光是万物之本，是“惟一的真实”，对光的感知是通向和谐之境的惟一途径。

无论怎么说，布达拉宫都是西藏与拉萨的标志性建筑。这座建筑摆放在这片雪域高原错落有致的山坡上，显得特别合适。尤其是从远处看去，好像这座小山在很早很早以前就专为这样一座建筑的出现筑好了基座。然而，让我感觉遗憾的是这样一座伟大的建筑居然没有留下建筑师的名字。或者说，这是一座充满神灵的建筑，从而不需要建筑师的名字？如此说来，那么西藏这座城市，便是没有建筑师的城市。没有建筑师的城市是什么样的城市呢？

“时值5月1日中午1时，旅游团一行从侧门进入布达拉宫，笔者无意中抬头发现一个直径达十多米的光环罩在布达拉宫顶上，接着全体团友欢呼雀跃，十分激动，笔者拿着尼康100相机的手都在微微颤动，举起相机把变焦镜头调至28mm一气连拍，拍完负片又拍正片。眼见得光环越来越大，越飘越远，在场的藏民双手合十祈祷。

为旅游团开车的当地藏族司机说，他开了30多年的车，几乎每天都到布达拉宫，但从来没有看到过布达拉宫的神秘光环。后得知这其实是一种奇特的气象现象。“布达拉宫在藏民心中有着无可替代的地位，而深厚和广泛的宗教信仰更使布达拉宫披上了一层神秘的色彩。”（这段话引自《羊城晚报》马超然的一篇短文）

都市生活让我们损失了什么

城市生活对人的损失我们可以举出诸多，用广东话说，可以举出大把！就像我们同样可以举出城市安居的大把益处一样。但是，我还是要说，因为前几天我的那篇《你听到过鱼叫春吗》，在博客上引起那么多人的关注，也引发了那么多人感慨、或好评或谩骂，于是，便引发我要作进一步的深究:为何我们听不到鱼的叫声?

我听到鱼叫春，是在东莞的一座花园般的小区内。小区的环境很适合人的居住，也很适合鱼的居住。所以，在夜深人静之时，我便听到了鱼叫声。我认为它们是在叫春，至于究竟是叫苦叫愁还是叫春，这并不是我这篇文字所要考究的，我要说的是我们人类自己的问题。这就是我们每天都身处在鱼的世界里，可为什么我们却听不到鱼的倾诉，鱼的叫声呢?是麻木不仁?还是根本就失去了这种敏感的原始的听力功能?我认为是后者。

城市的主体声音是噪声、杂音。来自汽车、建筑工地、还有电子音响。这三大主要发声源带给我们的是什么样的情绪呢？除了紧张仓惶还有烦躁。通常我们会从情绪上来谈论这种噪声，其实，这还不是问题的本源，本源则是对于我们听力的伤害。就是说，常年生活在这样的都市之中，我们所受到的最大损伤是耳朵，是听力。

现代化的许多发明为人类的方便提供了条件，却也同时将人类的原始功能加速弱化。诸如汽车令我们健硕的肢体委缩，电视令我们的视力下降，飞机增加了我们心脏的负荷等等，但是，在这些我们可以熟悉和副作用当中，我们或许忽略了一个重要的损失，那就是我们的听力。难道，你不认为我们的听力在迟钝吗？你可能只注意到大街上眼镜店的增多，激光治疗近视的广告的铺排，而我们是否关注过卖助听器的店铺效益如何？那么铺天盖地的噪声，还有那么多手机MP3、P4、P5之类，还要一直P下去，对于我们耳朵的伤害有多大？无人问津无人在意。

有位童稚的孩子上小学时，曾认真问过我：叔叔，课本上说树叶落地的声音是“簌簌”响动，我怎么听不到这个声音呀？是不是你们瞎乱写的呀？

我想了想说，可能不是。他又仰着头问我：那你听到过这个声音吗？

我只能老老实实告诉他没有。

是呀，我们谁听到过这种树叶落地的声音呢？我曾试着听过，但没听到，只是听到了人们踩踏落叶时，才有这种“簌簌”之音。

写过《金蔷薇》的巴乌斯托夫斯基写了篇非常动人的散文，是写秋天的感受的。他也写过倾听树叶落地的声音的感受。那真是极美的感觉：

“秋夜万籁俱寂，静得出奇，森林边缘没有一丝风，”我望着那棵枫树，看到一片红叶小心翼翼地慢慢脱离树枝，颤抖了一下，在空气中稍一停顿，然后摇摇晃晃，发出极轻微的簌簌声，斜着飞向我的脚边。我第一次听到了落叶的簌簌声——那声音含糊不清，好似婴儿的喃喃低语。”

将落叶之音喻作婴儿低语，这多有味道。可是，我们能够听懂婴儿低语是在表达什么吗？

最纯真的是最原始的，最原始的也是最珍贵的。城市生活让我们不仅损失了谛听纯真美妙的声音的能力，也让我们失去了倾听这份兴致与耐心！试想一下，假如我们在城市的街巷或者公园里，专心致志地去倾听，当有人从你身边经过时，如果弄懂了你作出这份倾听的样子，岂不会让那人笑你神经病吗？

倾听树叶落地声音，这不仅需要敏感的听力，还需要有闲情逸致。更需要有耐心去听。听惯街道上各种噪声，我们的听觉也如同我们的性情一样粗糙而忙乱。我们已经迟钝了。我们需要好好休息与恢复，而恢复听觉的最好方 式，便是倾听钢琴。当然，别的音乐也可以，只是不能听打击乐。

城市让我们损失的东西太多，听力、视力、体力什么的，还有各类欲望，特别是人类最基本的原始的欲望，食欲性欲等等，所以，人们现在开始走向乡村，走向田野，走向莫纳诺克山（莫纳诺山在美国，现在有一批诗人云集那里，组成“莫纳诺克山”诗派）。

经我梳理的莞草脉息

提到东莞这座城市，总能听到“历史源远流长”之说。这种话，在我看来不过是套话官话，像公式，几乎适用于我们国土上的任何一个城市。你就说吧，哪一个城市没有历史文化不渊源呢？尽管我在翻阅了一些相关的典籍时，读到了关于东莞悠久历史的某些残片记载，却仍然引不起足够的兴致，倒是这里的一种草——莞草，让我颇感新奇。

相传，这个地方刚开始立县时，取名为宝安。唐肃宗至德二年时(757年)，方改名为东莞。以东莞作县名的原因，便是因境内盛产一种水草（莞草）而得名。就像我们许多纯文学杂志以当地的花名水域取名差不多，如《滇池》、《山花》、《鸭绿江》之类。

能够以草命名的城市，在我看来就不仅仅是历史与文化的味道了，这其间还有诗的感觉。如果与历史文化相比，我更感兴趣有着诗化意味的城市。我认为这莞草，一定是非同寻常的草。这种草长得什么样子呢？我们内地人，时常会把这个莞字读错的，读成“完”字。是完美无缺的“完”字。那么，这种莞草也是完美之草了。

很遗憾，至今我不曾领略过这种莞草。有一次在水南乡，我曾问过那里的一位朋友，是否能找莞草让我一睹芳容，他满口答应，他说他的院子里便有这种草，结果，我们在一起的人很多，一闹哄，到头来还是忘掉了，因此，便没有看成莞草。

看不成，倒也没什么。莞草不过是一种植物吧，我想，其生命力肯定是旺盛的。大自然中，草的生命力应该是最旺盛的，如诗所云“野火烧不尽，春风吹又生”。

有着如同莞草一样生命力的，还是迁徙到这片土地上的客家人。我将他们比作莞草，不知道是否恰如其分。我一直对客家人感兴趣，这是因为在我早年的朋友中，有一位是闽南的客家人。我就是从这位朋友那里头一次听到了客家人这个说法。

客家人拈一“客”字，颇有意味。就是说，他们是早年客居于此地的外来人。在罗香林先生所著的《客家源流考》一书中，我看到了对于客家人的论证，他认为客家人是汉民族的一支民系，分为五个时期南迁：第一次是东晋“五胡乱华”；第二次为唐末黄巢事变；第三次为宋朝受金人入侵；第四次为明末满人入侵；第五次为清同治年间受广东西路事件和太平天国事件影响。

台湾中央大学范绮教授则认为客家人来源有三：第一批来自秦朝；第二批为东晋南渡；第三批则为南宋南迁。特别提出秦始皇灭六国统一中国后，曾派遣大军驻守广东北部大庾岭，防止南方人入侵，秦传二世亡国后，那些军队不愿北返，继续留在当地，遂为客人。从罗香林所说的五次迁移，再加上范绮指出的秦朝那一次，便是六次了。从中原迁徙过来的六次历史记载，构成了客家人的渊源。还有，李松庵先生刊登在《客家史与客家人研究》第一期上的文章：“客家人几次南迁初探”一文，就汉民族六次南迁形成客家民系的历史，作了简明概述，也可看成是客家源流论的综合。

历史上的客家人，已经深深融入了岭南这片土地，变成了当地人了。迄今为止有人粗粗估计了一下，海内外客家人约有一亿两千万左右，其中在香港有三分之一的华人是客家人；在台湾有五分之一到四分之一的人口是客家人。在内地，除闽、赣、粤三省外，湖南、广西、四川等省都有相当数量的客家人。在海外，东南亚各国、澳大利亚、美国、加拿大，也都有很多的客家人。

勿庸置疑，客家人在这片土地上不仅生根开花结果，而且，他们还将自己固有的文化，在这片土地上发扬光大。客家人的文化与客家人的精神，构成了岭南文化中最重要的一脉，对这一脉系的考究，也是认识这片土地的重要前提。

说起我最初接触到的客家文化，还是来自我对民居的考察。十年前，我对建筑学发生了浓厚的兴趣，在我多次深入大西北和云贵川时，我考察过傣家竹楼，苗家的鼓楼、风雨桥以及干石砌筑的民宅“石房”，还有陕北的窑洞和生土建筑。在诸多极具特点的民宅中，客家人的围龙屋给我留下了深刻印象。

追溯围龙屋的由来，应该自唐宋开始，盛行于明清。这种民居建筑采用的是中原汉族建筑工艺中，最先进的抬梁式与穿斗式相结合的技艺，选择丘陵地带或斜坡地段建造围龙屋，主体结构为“一进三厅两厢一围”，建筑材料有沙、石、土、瓦等。普通的围龙屋占地8亩、10亩，大围龙屋的面积竟然在30亩以上。建好一座完整的围龙屋，往往需要五年、十年，有的甚至更长的时间。一间围龙屋就相当于一座客家人的巨大堡垒。

围龙屋内分别建有多间卧室、厨房、大小厅堂及水井、猪圈、鸡窝、厕所、仓库等生活设施，形成一个自给自足、自得其乐的社会小群体。

围龙屋建造时，很注意周围环境。大门前，一定会建有一块禾坪和一个半月形池塘，禾坪用于晒谷、乘凉和其他活动，池塘具有蓄水、养鱼、防火、防旱等作用。大门之内，分上中下三个大厅，左右分两厢或四厢，俗称横屋，一直向后延伸，在左右横屋的尽头，筑起围墙形的房屋，把正屋包围起来，小的十几间，大的二十几间，正中一间为“龙厅”，“围龙屋”的名字正是由此而来。小围龙屋一般只有一至二条围龙，大型围龙屋则有四条五条甚至六条围龙，在兴宁花螺墩罗屋就有一座6围的围龙屋。在建筑上围屋的共同特点是以南北子午线为中轴，东西两边对称，前低后高，主次分明，坐落有序，布局规整，以屋前的池塘和正堂后的“围龙”组成一个整体，以厅堂、天井为中心设立几十个或上百个生活单元，适合几十个人、一百多人或数百人同居一屋，讲究的还设有书房和练武厅，令人叹为观止。围龙屋与北京四合院、陕西的窑洞、广西的“杆栏式”、云南的“一颗印”并列一起，被中外建筑学界称之为中国五大特色民居建筑。

在东莞，这种围龙屋已不多见。更多的，是在梅州那边。梅州是客家人的发祥地，画家林风眠大师，还有叶剑英元帅都是梅州人。那里的客家文化十分浓郁。去年夏天，我曾经与东城文化中心的一批朋友们去那里参观学习。

途中，我们在一处围龙民居前停了下来。这就是那种小型的半围式围龙屋，只围了半圈，门前一个禾场，还有一个池塘。看上去，这个半圈被围的面积不太，但是你走进去之后，会感觉曲径通幽，让你不知往哪里迈步。有内天井，还有祠堂、厨房、卧室、厕所，还有鸡窝猪舍，真是一应俱全。

这个围龙建筑大概已有六十多年了。房子的主人说，现在的年轻人都不喜欢住在这里，他们要搬进楼房去住，能够守住这个围龙的也只有风烛残年的老人了。

如果按着现代人的生活节奏，和现代年轻人的崇尚心理，用不了多少年，围龙恐怕就要从人们的视线中消失了。即使剩下几栋，那肯定也不会是有人居住的，只能是供参观了这样以来，岂不是失落了客家人源远流长的建筑符号吗?

带着这样的思索，我们来到了梅州，住进了梅州郊外的一个地方，好像叫南飞雁的度假村。时间已是傍晚时分。这个度假村非常安静，一下车，我就看到了一处颇有特点的宾馆，整个造型就是采用了客家人土围楼的民居形式，红砖与木制材料构成的外观，像一个放大了的新的围楼民宅。这让我眼前一亮。走进这个空间，无论是从装修还是服务，都令人赏心悦目。每一层的廊道，都用古朴的绘画或民间工艺悉心装点，显得颇有客家人的文化味道。这样的现代化的“围龙宾馆”，确实能够将民间的围龙符号成功地承袭下来，且为新的时代新的游人提供服务，当然还有精神上和历史文化上的享受。我不能从这个建筑上，看到了当地人的旅游眼光和商业眼光。这种眼光，自然也是建立在本土文化基础之上的。

来到梅州才知道，要想看到真正意义上的那些围龙、土围楼，要到下面去。这些民居主要集中在大埔、梅县、兴宁等地，其中有3处土围楼颇值得一看：大埔的顺长楼、泰安楼和花萼楼；大埔还有号称九厅十八井的“德馨堂”和梅县的南华又庐，这是两处围屋，很有特点；另外，还有15处围龙屋：大埔的溪砂、西昌楼，梅县的万秋楼、梁氏义浮堂，围仔里祖祠、仁厚温公祠、德馨楼，兴宁的何氏围龙屋、九厅十八井、源远堂、三省堂、黄梁氏围龙屋、刘氏围龙屋（大刘屋）、艮龙堂和孝友堂。

围龙屋与土围楼不同在于前者是一层，后者是楼房。这些土围楼的建造历史差不多已有二百多年了。这是客家人智慧的结晶。不用说形状的艺术与使用的舒适，仅就建造材料而言，就让我们惊叹。土围楼的外墙底层是用板筑夯实而成，在泥土中混有桐油，黄糖水，米饭与蛋白清等混合物，使得外墙不易被破坏。墙壁则同样是用板筑夯土，但在夯实的同时添加了卵石、竹支条作筋骨，历经百年依旧不倒。这也是民居建筑的奇迹。

客家人也可称作是中国的“吉普赛人”，考古材料证明，广东地区汉以后的墓葬形制和随葬品，均与中原相似，反映出中原汉族礼仪制度和思想文化日益深入原百越族地区，大范围的汉化过程日益加速。至魏晋南北朝时期，因北方动乱而出现中原人民南迁高潮，史称“流民”。这可以从广东各地发现大量的魏晋南北朝墓为证。

客家文化虽然根在中原，但是，也并非一成不变地承袭，许多地方，已经有了很大变化。比如，在中原，男女分工是不同的，但是，到了大山之中，恶劣的生存条件，使得原有的男女分工形式被打破。女人不在只是守着屋里活做，她们也像男人一样，耕田、采樵、缉麻、缝纫、无不为之。由此，铸就了客家妇女吃苦耐劳、精明强干的优良品格，而且，为了劳动的需要，她们也不可能像在中原时候那样裹足、束胸。她们粗壮而健康的活着劳动着。

毕竟，我们到梅州并非是考察建筑，因此，没有能够如愿以偿去往县里。只有以后再找机会专事去考察围龙屋了。

次日凌晨下了一场山雨。我们很早起来步出“围龙”，满目清新幽远。踱步到山涧，在雾岚中，感受到“空山新雨后”的意境，再回头望着不远处的高大的圆形“围龙宾馆”，与周围的绿水青山相映成趣，尤其有一层雾气缠绕，更显出如梦似幻的美妙来。这是我在岭南迄今为止，所看到的最为成功的一个现代建筑作品。因为，它恰到好处地使用了当地的建筑符号，不是简单意义上的仿制，而是将过去与现代之间的恰到好处的沟通联接，从而，具有了难能可贵的和谐。

同行的文化中心的朋友们都是具有艺术细胞的人，他们兴趣广泛，多才多艺。在摄影方面，王军可以加入一级发烧友的行列，而康建和老徐次之，不过，他们这几位陕西汉子，也都具有了高档相机，就像他们拥有了各自的高档轿车一样。那天，他们几位完全是以专业摄影家的姿态，拍了好多照片。而我跟鑫华兄没带相机，只能充当模特了。

在这样的环境里，拍摄者比被拍的人更有兴致。就像钓鱼的人比吃鱼的人更上瘾一样。他们都认为这个地方太美了，住一宿没有住够。我们从山上拍到山下，拍了一圈儿还不尽兴，但早餐时间到了，只能往宾馆赶。

客家文化是在特定的历史条件下形成的，因战乱、因饥荒，从中原大地上滚滚而来的移民潮，集中在三个地区：江西、福建还有珠江三角洲。这些移民选择之地不是城市，也不是平原，而是移到了具有大山作为屏嶂的荒僻之地。在这种封闭的社会与自然条件下，他们与当地土著居民长期杂居，相互融合，从而创造出一支以中原汉文化为主导，同时又吸取了当地土著文化精髓的地域性文化。这种交融性的文化特点，从饮食上也可见一斑。

在梅州度假村吃的这顿早餐也是值得蓄存。地道的客家风味。首先是环境非常讲究，是一条又长又宽的木结构芜廊，如同一条食品小吃街巷，你可以随意挑选。只要你一落座，马上就会有服务员热情过来为你服务。从客家人的饮食上，不难看出汉文化与当地文化是如何接壤的。

客家菜中有道豆腐夹肉馅的，就很有意思，这是具有代表性的一道菜肴。细分析起来，缘自粤地山区不宜种麦子，就磨为成面粉，没有面粉还怎么包饺子？于是，聪明的客家人就在豆腐里面塞上肉馅，做成了“豆腐饺子”。豆腐饺子毕竟不是传统意义上的饺子，只能算作菜。这种菜的由来，无疑是北方人吃饺子习俗的一种承传和变异。再从客家人吃蛇这一习俗的由来寻根，肯定不是来自中原，汉人是不大吃蛇的。这一习俗是受古越族饮食文化影响形成的。“越人得髯蛇以为上肴”，这是在《淮南子·精神训》中的记载。可见早在汉代，越人就把蛇当作美味佳肴了。有个成语故事“杯弓蛇影”，说的是杜宣饮酒时见杯中有蛇影，酒后就觉胸腹作痛，多方医治不愈，后来知道是墙上赤弩照在杯里，影子有些像蛇，他的病就好了。由此可见，汉人对吃蛇的恐惧心理由来已久，所以说，吃蛇这种习俗与中原饮食文化无关，而只能是客家人与当地少数民族的结合中，吸收了另一种饮食文化。

当你坐在这片客家人的诗意土地上，品尝着美味佳肴，感受着他们经过长期磨合而形成的饮食文化时，有种特别的感觉。在这条饮食长廊里，从任何一个方位都可以望开去，看到雨后的崇山峻岭，正有团团多情的雾岚在蓬松中袅袅飘弋着。有种声音，自远而近，飘飘渺渺，似乎是有人在唱歌。我立刻敏感到，是一种客家人的山歌吧？

山歌是一个地域流动的表情，这种表情一旦与好山好水相融，便会焕发出巨大的魅力与价值。比如，我们去赏玩桂林山水，如果没有那里少数民族的山歌相伴，不能不说是一个遗憾。山歌的纯美清澈，对于城市忙碌中走过来的人而言，犹似高山茶和深潭泉。那是真正的原生态的歌声。

对于走南闯北的我而言，听到过不少地方的山歌，却无缘听到客家人的山歌。那天早晨在梅州我听到的声音是山歌不假，但那不是真人在山谷涧歌唱，而是音响中播放的，这就让我感到大杀风景了。美妙的山歌，一旦离开了真唱，离开了泉水雾岚相伴，离开了大山的回音，便失却了原有的味道。没有味道的山歌或者说味道不足的山歌，听起来都不会被感动感染的。山歌山歌，只能到深山里边唱。

客家山歌内容很有味道，歌词很美也很生动形象。客家人男女对歌斗歌早已形成传统风俗。这种民间娱乐形式，在中原是不可思议的，经考察，学者们认为，这是是从畲瑶等少数民族中采借过来的。因为，对唱山歌，本来是青年男女求偶的一种形式，它产生和长期存在于不受儒家礼制约束的南方各少数民族中。畲族也是“非常喜爱唱歌的一个民族，畲村处处有歌手，男女老少，人人爱唱，人人爱听。畲歌种类很多，题材广泛，他们以歌叙事，以歌咏物，以歌言情，简直到了以歌代替语言的地步。”而在儒家礼制思想束缚下的中原汉民，有所谓“男女之大防”，是不可能男女在一起对唱情歌的。所以，客家山歌这一民间艺术形式毫无疑问是北方汉民族迁入大本营地区以后，接受了畲瑶等少数民族山歌形式产生并逐渐丰满的。

我从相关资料上看到了一些哙炙人口的歌词：

日日唱歌润歌喉，/睡觉还靠歌垫头；/三餐还靠歌送饭，烦闷还靠歌解愁。

要我唱歌我就唱，/唱个金鸡对凤凰；/唱个麒麟对狮子，/唱个情妹对情郎。/ 唱歌不是比声音，/总要唱来情义深；/恋妹不是论人貌，/总要两人心贴心。

妹的山歌是本情，/哪有豆子不缠藤？/泼水也有回头浪，/哪有情妹不恋人？/ 新搭竹棚种苦瓜，/苦瓜结籽在棚下；/妹要恋郎快开口，/莫作杨梅暗开花。

哥哥坐到妹身上/当得皇帝坐天下。

这些山歌很有意像，也风趣生动，仅仅看到文字，就已经令你心旌摇动，何况要是在春风沉醉的夜晚，能够听到阿妹阿哥的缠绵唱，那可真是如同进了天堂。

反观客家文化，有一个非常鲜明的特点：十分强烈的寻根意识与乡土意识，这是因为移民离开祖居地之后，自然生发的对于中原文化的深切眷恋，是一种剪不断的脐带，也是一种深刻而无奈的乡愁。他们是中原的一个部分，个曾被割下来，拿出去的一个部分，然而，这个部分并没有完全与母体绝缘，也还有着丝丝缕缕的联带。当他们说到自己的祖籍自己的故园时，他们还不会忘记辽阔的中原大地。即使当下，河南人招致了诸多非议之时，他们仍然不会淡化对于河南那片故土的亲情。

我在新浪网的博客上读到过一位年轻作家写的文章，题目就很尖锐“河南：酱缸中的酱缸?”——

“提到河南，我不能不想起几年前在客家地区的见闻。在那次旅游中，我惊讶地发现这些生活在中国极南方的客家人，祖上大部分都是来自遥远的河南。翻了好几本家谱，记载都是如此。当然，他们的祖先从河南起身，已经千年前的事。在别的地方的人‘歧视河南人’的时候，他们依然念念不忘地把那片土地当做自己的家乡，并以来自那里为自豪。这让我印象非常深刻。

客家人被称为‘中国最优秀的民族（民系）’，他们被西方学者认为天生有着大部分汉人所不具备的优秀品质：‘敢冒险、好清洁、热爱自由、自信与自傲’。而河南人，很不幸，这些年来据说被妖魔化了，据说汉民族的典型劣根在他们身上表现得最明显：‘保守、愚昧……’

源自同一个地方的人，何以在人们的印象中反差如此两极化？这不能不让人感到有必要思考一下。

提起河南，河南人最自豪的当然就是‘历史悠久，文化光辉灿烂，是我国古代文明发祥地之一’。他们会如数家珍地聊起这里是老子和庄子的老家，这里是甲骨文的故乡，中国八大古都，河南就有四个……

在我看来，这恰恰就是河南文化落后的原因。

‘历史悠久，文化灿烂’其实并不是一个吉祥的定语。不信你放眼看看，四大文明古国，在当今世界位置如何？中国就不必说了，印度呢，虽然接受西方文化那么久，至今还陷在种姓制度、偶像崇拜、繁琐宗教仪式、寡妇殉葬等愚昧现象中不能自拔。埃及和伊拉克，也是贫穷和战乱笼罩的土地。

这是一个规律：文明的发展‘三十年河东，三十年河西’。一潭死水放久了，必然会发臭。一缸酱过了季，自然会生出蛆虫。历史悠久往往就意味着历史包袱沉重，意味着观念保守僵化。放眼世界，放眼中国，我们会发现，越是旧文明的中心区，越容易陷入保守、停滞，而新兴的文明都发生在边缘地区。这是文明发展的必然规律……”

这位作家见解犀利，问题提得极好，但是，我认为最主要的一点，就在于那一部分离乡背井的河南人，他们的流动性导致了他们的优秀性。没有流动，便不会产生优秀。即使他们当初在中原时不是最优秀的人，那么，他们经过流动，也导致了他们迅速走向优秀。能够远足到这样的大山里落脚生存，一定是一批意志力顽强，创造力强大的人，他们具有的是坚韧不拔的意志和勇于开拓的精神。他们还具有勤劳朴实的品格，还有善于用血缘、亲缘、地缘等各种条件建立同宗、同乡、同一文化内相互合作的团体主义精神。而所有这些，都是为了确保自身的生存与发展，实现由移民社会向定居社会转变的需要。这种客家人文化精神，也正是中华民族最宝贵的东西。

我还曾读到过一首描写客家人的诗，记住了其中的几句：

最远的花朵谁也无法企及
最深的疼痛谁也无法滋润
以客为家的人 来自中原的祖先
高居源头的祖先
你听见岁月翻转的声响了吗

我用了这么长的篇幅去试图理顺我对客家人文化的认知，由于我并非搞文化学研究的，何况手头资料也不足，难免叙述中捉襟见肘。好在，我的意图十分清楚，我是要说明一个时空延续的现象，那就是改革开放以来，仍然还有大批的人从全国各地汇入到广东这片土地上来。如果也将他们说成是“流人”的话，那么，他们应该算是“当代客家人”了。倘若与历史上的前六次移民潮联结，是否可以算作第七次移民潮?!

需要说明的是，今天的这些客居者们，他们既非战争也非灾荒等客观原因，他们是出自各种不同的主观原因，当然他们也有一个共同的目的：他们大都是为了赚钱而来，为了寻找希望寻找幸福而来。

起初，我并没有意识到自己也是属于这种客居一族的，因此，每天如浮云般在这座城市的半空徜徉飘忽，不知所以，但是，当我在这个城市里将春夏秋冬这四个季节逐一走过时，我的感觉完全不同了。我感觉我落到了地面，我置身其间。东莞的山山水水，不再与我无关，客家人的历史足迹，也不再是那遥远的迷朦，而是一串清晰的文脉铺陈到了我的足下。而后，我在逐一领略了可园、虎门炮台、“迎恩门楼”、同沙水库、榴花塔、珠江口滨海秀色、蕉林稻海、荷香荔红、旗峰胜迹之后，在我去了厚街、麻涌、堑头新兴工业区与打工仔、农民接触交谈之后，我突然有了写作的冲动。我要写一部书，将我近两年来的所闻所见所感写成书，这部书的定位就在一个“客”字上面。

南方报界有位记者去厚街拍出许多动人的照片，表现那里打工族的生活。他将目光对准这个群体，至少体现出了作为媒体记者的敏感与人情关怀。据说有一个统计，目前中国的民工已经超过1.2个亿。这位记者说过一段发人深省的话令我震撼：

"一个人离开家的时候，他改变的是他自己的家庭；但是，有成千上万的民工离开家的时候，他们改变的是这个国家。这种感觉很强烈的。20年之后这1.2亿人都会变成城市人。中国的城市，中国这个国家都会因为这些民工而发生改变。"

大千世界，沧海桑田，何为主，何为客?!

在我即将写好这篇文章时，江西一家出版社的一位女社长从深圳赶来看我。她动身时就打电话告诉我她已经上车了。我以为她是打的士，便详尽告诉她我所居住的具体门牌号码。我怕她不熟悉，我让她将电话交给出租车司机。她笑了，说她找的不是出租车。

他们很快赶到了。坐下来介绍时，给她们开车的是位中年男士。他话不多，但人看上去还是蛮和气的。社长夸他乐于助人，面对社长的表扬，他似乎还有些腼腆。在这个时代，会腼腆的男人已经不多见了。

中午我们聚餐时，来到了一个客家酒店——万绿湖酒店。我没想到开车的这位司机高兴地说，他是客家人，社长原本交给我点菜权的，结果，我推给他了。他就是在客家的围屋里出生长大的。他对于客家文化有着成长中的深切体验。他说，他从小的时候，就感觉到那个围屋的温暖，人与人之间特别亲切。一个围屋要住十多户人家，而这十多户人家都是一个姓氏。他们的围屋是方形的，这是在江西那一带客家人的围屋造型。围屋有四层高，每一层都有楼道可以通联的地方，就像地道战那种曲径互通，万一有了外敌入侵，家家户户就会立刻串通起来进行抵抗。围屋在他的印象中，是一个很宽敞很温馨的大摇篮。他在那里长到十多岁才离开。这人生当中最重要的十年，让他的性格中注入围屋的温厚，他乐于助人，他真诚，他性格平和。女社长在介绍他的时候，与他自己认可的那些性格中特点，均与围屋的成长环境有关。

我曾经在一部建筑散文集中，专题谈到了人与建筑的关系，其中，论述了人在童年时代，建筑物对于他性格形成的重要影响。一处详和的建筑，与一处恶劣狰狞的建筑，对于一个孩子在成长阶段所构成的影响是绝不一样的。他现在深圳工作，他离开围屋走向繁华闹市，已经有几十年了。但是，围屋这种形式虽然已经远离了他的视线，但是，围屋那种环境与亲情氛围所给予他的情感深处的影响，恐怕是终生的印记。

由此，我感觉到那些走出围屋远离乡下的客家人，在面对日益喧嚣的城市时，他们那份古朴的安静与厚道还有亲情什么的，能够保持多久而不被流失？或许，这也如同建筑学上保存好围屋的意义，同样重要吧。

但是，莞草呢？我不知道这片土地上还存活多少，更不知道我什么时候才能真正一睹莞草之芳容。

当我们分手时，我目送着他的车驶向黄旗山尽头时，耳畔竟回响起那首著名的歌词："不要问我从哪里来，我的家乡在远方——"

东莞的人居环境

如果将珠三角的发展喻作一曲交响乐的话，那么，借着东方与西方之祥风，这曲交响乐的演奏，就像一朵巨大的花卉，呈慢镜头状缓缓绽放。巨大的绽放带来巨大的芬芳。周围的所有城市，都能尽情享用这种芬芳。

被称为中国最具魅力的城市之一的东莞，像一块浸润在这种芬芳之中的翡翠，诗化着珠江三角洲的丰饶与富庶，并日益见其个性魅力。百闻不如一见，一经进入这座城市，便恍若梦境。

我曾在第一次随作家采访团来到这里时，用了三种颜色来形容这座城市：红绿白。红是红色的屋脊；绿是绿化带的草坪和树木；白是那种极具现代味道的支撑玻璃幕的钢架建筑材料。正是这些直观质感的东西，将一座全新的现代味道的城市外在风貌呈现在初来者的面前。

这些建筑对于城市而言，是骨架也是衣着。与此相对应的，还有更具诗意与韵味的园林景观的塑造。这些五光十色的景观，如同耀眼的纽扣或花饰，对于城市环境而言，有着不可替代的价值。那是一道美丽的风景风情，如同一道色香味俱全的现代大餐或盛宴什么的。人们需要赏心悦目的空间感觉。那是诗意的空间。

探究现代景观规划设计，源自20世纪80年代初，是在华人文化圈内率先兴起后，迅速在新加坡、台湾、香港、澳大利亚等地区广泛流行开来。到了大陆地区，已经是1997年前后的事情了。伴随着一批海外学子的归来，和一批崇洋的房地产商们将境外设计引入到深圳、广州，便立刻刮起了景观设计的时尚。迄今也不过六七年的时间，却已经遍地开花，有种不可阻挡的气势。

现代景观设计给我们的城市带来的变化是显著的，首先是为我们的观念带来的巨大变化：

诸如宏观的观念，生态的观念，构成的观念，文脉的观念，民众参与的观念等等；其次是创作方法上的：创意—布局—构图的设计路线，还有区域–边界–路线–节点的思维方式，马克笔、油画棒、CAD的表现方法。这些创作方法与思维方式无疑是对现代空间的生动叙述，加之运用那些金属、玻璃、拉膜、塑料等现代材料，使我们的城市空间越来越新了，这种越来越新，会让我们特别是那些上了年纪的人有种茫然之感，有种无所适从之感，更有一种无法寻找到家园之感。

或许正是这样的原因吧，建筑设计者们在选材上大量补充了木材、岩石、黏土、乡土植物等原始材料，这是一种搪塞还是补就？这些材料常常充当的是一种怀旧符号，如同华贵衣袂上的补丁一样，为怀旧者提供怀旧与记忆的可能。

然而，这种可能有时会适得其反，让人们更清晰地意识到离家园越来越远。

现代的城市景观带给人们的只能是新生活的享受，而不会也不应该承担起人们记忆的负荷。于是，我在思索：这些华美舒适的景观与古代中国造园艺术之间，是一种什么样的关系呢？是一种承袭关系吗？显然不是。现代景观走得太远了，令我们的传统理念未免尴尬，但是，毕竟在我们这片古老的土地上兴起的景观，又怎能不顾及到我们那源远流长的建筑文脉呢？如何对待传统，如何保持我们鲜明的民族性建筑，如何真正做到东西合璧现代与传统衔接的问题，这已然是中国建筑界始终争论不休的问题。这样的问题并不是我要在本文中探索的，我只是想从中引出一个重要理念，那就是人性关爱、人文情怀的东西。这种人文的东西，在西方的景观建筑中，是居于核心的东西，较之我们的传统建筑理念，有着更多更时尚的现代元素。

比如，十五年前，《建筑师》杂志在深圳举行了一次建筑设计评奖，我被应邀参加。当时的深圳，正如一个朝气蓬勃的正在急切兴建中的建筑展览馆。一切新建筑新理念似乎并不是为了城市居民的居住考虑，而仅仅是为了展出需要。各种新建筑新观念新材料，雨后春笋般堆积到这个城市，改变着这个城市，更新着这个城市。那些日子感觉到城市里的楼房比树长得还快还茂盛。那个时候的东莞呢？还只是一个夹在深圳与广州之间的土里土气的县城。据目击者说，当时的街道，是一片雨水泥泞相融之地，路边有露天的店铺与小饭店，简陋凋蔽得如同村舍。卖肉的案板上苍蝇与蚊虫齐飞共舞。而如同一场梦境，睁开眼一看，满目高楼林立，玻璃幕建筑横空出世，如同光洁的镜面，将天空镶嵌。文化广场的现代建筑既出自洋人之手，这些建筑也似乎带上了洋人的体温与气息，至少它们是高大而孤傲的。当夜色浓郁时，周围的市民穿着拖鞋在这里游逛。他们常常在那弧形的喷泉阶梯上静坐，坐的人中，老人居多，他们的坐姿令我联想到十年前，他们在这里坐在田埂上的情景。

一个乡土之地，迅速迈进现代最具魅力的城市，不过十年时间。如同好马配好鞍，如同好女配好服饰。在我徜徉于东莞街头时，我最喜欢的还不是建筑物，而是街道两侧的树木。南方的树木表情丰富而细腻。特别是小雨淋漓的季节，那些树木如椰子如棕榈像伞一样为你张开，而凤尾竹纤巧的身段在雨水洗濯中更现娇媚之气，令人赏心悦目。还有说不清的一些开花的树木，高的矮的，无不让一个北方人惊讶于岭南绿茵的美妙层次。

在东莞我最喜欢去的地方是公园。公园在这个城市随处可见。公园里依山造势，顺势造景的场面，比比皆是，那是在“天人合一，天人各半”造园口号中，进行的施工。

像人民公园、虎英公园、旗峰公园、榴花公园、峰景高尔夫球场等园林景观及其别墅区园林景观等，这些景点的装饰与美化，都让我感到了城市之美。

或许也是一种缘分吧，我受朋友之托，曾采访过这些园林景观的建造者，那是东莞市美林景观园林有限公司的梓人。

东莞美林景观园林有限公司并不大，坐落在旗峰山下。这个公司的老板李楚林出生在广东的侨乡恩平。与其相邻的开平至今还留有大批的古碉楼。这些西洋味道浓郁的古建筑是百年前的第一代华侨从海外归来后留下的手笔。我与东莞著名摄影家钱均墀先生在那片金黄色的稻田里贪婪地拍摄着这些古碉楼。记得当时收割机翻滚喷吐的稻秸，像一道灿烂耀眼的河流，在秋日的明亮阳光下，进入了我们的拍摄之中。

每年会有稻浪翻滚，而每年的碉楼却寂寞无音。它们大多被弃置荒郊，如同一部部苍老书卷被尘封世锁。这些碉楼身板笔直地挺立开阔的平原之上，对于过路行人而言，有种大漠孤烟的壮美感！细品，会从中感受到百年前的上一代人的家园与生命的画卷，这些或散或拢的碉楼，现在静静地矗在这里不被惊扰，只是默默地在启迪着后人们的家园意识或思乡情结。当然，还有爱国热情。而李楚林，正是在这样的氛围中，从小就受到了建筑文化艺术与东西方文化的撞击与薰陶，萌发了对于古建筑的浓厚兴趣，并立志做出一番成就。他的家族中，也与古建筑有着不结之缘。他的三个叔叔都在广州园林局工作，他是深深受到叔叔们的影响的。

1982年，他带着一支队伍从广州来到东莞，开始了他真正的创基立业生涯。他认为，要做好园林艺术，除了必备的文化艺术素养眼光之外，最重要的是将质量放在首位。将每一处景观都当作自己家的后花园去经营。家园意识，对于岭南人似乎有着特殊的内蕴。

李楚林不仅有着匠人的思维与技艺，他更有着一位艺术家对于园林的思考与兴趣。他说他最爱搞的就是园林艺术。在做虎门公园时，为了将一条健身道做得更具艺术性人文性，他悉心揣摩，精心构思，按着喜欢跳舞的老年人跳慢三步时的姿态，将这条健身小道上拓出一串三步舞姿态步态的大脚印，他的创意是明确的，希望走在这条路上的休闲的人们都能够像跳舞一样地欢悦，一样地轻松洒脱。进入施工阶段，他找到一位舞蹈老师到现场量出他的步幅。却不曾想那位老师步幅过大，做出来后，一些老头老太太走到那里试着步子，可他们尴尬极了，因为他们步子太小，这么大的步幅间距他们那里跨得过来呀。

在东莞旗峰公园，可以见到更多人情味趣味性的细节。比如，用鹅卵石铺陈出形态各异的小动物图案，还有间或凸现的石块按步态间距排列，还有梅花桩等，这些都是孩子和老人们特别喜欢的，他们走在这种地方，都会忘掉年龄与身份的，从而焕发出人性中的纯真的光彩。老李是个有心人，这种梅花桩是他到外地参观学习时，学到的。他不是为了建筑而建筑，也不是为了工程而工程，他首先想到的是人，以人为本，他想到老人和孩子，想到为他们创造的欢悦，当然，还有更高境界的诗情画意。那是在榴花公园、人民公园、旗峰公园所留下的生花妙笔。

榴花公园以曲折连环，高下错落的建筑组群围绕庭院，曲廊檐廊过厅巧妙连成一气。开合自如，障景技巧用得很好，一进园门，便见汇芳园的檐廊，古色古香。

园内与园外的榴花塔采用古典园林的“借景”技巧，将园林内外，融入一体。通往榴花塔的山路，人工阶梯与自然岩石相辅相成，充分体现出天作人合之妙。山上山下，组合排列有序，空间曲折幽奥，变化莫测。

人民公园的仿古茶楼，不仅建筑古色古香，对于周围环境的叠石理水方面，也无不体现着古典园林技艺的妙用。

计成在《园冶》中提出了造园的八个字，作为造园的设计原则。这八个字是：“巧于因借，精在体宜”。因就是因地制宜，因材致用，不拘泥于某种固定的程式和格局；借，就是园景不分内外，得景无拘远近，远处的群山，大川，邻近的梵塔，楼阁，都可以借来。成为园林景色的组成部分。体宜是指园林中各种要素如建筑、山石、水池、林木的体量大小，前后、上下左右的相互关系要合宜得体。园林中一切设计原则和方法都是从这八字升发开去，组成丰富多彩的万千景色。人们在这里或游、或居，怡然自得，享受林泉之趣，表现一种人与自然和谐统一的宇宙观。如果坐在人民公园的茶楼里对奕，那么，可以倾听到人造的清泉声声，也可以为竹林中的清风与鸟鸣而爽心，真可以说是享受幽然仙境。他们在充分尊重自然植被的前提下，妙笔生花，书写着一件件具有传统韵味和岭南风格的园林艺术。可谓“天作一半，人为一半”。

李楚林说，中国园林的创作古今遵循的原则和艺术标准只有八个字：自然、淡泊、恬静、含蓄。他对这八个字的解释是：

自然——从老庄崇尚自然到惟表现自然美为主旨的山水诗，山水画的出现，贯穿了人与自然和谐统一的哲学观念。体现在园林与山水诗画创作上的是“法天贵真”、“天趣自然”，反对成法和违背自然的人工雕凿。计成在《园冶》中提出：“虽由人作，宛自天开”，自然，成为古今评价园林景观创作的首要标准。

淡泊——以人为本的造园思想。士大夫寄情山水多是仕途失意，或老迈退隐之年，所以，他们在园林中追求一种淡泊的生活情趣，以示清雅。建筑物不求宏伟华丽，不浓妆艳抹，素淡清雅。园林中常见的是，扶疏潇瑟的落叶乔木，苍润质朴的峰石，清翠潇洒的修竹，色彩淡雅的茅亭竹舍，都有助于烘托淡泊的情趣，这是园林中常见的景象。

恬静——中国士大夫的心理特征。一种心性，习惯于深思内省式，以取得内心的清静与心理的平衡。因而，审美情趣偏于恬静。幽静山峦涧谷，水波不兴湖泊溪流，苍劲古朴老树，恬静的园林包含创造幽深境界，景色深邃。

含蓄——这是中国传统艺术的共同特点。惟有含蓄才能引发人联想，回味无穷。景象越简约，越能够给人留下开阔的联想余地。这是能够唤起观赏者想像的景观。是一种主观与客观的统一完成的审美过程。

李楚林是当地人，他的成功之处，首先在于他热爱着这座城市，他像爱惜自家花园一样，为这个城市建造美妙景观。在这座城市里，我对于建设者情有独钟。我曾采访过几个重要的建筑商，他们既是这个城市的开拓者，又是这个城市的美容师。他们有能力将某一片荒地建造成乐园。东莞那么多规划有序的小区，这些小区如同当年波利索夫斯基笔下的乌托邦太阳城。有幸的话，我客居东莞正是住进了这样一个小区——新世界花园。

这里名副其实。真正是花园般的环境。我在这里写过一组散文诗，将我闲适的心景与小区的清幽融汇于笔端。据说，当年这里的房子一平方米要七千多元。在十年前，这个价位绝对是惊人的。当年的老板听说是香港人，而现在的老板是本地人。

见到现在的老板，是在去年的一个平常日子。我去了他所在的公司。那是在东城区另一个美丽小区的里面，一个新建筑的九层楼上。他的办公室紧连着他的会议室。我们是在会议室见面的。尽管来的时候，我已经听说过他长相不像老板，而且为人十分低调，可是见面的时候，也仍然让我暗暗吃了一惊：他的穿着真的朴素，平头，清瘦，眼睛也很普通，说话声音小而平和。本来，我是受人之托前来的，目的是要采写他，然而，他在礼貌而客气地接待了我，并带着我到塘夏，去大朗，在他们兴建的工地上转了一大圈之后，他诚实地告诉我，不要写他。他希望给我提供东城建筑方面的素材，提供这座城市发展的轨迹与发展方向，却独独不希望我写他个人。

我感觉他是个最值得写的人。在与他接触的瞬间，就发现了诸多细节，诸如，他带我在参观他们新建的楼房时，他被一个保安挡住了，不让他进去。他也不恼，也不亮出自己的身份。他就是这样地普通着。

他当时说，湖上的乐园工程——可居，要在七月份全部完工。他说这话时，声音极平静。而我满目的还是一堆乱七八糟，路也没修好，主体建筑也还在建设之中。我追问了一句：包括这些路吗？他说对，还包括桥。

我心下里暗暗叫绝，因为还有不过三个月的时间呀！

果然，到了夏天的时候，我又一次来到了这里，还是他带着我参观已经建好的楼房。我们上到了最高的公寓式顶层，放眼望去，楼下，是一片景色怡人的湖水，湖面上有激光放映船，这艘船如同新加坡圣淘沙公园里的那种，1997年的时候，我们在圣陶沙的夜晚，强烈感受到激光的色彩放映出的魅力图像！他说，这艘船花了几千万。船的旁边，是一条情意绵绵的街巷与栅栏，还有各式灯光。到了夜晚的时候，这里肯定让有情侣双双出入时，如同步入仙境。而几个月前我来的时候，这里还能够看到杂乱的砖石堆砌。这是奇迹，东莞的奇迹，东城的奇迹，就是如同塘这种乡下水塘一样，在可以让我惊叹的短时间内，建筑成超级花园。它们可以携来圣陶沙的光芒，可以引入巴厘岛的瑰丽，也可以将大宝礁的水色天光，在它们的咫尺之地，放射光彩。

值得称道的是，他们还不是仅仅热衷于建造华贵的人间天堂，他们还会建造普通工人的宿舍。那天，他坐在颠簸的车上，就是将一张施工图摊在面前，细心看着。他告诉我那是专门为普通打工仔考虑的住房，要在房间举架上加高一点，将一层变作两层。加高的造价并不高，但是，住起来的实用面积却可以翻倍。这种细心构想，充满人性化的色彩。而这样的房子显然是目前东莞最需要的。买一处不过十四万元左右。

他喜欢抽烟，高兴的时候抽，不高兴的时候也抽，只是我很难分清他什么时候高兴，什么时候不高兴，或者说，他为什么高兴，又为什么不高兴。

生活中，有些事情也有着传说的意味。比如，他从来不喜欢运动，更不见他打什么球，却拥有了篮球俱乐部——新世纪篮球队。当这个篮球队在东莞球馆比赛时，他是要到场的。但是，他并不希望自己像领导或大老板那样坐在最显赫的位置上。我曾留心过，却没有找到他坐在哪里，即使那么敏感的电视镜头，也不曾捕捉到他的面孔。

我这样去写这位新世纪的大老板，是因为在他身上体现出一种岭南文化，如同岭南的绵绵细雨，润物细无声，却将地皮早已深深地浸透。这与我们东北人的豪情万丈或喜欢张扬的性情，如同雷暴天气一样，暴雨痛快下过之后，地皮的雨存留的并不多，雨过地皮湿，地皮下边却还是干的。人的性格与地域息息相关，正是一方水土养一方人的。读懂一方地域，就能够读懂这个地方的人，而反之亦然。

有时候，我在解读东莞座城市的文化成因和风土人情时，我便会去仔细回味或思索他这位具有代表性人物的一举一动，一言一行。他以一种超越年龄超越体重的魄力与智力生活着工作着创造着，看到他蜷缩在汽车座位上的清瘦身子，不知怎么会让我联想到袁崇焕在进京作官时，因为他瘦小、腰细，无法穿皇帝要加封给他的官袍，结果，他一梦神奇般变得腰粗体壮，穿上官袍正好合体，一副富态相。这个传说，是我在石碣袁崇焕的纪念园看到的一个雕塑。这是一个传说。

在东莞，传说也有着特殊意味。比如，在我居住的小区对面，便是“星河传说”。星河传说是什么意思呢？是一处房地产的开发地，也是一个小区。我最感兴趣的是这个名字：星河传说。

这是一个优美的散文题目，带着浪漫情怀和想像力，也带着南国城市夜晚那缤纷而迷朦的灯光。这个名字就像我在新世界花园的夜晚，坐到那个人工湖畔长椅上时，望着对面的楼顶将彩色的光环投射到湖面上，组成了光的影带如梦似幻一样。而那个可以放射出迷幻光晕的楼顶，便是星河传说的楼群。

这里是另外一个房地产公司开发的，我也到他们那里参观过。并且，我还与一位负责销售楼的经理聊过半个下午。他也是东北人，本来是学历史的，却不知怎么喜欢上了房地产，而且，他是属于那种对于售楼有特殊研究，和特殊办法的人。比如，这里请他来，就是与他签约的，他强调不是雇用他，而是他占有股份，楼售出去，彼此以股份形式分配利益。我提议他能否将“星河传说”用作一次全国规模的散文征文活动？他说让我拿出个具体方案来，后来，我看他不是特别热衷，也不再去拿什么方案。

据说这里的房子卖价太高，一时僵住了。我去过这里的公寓参观，房子倒真是不错，因为是公寓式的，便独出心裁，在一进屋的厅里边做出了景观。有流水，有植被，还有喷泉。尽管咫尺之地，但也是别有洞天之感。由此可见，在东莞作房地产动脑筋都动到家了，而景观建筑，也做到家了！

或许，正是这些有头脑有魄力有本事的房地产开发商和景观建筑师们，才将这样一个新型城市装点得如此娇媚惹人喜爱，让人流连忘返。所以，从这个意义上说，我们这些外来的客居者们首先要感谢他们这些人的。他们将自己的家园创造得如此美好，让我们得以安居。

事实上，这里引来了大量的外地人。据不完全统计，这里常驻人口与外来人口之比，有着悬殊差别。常驻人口不过百万，而外来流动人口竟有八百多万！

因为外来人口太多，也引发了治安问题。人们都知道这里的抢包抢手机层出不穷，完全可以在光天化日之下操作。我曾在博客上写了一篇关于手机的文章，我并未说明我是生活在什么地方，结果，有一位网友在留言中说，你是住在东莞吧？呵呵，那里抢手机的骑着摩托抢的。在我朋友圈中，或者我所熟悉的人当中，有好多被抢过。每每一到饭桌上，便会纷纷说出自己曾被抢的经过，那情景就像当年在东北时，人们都说自己丢过自行车似的。而满桌要是有一个人没有丢过，反倒有些难为情起来了！我坦言，我没有被抢过。但是，面对这样多的抢东西案件，我的解释是，这个城市太吸引人了，引来了这么多的外地人。抢东西的人肯定是外地人，这是毫无疑义的。但是，当人们共同诅咒这些抢东西的坏人时，我倒不禁在想，这些坏人为何不到别的城市去抢呢？他们还是因为在东莞好抢。东莞适应他们去抢。连抢东西的坏人，都愿意呆在东莞，这就说明东莞不仅对外来打工仔好，即使对于小偷或抢东西的坏人，也是够宽容够温存了！

我这样说，并非鼓励我们的城市对盗贼宽恕。记得当年我们背诵领袖的话时，有过这样的意思：对待敌人的宽容，便是对待朋友的残忍。几天前，在区委听王军讲过一个笑话，王军是陕西来的知识分子，他先是做教师，后来调到区里的文化站，现在，他是国家公务员。作为国家公务员的王军给我讲发生在这个城市里的事情时，依然生动——

一位刚来东莞不久的女子在马路边上走。她背后背着一个很出眼的包，被盗贼盯准了。迅速冲过去，摩托后边坐的人一把扯过了包，车一加油门，喷吐热浪飞腾而去。这个女子惊呆了，她不会喊叫，也不会动弹。在她惊魂甫定时，那个远去的摩托突然迎面又飞驰回来，到了她的跟前，那个刚刚抢过她包的人，举起一根棍子，照她劈头打将下来，边打边骂：你包里没钱，你他妈的来骗老子！让我上了你的当。

我们闻者无不哈哈大笑。笑过之后，有种说不出来的滋味儿。

抢东西的人，是外地人，而被抢的人，也绝大多数是外地人。外地人在这个城市占居了越来越多的房子，拥有了越来越多的车辆。他们跟城市一起膨胀着。外地人主要是在这十年间，迅速聚拢而来。他们遍及城市的各个角落，他们当中有这个城市的成功人士，也有政府官员，也有艺术家。他们以各自不同的方式，不同的表情，每天面对着同样的城市表情。城市降温的时候，他们同样会加上件衣服的，城市闷热的时候，他们同样会擎着把伞遮阳。而当节假日时，到公园或游艺场转转，你会发现外地人占有多数。就在我们居住的小区里边，几乎全都是由外地人构成。有外国人，高鼻梁蓝眼睛，有香港人台湾人，当然，也有所谓的二奶式人物。只不过，我始终没有采访到一个真正的二奶，还有二奶们的所谓先生。

在这个小区里，也经常会碰到内地人，像湖南人、江西人、东北人、河南人等。这些人大多是上了年纪的人，他们是到子女家来的。他们的子女，差不多都是在十年前到了东莞，奋斗十年，已经在这里安营扎寨了。他们应该算作新移民的头一代吧。

我在这个小区里还遇到过一位国民党的军官，有意味的是，他居然跟我祖籍相同，都是山东人。他是14岁时随国民党军队逃至台湾岛的，一晃，他现在已经是八十高龄老人。说到当年的情景时，他感慨世道变化之惊人。而我呢？也不免在想，如果是前二十年，我怎么敢跟他说一句话呢？甚至，我连看他一眼都是不敢的。就在这时候，那个连战又一次到大陆访问了，陪同的是他的夫人。她夫人也姓连，她管连战叫连哥。我是在凤凰电视台十周年颁奖会上听到她讲话的。她叫连哥时，比主持人胡一虎叫的连爷爷，要好听多了，也亲切多了！

真是今非昔比，往事如烟。人生犹如白驹过隙，转眼就是晚年呀！对于时代，对于家庭，对于个体生命，无论出自什么目的，凡是来到这座城市的客居者们，每一个人，都是一部书。他们心中都装有着自己的故事。他也都在这里接受南国的温馨阳光和细腻雨露。他们的故事有的含悲带泪，有的巧妙神奇，在我有限的触角所能够感受到的，我就及时记录下来了。

虽然他们从事的行业不同，有教师，有画家，有编辑，有工人；虽然他们的年纪也不同，有古稀老人，也有情窦初开的女孩子，但他们有着漂泊者的共同感受，有着打工者的共同经验。他们接纳了这个城市，就像这个城市也接纳了他们；他们为这个城市付出青春和血汗，他们也同时享受到这个城市的福分。“客居东莞”不仅是说明作者客居时的所闻所见所感，更有书人主人公们的客居生活，在他们或悲或喜，或怨或叹，一波三折，抑扬顿挫的讲述中，我被深深感染了。

于是，我尽量原生态地记录下他们的经历，献给我客居两年的城市，献给我在这两年居住中所结识的所有朋友们！

至于有些好奇者，对作者本人何以从遥远的东北，来到了东莞这样一个地方隐居起来，我在此引一段获诺贝尔奖的西班牙作家埃切加赖在《我的内心世界》一文中的话：

“我热爱和平和安定，向往着安居天涯海角。在那里，没有人认识我，骚扰我，我也不会骚扰任何人。倘若没有现实生活附加于我的各种任务，我将远远地离开这勾心斗角的商场和喧闹嘈杂的世界，根据自己的意愿，从事一些自己喜爱的工作。”

2006年4月30日于南国东城

由东而西

下篇

翻开珍藏着的欧洲

其实，我早应该把这些日子忘却。这不仅是因为那已经是五年前的事情了，而且，在我的生涯中，那毕竟是一次偶然的旅行。

但，我没有忘却，原因就在于我把它们（那些日子）记录下来了。准确点说，我把自己镶嵌在那些日子里了。

记忆第1日——1995年11月9日　星期四　晴

我和巴黎一块醒来，我可以说是巴黎最早的迎晨人。这些年我几乎已经荒置了晨练的习惯，就像荒置了坚持多年的写日记习惯似的，但是，到了国外，这些习惯自然而然就拾掇起来了。

我沿着门口这条幽静的小街慢跑。如果说是跑还莫不如说成是走。我很喜欢这条普通的小街。喜欢每一个小小的院落。街灯对于早晨是迟钝的，很盲目地飘浮起一层黄铜锈色。

小街两旁排列着一长串小楼，每一栋小楼的造型都极其别致。小楼套着一座小院落，每一个小院落都有一个小门，小门具有工艺特点，有铁栅栏的也有木栅栏的，只是颜色不同而已。这纯属那种挡君子而挡不了小人的那种门。只有观赏价值而没有防盗价值。

漂亮的小院门紧挨着街，门前排满了小轿车。排列得十分整齐也十分亲密，这种亲密有些过分了，就像行军队伍间距太近很容易踩了脚后跟。所以我就核计着，要想把一辆车从中开出来，怎么开呢?

当我从小街兜了一圈回来时，有人出来发动车了。引擎的声音在清晨很响亮。这是一位年轻女子，她把车门关得声音也很重。那是一辆半旧的“标志”车，往后倒时，“咣当”一声就撞到了后边那辆车上，眼睁睁把那辆车的车灯旁边撞了个瘪。被撞的车是辆新车，红颜色的，车体光闪闪的，红缎子一般。但那块撞坏的地方，就像一双漂亮的大眼睛被人把眼眶子打成青紫。正巧这时旁边小院门被推开了，走出来一位高大的男子。他肯定看见了自己的车被人撞坏。他的眼睛很镇定地盯着他的车瞅，我在等待着一场热闹。可是，他的表情是平静的。看来，撞坏的不是他的车。法国人也是这样，不撞坏自己的车也不会管闲事吧？

那个开车的女子根本没有从车上下来，她就像不知道自己的车把人家的车撞了似的。但是，我分明看到了在她的车撞到后边的车一瞬间，不仅有着挺大的一个音响而且她的车体猛然往后一打顿，她不能坐稳被认认真真地颠动了一下。她把车费力地拐出来后，与那个立于门口的男子笑着点了点头，就一踩油门，“嗖”地一声“跑”了。这股劲儿才够得上潇洒。

再看那位堂堂男子汉缓步过来看了看那辆被撞的车，挺绅士地耸耸肩，而后拉开车门钻进去了。这辆车由于刚才腾出了一块空位，很容易就开出去了。他们是邻居，他们平时不唠家常，也不互相串门，打听各自的私生活。更不会互相请客送礼。他们回来彼此把门一关就是自己的世界。只有车与车之间才显得那么相依相偎，但是，当他们的车相撞了，彼此竟然采取如此简单的方式就处理了，这可真让我匪夷所思。

两辆车开出去留下了这块敞亮空间使我得以更清楚地观看院子里的景色。两个小院都有植被，都很安静恬然。那个男人的院落好像更精致一些。我注意到了这个小院的味道全在于那条小径的制作上。那本来就是一条拉直的小道，拉直了，两大步就可以迈进屋门，但是，却偏偏搞成弯曲的，晨曦中恍如一条小溪挺舒服挺安静地流着，这让人感觉到小溪在安静的时候比流动的时候更美妙。别说到小溪上走一走，就是多看上几眼，心绪就开始疏朗起来。由此，我联想到国内撞车大声骂街大打出手甚至打得头破血流的场所大多是在最杂乱最不讲卫生的自由市场，比如五爱街那个地方。

心情是与环境相一致的，家庭邻里之间，要处在一个融洽和谐的氛围，草坪小院包括院门都很重要，至于轿车嘛，应该放在一个并不那么重要的位置，尽管它的价钱不低。

记忆第2日——1995年11月10日　星期五　晴

巴黎市区无疑是喧闹的，但是，这种喧闹与街道风格有着不小的反差。深沉的历史感的街道总是与现代都市的这种商业化的浮躁与喧嚣不协调。好多路都是古老的石块镶嵌成一个带有花纹状的图案，石块像牙齿，坚韧不拔地啃咬着咀嚼着这片厚实的圣地，就这么咬着一点不放松，天长日久就咬出了一片欧洲的文明。但是，这种路面是不喜欢现代轮胎的，车行驶在上面，有种被抵触的感觉一跳一跳，不能平静。更为糟糕的是居然有的地方浇了层现代的沥青，在我看来像一层牙垢。

市中心的街道都是现代的路面了。过于拥挤，汽车一辆挨着一辆，挨得太近，让坐在车上的人时不时地担心前后左右会不会发生相撞相擦事故。若在别处，你会抱怨路面太窄，可在巴黎，你得怪罪车，正是这些车带着现代生活的芜杂与轻佻涌入巴黎，强硬地组成法国现代语汇的一个支系，这是一个很有生命力的支系，但在我感觉中，古老的巴黎正在发生一个轻佻的浪女撩拨年迈的高贵的绅士的故事。浪女风骚万种，老翁格格不入。

很少有哪一个城市像巴黎这样经历过那么多的改变历史进程的大事件。第一批踏入这片土地的异邦人就是凯撒大帝。他带领着罗马人卷入城市。罗马人没有在这片土地上呆多久，但是，他们对于这座城市的影响却是弥久的。我相信从城市的建筑物上一定残存着罗马人的气息。

沿着塞纳河的一座桥驶过，翻译说我们到岛上了。这是塞纳河中的西岱岛。早年巴黎只不过是一个小小岛子和一个简陋的村舍。据载那时候有很多野狼。到了墨洛温王朝和加洛林王朝时期，巴黎就成了历代王室向往与居住之地。城市就从这时开始弥散出皇族气息。

公元987年，于格•卡佩建立了卡佩王朝，正式确定巴黎为首都。对于一个国度而言，在什么地方建都这很重要。就像长安、洛阳，都是中国历史上建都最多的城市，但是，这种城市现在距文化中心已经很远了。但是，巴黎现在不仅依然是法国的经济与文化中心，而且也是世界的具有中心意义的大都市。巴黎一经被确立为首都，历史上就从未失去过首都的地位。

成为首都的巴黎从未停止过在城建和文化两个方面的发展进程。1180年至1223年奥古斯特•腓力普二世在位期间，是巴黎历史上一段辉煌时期。卢佛尔宫就是在那时候破土动工。被称为圣路易的路易九世年间，1226年至1270 年是巴黎历史上继腓力普二世以后又一段辉煌时期。这个时期，建了圣礼拜堂，并开始了巴黎圣母院的建造。

远眺巴黎圣母院东南立面
（摄影：黄居正）

巴黎历史上最为灾难深重的年间是瓦卢瓦王朝年间。巴黎商会会长埃贴并纳·马赛尔发动起义，查理五世即位恢复秩序。著名的巴士底狱就是这时候建的。结果好景不长，由于阿马纪亚克党人和布尔吉尼翁党人的内战，导致了英国人对巴黎的侵占。1430年，英王亨利六世在巴黎圣母院举行加冕仪式遂成为法国国王。

七年后，法太子查理七世夺回巴黎。夺回的巴黎依然多灾多难。温疫、灾难、新的社会动荡，整个16世纪以及后来相当长一段时期，数朝法国国王都远离巴黎选择了卢瓦尔河城堡作为王室寓所。由于迅速漫延的新教运动，导致了残酷的宗教战争。1572年8月24日暴发了一场被称为“圣巴特勒米之夜”的历史上有名的屠杀于格诺派教徒的大惨案。继1589年，昂利三世被年轻的雅克·克莱芝刺杀之后，巴黎城被围困了四年之久，一直到昂利四世的到来，城门才被打开，昂利四世放弃了原来的信仰，皈依天主教。

近观巴黎圣母院细部
（摄影：黄居正）

到了17世纪初期，铁腕人物黎塞留主教治政年间，巴黎的政治文化中心地位愈益突出，黎塞留还建了法兰西科学院。进入路易十四时期，巴黎人口已达到50万。1789年，巴黎人攻占了象征专利恐怖的巴士底狱。随着王室的推翻，封建君主制的结束，开始了热月党人的统治。这是一个相当长的时间，这段时间巴黎城的建筑损失残重。在这之后，是巴黎历史上最令人难忘的拿破仑时代。

1804—1814年，巴黎城出现了一片生机，许多艺术珍品和重要的纪念性建筑涌现出来：旺多姆广场、凯旋门，这都是辉耀千古的建筑。卢佛尔宫工程这时也得以继续进行。1810年拿破仑与奥地利的玛丽·路易丝在卢佛尔宫方厅举行婚礼，方厅从此闻名遐迩。

拿破仑三世年间，为解决巴黎城市生活中的交通、卫生一系列问题，建起了巴黎歌剧院，改造了所有主要街道。巴黎城一片歌舞升平。

1870 年，普鲁士人打破了巴黎的宁静，他们闯入巴黎大开杀戒，巴黎受到了重创，遂后又一次陷落灾难中。巴黎市政厅等几处名贵建筑毁于一旦。

1940 年，巴黎落入德军之手，直到1944年，巴黎才被盟军解放。第一个开进巴黎的军队应该是巴顿的第三集团军，可是，巴顿与他的军队没有这个福气。这使得巴顿又多了一个遗憾。不过，巴黎并不在意盟军中谁先开进城，虽然巴黎与巴顿都姓巴。

在焚毁中重建，巴黎人有着不可削损的对于生活的热爱，一次次热爱，一次次遭受打击，城市成熟起来，市民也成熟起来。建筑和市民一同经受了锻练与考验。人要想名贵需要足够的考验，建筑物要名贵也需要如此，城市要名贵更需要如此。试想一下，如果巴黎一点伤疤也没有，一次破坏也没有，平平淡淡地过来了几个世纪，那么，这座城市还有多少深沉的情感与魅力吗?

记忆第3日——1995年11月11日　星期六　晴

巴黎最有魅力的建筑我认为是卢佛尔宫，对于卢佛尔宫我已向往很久。卢佛尔宫最初只是塞纳河边的一座城堡。是菲力普·奥古斯特出于防御目的而建造的。这座固若金汤的城堡也只是充当了国库及档案馆。14世纪时，查理五世才开始居住，将其改为自己的王宫。

巴黎许多建筑具有着承续性的特点，宏伟的建筑尤其如此。比如巴黎圣母院是在古罗马的一座神庙基础上兴建的，卢佛尔宫能有今天的规模也是不断改建与扩建的结果。巴黎人记住了一位叫作皮埃尔·莱斯柯的建筑师，他使得卢佛尔宫具有了文艺复兴时期的风格。他拆掉了旧时的城堡，在其基础上建了一座新宫殿。建筑师很得意他的作品，这在当时也算得上一个大作品。但是，他不会想到一百年后，卢佛尔宫险些从这座城市中消失。他得感谢一群巴黎市场上的妇女，是她们拯救了卢佛尔宫。

由于法国王宫迁到了凡尔赛宫，卢佛尔宫就被抛置一边，成了一片被废弃的工地。迟续到1750年，人们曾经想把它拆毁。就在这时，这群巴黎妇女组织起来，集体来到凡尔赛宫向国王请愿，迫使王室重返巴黎。没有更详细的资料记载这群妇女是谁领头的，为什么要这样做。她们难道会预感到卢佛尔宫最为辉煌的未来吗？显然是不可能的，但是，她们拯救了卢佛尔宫，她们是卢佛尔宫的功臣，在卢佛尔宫成为世界级的精品博物馆时，不应忘了她们。

卢佛尔宫收藏目录上已经记载了40万件精品，从古埃及、希腊、罗马的艺术品到东方各国的艺术品，从中世纪到现代雕塑作品，还有数量惊人的王室珍玩及绘画作品。要想把这些珍品一一领略这简直是不可能的，因为我们来到这里只能是蜻蜓点水，仅仅一个下午的时间。

导游说到卢佛尔宫只要看三件珍品就算没有白来，一件是达芬奇的《蒙娜丽莎》，一件是断臂维纳斯，再就是胜利女神。这三件都是女性，分别展示在各自的展厅。这种三件宝的说法似乎已经被许多游客所接受，所以，我看到满头大汗奔走于庞大的新老宫殿中的游人都在找寻这几个宝贝。

其实，要是按照说明书与展厅提示去找并不会费多少时间，可是，正厅台面上摆放着世界各国文字的说明书独独没有中文的。正厅上方就是贝聿明先生搞的那个玻璃金字塔，这是卢佛尔宫的入口，也是卢佛尔宫的天窗，具有很好的采光效果。大厅四周有着不同方位的滚梯在传动中把世界各地游人送到艺术的圣地。谁能统计出这些滚梯上每天会运载多少人呢?

卢佛尔宫比我想像的还要大。不同时代的建筑，留下了不同的风格与魅力，而不同国度不同艺术大师们的作品，更是使得人们眼花缭乱。本想寻找到那三件宝贝看看就行了，也不枉来一趟。但是，进入了艺术天地，我的贪心就拽住了我的脚步。我不管什么展室，看见什么都想细一点看。珍宝陈列室的皇冠上那闪闪烁烁的宝石，丰富多彩的绘画，各种雕塑……

匆匆忙忙中浏览简直就是一种损失，到头来似乎什么都看到了又什么也记不住。能记住的还是这三件宝。《蒙娜丽莎》比感觉中的画幅小多了，看上去几乎还没有平时所看到的那些摹仿品更像真的。惊讶之余，我终于意识到，看假的东西多了，真正看到了真品，反倒不敢相信了。这使我想到一句德国谚语："年轻人相信许多假的东西，老年人怀疑许多真的东西。"处于中年的我，曾经相信了假的《蒙娜丽莎》，现在又怀疑了真的《蒙娜丽莎》。这幅作品出于保存的需要，外面多罩了一层玻璃。卢佛尔宫最珍贵的画，都是比一般的画多加了一层玻璃罩。我把这幅画拍摄下来，好多人围在这幅画前都是要把它拍摄下来。

看到断臂维纳斯仍然没有想像的那种激动。太熟悉了，我家就摆放着一尊，尽管那是石膏做的。真正的维纳斯雕像是用帕里安的大理石石料制作的，这种石料很接近于人体光色，使维纳斯女神躯体和肌肤轻盈而美丽，富有古典传统特色。这尊绝代女神像不知何年何月在塞斯兰德斯的米罗岛上沉睡多年，要不是被一位农民发现，怎么能够来到这里？可谓历尽沧桑。

最让我受感动的是那尊《萨莫特拉斯的胜利女神》。因为这尊女神像是在萨莫特拉斯发现的，所以就叫她"萨莫特拉斯胜利女神"。这是所有古希腊时期雕塑中最为重要的作品之一，创作于公元前的190年。当时，罗德人刚刚取得对安提戈三世国家的一系列战争的胜利。这是多么鼓舞人心的胜利时候啊！每到了这一时候，胜利女神便会昂然挺立于航行的船头上，引导战士去夺取胜利。作为一种胜利的象征性雕塑，给我一种全新的感觉，令我震撼。这是一尊没有头颅的雕塑，也没有双臂，我从来没有看过它的仿制品。据说发现它的时候，就已经没有了头部和双臂。没有头颅的女神比有头颅的女神更奇崛更撼动人心。我喜欢女神的站立姿态，那是一种迎风傲立的感觉，飘然掀动的衣褶让我感受到海面上强硬的海风。从女神的腰部往下，衣服紧贴富有弹性的肌肉，在衣服与肌肤之间，透出一种精美绝妙的人体语言。这尊女神比维纳斯高大得多，不算头也接近三米。她全身涨满着一种渴望，那张开的双翼劲抖抖的，好像随时可以煽动着，忽喇喇地从船头飞翔起来，在辽阔的海面激荡起一片狂放的波涛。

萨莫特拉斯的胜利女神是一件不可复制或摹仿的女神，因为现代人不会把一位没有脑袋的女神摆放在家中。维纳斯已经俗了，但胜利女神不会俗的，从这个意义上说幸亏她没有脑袋，否则，她也将被世俗笼罩。卢佛尔宫的40万件珍品，如果让我说留下印象最深的是什么，我会毫不犹豫地回答：

胜利女神——萨莫特拉斯的胜利女神。

记忆第4日——1995年11月12日 星期日 晴

早晨8时出发，驶往荷兰。从布鲁塞尔去往荷兰途经安特卫普。安特卫普是比利时的第二大城市（在后边我要专门写写安特卫普），但从城市的外围轮廓线看去，它不过是个小镇的模式。楼房大多是陈旧的，楼层不高，古里古气，没有多少现代都市的味道。我在欧洲的城市中，很少能看到那种现代的豪华的高层建筑群落——类似纽约和香港那种。

沿途看到的最有韵致的是那种教堂建筑，那超拔的尖顶，带着城市的全部灵性指向高远飘渺的天际。一座城市不能没有教堂，不能没有锥子般锐利的尖顶，这是智慧与聪明的像征。在我看来，这种尖塔构成了西欧城市的魂灵。从远处看，尖顶神圣而隽永。

荷兰是个美丽的国度。它有世界闻名的郁金香，还有奶牛，还有木鞋、风车什么的，这些东西都是旅游资源。遗憾的是现在我看不到郁金香了，因为11月份的荷兰已经进入了深秋季节。

深秋季节的田野有着深沉的绿色。缓缓起伏的草地，点缀着棉絮般的奶牛，还有那带着围栏的牧场，那种围栏其实也没有什么特殊之处，却给了我一种诗意的温馨。任何地域的秋天都有着秋天的味道，但是，我总觉得荷兰的秋天有着自己的风味，自己的魅力。这种魅力首先来自色彩的层次感：林带的高低参差，色彩的浓淡轻重，嫩绿墨绿，橙黄淡黄，使深秋的原野一片热情洋溢。

世界第一大港口——鹿特丹到了。从地理书上早就知道了有个鹿特丹，却没有奢望过到此一游。我曾有个当海员的邻居，他一回来就爱跟我聊天，他讲他的漂洋过海的经历、见闻，他讲过鹿特丹，他说他在那儿靠过岸。好像离那儿不远的地方有妓女。他说到妓女时表情有着神秘的激动。我就问他尝试过没有，他马上就否定了。那是20世纪80年代初，在那个年代，人们谈论有关妓女的事情犹如参悟玄机。他当时说的那个不远的地方一定是阿姆斯特丹了。

我怎么也不会想到作为港口的鹿特丹周围会是一座地地道道的花园。也就是说鹿特丹港被美丽的花园围拢起来。从镜头中望开去，港湾被树木、建筑物、游艇分割剪裁成一幅鲜亮的画轴。画轴可以随心所欲地展开，往哪个方位展，都是一样的明丽娇媚，居然一点也看不到通常意义上的港口的杂乱与粗糙。印象很深的是一座红色的悬索吊桥和一座白色的吊桥都构成了一种独特的景观。加上岸边一栋高大的洁白的建筑物浑如一块巨大的白玉，与蓝色的海水相映相衬，十分和谐，看上去令人非常舒畅，说不清是海水的蓝度太纯把楼体洗映得太白，还是楼体太白把海水显现得太蓝太娇透。由此我得到建筑学上的启迪，在海边搞建筑采用的色调最好是白颜色。当然这要纯净，要纤尘不染。

沿着港口朝西南环行，景色越来越迷人，味道也越来越浓郁。虽然没有郁金香，但荷兰的风光味道也仍然让人爽心悦目。这完全是一处高品位的田园风光，两排彩色的林带裹夹着一片青青的芳草地，像一块质地上好的绿茸茸的毛毯，那上边有着斑驳的落叶，落叶被秋天染成深颜色——金黄、橙红，花朵般在绿色草坪上绽放，呈一片生动。林带掩映中有一栋栋小别墅若隐若现，有白色的，也有黄色的，这种小楼造型相当精美别致。

鹿特丹美丽的海岸矗立着一个纪念性的塔式建筑物——“欧洲桅杆”，造型别致，上部分与下部分有种错位的效果，以整体的不对称不和谐打破传统的思维格式，令人耳目一新。细看，桅杆顶部是一截纤巧的白色圆柱，与白柱相接处竟改变了垂直走向，偏向一边，就像一个圆圆的木桶失重般垂吊在一边，下边又是笔直的立柱，这根“欧洲桅杆”由三个部分组成，它们各自独立，又相互联接，在这片空间它是一支独秀，高高在上，从任何一个角度都无法忽略它的存在。它是全世界最大港口的一个符号，可想而知当异国的船只驶向港口时，远远地看到这个惊叹号状的桅杆时，该有怎样的欣喜。我不曾有过远航的经验和感觉，我只能从一位异国游客的角度远眺桅杆，发一些没有多少用处的感慨。

我在鹿特丹花园般的港口处看到了一处中国建筑，取名为海洋乐园。有一个牌坊式的门，做得粗糙简陋，毫无美感可言。主体楼房采用那种古典皇宫的风格，柱子和斗栱浓妆艳抹，大红大绿，横看竖看都觉得刺眼而不是醒目。这种建筑没有考虑与周围环境的关系，极不协调，很是别扭。特别是立于一片草坪中的那个小亭子，大红与大黄交相辉映，像一顶无人问津的古怪的皇宫礼帽放在这里，有着一种滑稽的冷落感。听说这是大连一家公司在这儿搞的，每年都得交纳码头管理费，而且这笔费用很高，早已是入不付出了。眼下犹如一块鸡肋，吃之无肉，又舍不得放弃。据我所知，我们国家在世界各国几乎都有公司，这种公司铺得很开，却没听说哪一家挣着钱了。反正是花的国家钱创办公司，赔赚都是国家的，与自己没多大关系。我在建筑界有位朋友曾跟我谈了他在美国办公司的经历。他在美国呆了三年，与美国人打了三年官司。他的前任盲目投资，大笔大笔地挥霍国有资金，甚至带着女秘书在美利坚的上空环绕兜风，把项目拉得满美国都是，只图痛快，却如何管理呢？这种人在国内都难以赚大钱，到了国外还想赚外国人的钱，人家外国人怎就那么傻让你去赚？问题是赔了也就赔了，让人家美国人熊了也就熊了，人家说自己有块地想出卖，你就信以为真，等到把钱付上，却发觉上当。通过法律解决索取钱吗？人家申请破产，你就还是什么也得不着。我们的人到了外国办公司是不适应的，常常显得呆头呆脑傻里傻气。只有任赔了。我始终想不明白，我们究竟有多大必要纷纷到域外办这种赔钱的买卖呢？莫非我们还有国际主义的遗风或有什么援外任务需要摊派不成？

去海牙是沿着一条海滩大街行驶。两旁依然是情意绵绵的林带，看到了一处住宅区，那些建筑几乎全是白颜色，看上去很像精致的西班牙家具。据说这里边住的都是当地政府首脑人物与巨商富贾们，当属贵族阶层。光有钱而没有身份的人是很难住进来的。金钱未必就能买来高贵，买来尊敬。但是，没有金钱连买的资格也没有了，也只能像我这样写上两笔，发一通感慨而已。如果酸劲一来，我也许还会贬低金钱，越是没有钱而想得到钱的人才会起劲去贬钱的作用和意义。

记忆第5日——1995年11月13日　星期一　阴

早晨起来还是丽日晴天，却不曾想去往滑铁卢古战场的路上，竟不知何时出现了弥天的大雾，几步开外就难以分辨，车速只能慢下来，还得打开车灯，车灯在大雾中苍白而空洞地亮着。雾气湿漉漉的，带着一种爽心的植物气味儿，路旁的树木在雾气中波涛般起伏不已。

滑铁卢是我向往已久的去处，这里可以吸引全世界的游人。欧洲的历史就是从这里改写的，充满传奇色彩的拿破仑就是在这里走向了命运的深渊。滑铁卢与拿破仑的名字紧紧联在一起，不可分割。在这种大雾中看滑铁卢是什么也看不到的，然而，我倒觉得颇有意味，莫非是上苍不希望更多的人去看拿破仑的败相，用大雾替他遮掩？

雾的迷蒙是最适合写文章的人去沉思去联想去怀古的。我很喜欢茨威格写的那本书《人类的群星闪耀时》。这本书中写到了滑铁卢，那篇文章叫作“滑铁卢的一分钟”。拿破仑为了阻止布吕歇尔率领的普鲁士军队与威灵顿率领的英军会合在一起，对他构成致命的威胁，选派了一位叫作格鲁希的元帅率领一部分军队去阻击普鲁士的军队。普鲁士军队已经遭受到了拿破仑的沉重打击，但是，受伤的老虎一旦与英军会合，那将是十分可怕的。正是基于这种考虑，拿破仑才作出了这一重大决策。

如果是派遣另一位元帅执行任务，那么拿破仑的历史、欧洲的历史、世界的历史可能是另外一种写法，却偏偏是派了格鲁希。格鲁希是个好人，是个听话的好人，是个唯命是从的好军人。军人以服从命令为天职，格鲁希正是这样一个人。他率领部队在雨中前进，走了一天，雨都停下来了却还是没有看到被追击的普鲁士的军队，甚至连点残迹都没有。第二天雨停了，他们正走在途中却忽然听到了一阵阵沉闷的炮声，队伍中的军官们马上警觉起来。他们伏在地上细心地分辨着炮声传来的方向，他们几乎一致认为是来自滑铁卢的方向，一定是他们的皇帝向英军发动了攻击了。这是一次重大的战役，他们都从炮声中感受到了重大战役的分量和压力。于是，军官们希望格鲁希下达命令返回去，投入战斗。格鲁希征求副司令的意见，副司令对犹豫不决的格鲁希甚为不满，他简直是用了命令的口气要求他将部队带回去参战。然而，呆板的格鲁希因为他的一贯的老实与忠诚，晃着手里的拿破仑的命令，执拗地一味地要执行到底。军官们都被他的固执弄得绝望了，只有一位军官作了最后的请求，他要带领他自己领导的一个师的兵力和若干的骑兵赶到那边的战场上去，支援他们的皇帝。平庸的司令格鲁希说，让他考虑一下，他只考虑了一秒钟。这是至关重要的一秒钟！格鲁希的命运、拿破仑的命运和世界的命运都在这一秒钟内。当时，格鲁希是在一家农舍，那个地方叫作瓦尔海姆。这间农舍是很普通的，没有壮硕的多立克或爱奥尼柱子，也没有什么宽敞与高大可言。采光并不很好的狭窄空间也许就实实在在地影响了这位平庸人的最后一次走向伟大的机会。他的手抖索着揉搓着皇帝那一纸命令，像揉搓着他自己的心，更像揉搓着在座的每一位军官的心。其实，他是在揉搓着历史，欧洲的历史就在那一秒钟就在他的手的揉搓中消失了。他坚持说他只能按着皇帝的命令，他不能改变，他明明知道事情已经发生了重大的变化，可他仍然还是僵守着一种死的条令。他率领着他的队伍继续前进，继续去执行那种愚蠢的没有任何价值的追击。越走他的心越发毛了，但是，他觉得只能等待皇帝再来命令，他才能改变行踪。可是，皇帝正处于一种怎样的境地呢?

皇帝在同四国联军（英国、荷兰、普鲁士、比利时）进行最后的决战，那么辽阔的大平原，无遮无挡，没有山脉，没有沟壑，一望无际，坦坦荡荡，披挂出征的各路将士，战旗战马全部坦裸在这片光天化日之下。那是最直接的肉搏，最直接的撕杀，最直接的勇敢，最直接的胜利与最直接的失败。这使我感觉到古人太傻了，他们怎么不搞搞地道战、游击战之类的技巧呢?

大雾把如此辽阔的古战场遮盖成一片神秘飘渺的空间，令人浮想联翩。我登上了那座全是用尸体与战车兵器什么堆成的那座兀立的小山。上边有个小小平台，安有一架望远镜。最有意味的是那头雄狮。雄狮是用兵器铸成的，有着凶猛的头颅，怒视的方向是法兰西国家。这是联军们建造的，旨在张扬胜利的联军和威慑拿破仑和他们的军队。这雄狮是滑铁卢战役的胜利纪念碑，是拿破仑的耻辱标志，然而，在我看来，这雄狮好像成了拿破仑的化身。人们到这里来不是为了感慨威灵顿、布吕歇尔什么人物的胜利，而是来凭吊或纪念拿破仑的不朽英名。

山下有一个纪念馆。20世纪50年代建的，里边是一个圆形的空间，一圈壁画展示出当年古战场的全部景观。横七竖八的战马与壮士的尸体是泥塑模型，很逼真，还有弥漫的硝烟和战火。服饰不同的士兵们冲锋陷阵时排成整齐的队例敲打着战鼓，大步前进的样子现在看来不免有着一种庄严的滑稽之感。

很多游人买了纪念品，那种大小不等的逼真的古炮，还有雄狮，还有纪念牌什么的。我本想买一件，但是，想了想，还是放弃了。买回去又有什么用呢? 不过是一个小小的玩物而已。一切都成了玩物，历史就那么好玩吗? 写拿破仑的书很多，据说足有一百多种。在我国的市面上流行的就有十几种吧。拿破仑是个能够创造历史的伟人，也是个情感丰富的男人。写他辉煌的文章我看过后留不下什么记忆，但是，写他失败的内容我却记忆犹新。他的私人秘书布里昂写的《拿破仑传》一书中有一章叫作“流放厄尔巴岛”。他在这一章中真实地记载了拿破仑在离开枫丹白露宫时的场景。

枫丹白露距巴黎60公里处，有一片繁茂的森林。有高大的松树、橡树还有山毛榉等。绿树掩映着清澈的湖水，湖水辉映着深灰色平顶的古建筑群，置身其间很有一种自然景观与人文景观相融相汇的和谐气氛。这个地方最初是国王打猎的落脚之处，后来逐渐扩大，建成了宫殿。路易十四、十五、十六都喜欢到这里来，拿破仑也非常喜欢这里，他还按着自己的嗜好叫人对这里进行了整理和装修。我曾在这里参观过拿破仑的居室。那里有他睡的床，也有他用过的一个洗漱盒。那是个很精致的皮夹，里边有牙具小剪刀刮脸刀什么的，看得出来，拿破仑是个很细心很讲究整洁的男人。据布里昂记载，拿破仑“格外特殊的是身上的整齐和清洁，这种习惯他保持到死。”

枫丹白露有着不同时代的建筑，其中还有古堡。这些建筑有的豪华奢侈，有的古朴深幽，在我看来，正门入口处的那片台阶很有历史感很耐人回味。那是一种黑灰色的调子，左扭右旋的扶手和通道给人以历史的沧桑感。我把镜头对准这片沧桑之地时，我就开始品味着法兰西曾经有过的忧伤，尤其是拿破仑要从这里动身踏上流放之路的忧伤……据布里昂记载是在1814 年4月20日的上午，御林禁卫军就在这个院子里准备好了车辆静静地等待着拿破仑从宫里出来。拿破仑的脸色与台阶和扶手一样青灰，他多么希望能够让亲爱的玛丽－路易莎陪伴着他，可是，他得不到允许。

“11时，大元帅派皇帝的一名副官特·彪西伯爵去宣告，一切就绪，可以出发了。拿破仑说：那么，难道我得根据大元帅的表来调整我的行动吗？我要在我认为适当的时候走。也许我根本不去了。走开吧！

“帝王礼仪的一切程式都仍然遵守，以免伤害拿破仑的感情，他非常爱好这一切，当他最后认为该走出办公室进入各国专使在等候的门厅时，各门像往常一样打开并且通报道：皇帝驾到。但这句话刚出口他又迅速转身回去了……随之出现了真正感人的景象——拿破仑告别他的士兵。”

就是在这次与士兵告别时，拿破仑进行了最后一次讲演：

“我旧日禁卫军的士兵们，我向你们告别。我经常随同你们在荣誉和光荣的大道上前进已有二十年之久。在最后一段时期如同我们全盛时期一样，你们仍不失为勇敢和忠诚的模范。有你们这样的士兵，我们的事业决不会失败，但是战争会没完没了，会变成内战，那要加给法国更加深重的灾难。我为国家的利益牺牲了自己的一切利益。我走了，可是你们，我的朋友们要继续为法国效劳。法国的幸福就是我惟一的念头，仍将是我向往的日标。不必为我的命运惋惜，如果说我同意苟活下去，那是要为你们的光荣效劳。我打算写作我们共同创造的伟大成就的历史。再见了，我的朋友们！我多想把你们都拥抱在我的心头。”

拿破仑对他的士兵临别说的几句话是：“再见吧，我的朋友们。我永远祝愿你们好。不要忘记我！”

人们没有忘记拿破仑。许多年以后，法国人抬着他的灵柩穿过了雄伟的凯旋门，那是法国历史上又一个庄严而神圣的时刻。然后，他的棺椁就安放在巴黎荣军院最为辉煌的圆屋顶下。那是一座红木棺椁，高高地驾起在一块深沉的大理石基座上。棺木做工相当精致，微微翘起的顶部刻有着一排深深的涡旋状的纹络，是某种历史的象征还是某些特殊年代的特殊标记？我宁愿把这种纹络当作记忆的符号，使得前来观瞻的人能够仰起头来，凝视着，从而铭记在心。法国的景点有多少是与拿破仑连在一起的啊！旺多姆广场、协和广场、凯旋门、枫丹白露、荣军院……离开法国来到比利时，却仍然没有走出拿破仑那伟大的历史投影。当大雾散尽的时候，我看到了滑铁卢古战场参观之地矗立着一个笔挺的雕塑，那尊塑像并不高大，但却有好多人到了那里与其合影。那是一个与拿破仑真人同等高度的雕塑，看到他就像看到了威风八面的拿破仑。我也挨过去与他合拍了张照片。他的个头其实没有我高，但我仍然觉得他很是高大魁梧。

记忆第6日——1995年11月14日　星期二　阴

来到比利时以后，就居住在布鲁塞尔。布鲁塞尔是比利时的首都。这座城市与巴黎很相像，世界各国似乎都在这里设立了某种机构。比利时也有凯旋门。那是他们国家独立50周年时，于1905年修建的。爱奥尼式柱子，正中穹窿的顶部有一组青铜塑像：人、马、神和谐地处于同一画面中。我的理解是通过这组雕塑来歌颂民族解放的一种征战之神。这座凯旋门与巴黎凯旋门相比显得太单薄，也缺少那种雄伟与神圣感。

比利时的王宫是在一条阔大的广场式的大街上。全是青石板铺砌的路面，一样大小的石块，一样宽窄的缝隙，轮胎在上面跑过时，浮躁地弹跳着。这时候，我就会去联想18世纪那种皇帝乘坐的高头大马车转动着沉甸甸的大轮子，从这些密布排列的石面上辗过时的声音，以及从这里驶向皇宫时的那种气派。那种18世纪的大车我在布鲁塞尔的汽车展馆中领略过了。那是拿破仑乘坐的车子，车架高大，车篷的布料看上去就显得相当贵重。如果配以高头大马，拿破仑坐上车，他的个子再小也会显得高大无比，威风凛凛。那种法兰西式的宽边军帽，披挂的穗带和肩章，车轮声在哪里响起来，哪里就会一片欢呼。拿破仑来过布鲁塞尔，他乘坐的大车一定会从这条大街的石板路上威严地驶过……

轿车驶在这条古色古香的大街上，总觉得不协调，哪怕是再好的轿车。皇宫门前没有轿车，也不允许车辆停留。很矮的一截石墙，一步就可以跨过去。一排树木修剪齐整，很是繁茂，守护的卫兵站立在树丛中。通往皇宫的大铁门紧紧关闭，欧洲的门都是大铁门，就没看见木头做的门。这里的铁门与凡尔赛宫的大铁门有点相似，也镶着金饰，只不过金饰用得较少，不够灿烂，也不够辉煌。这里现在是国王的办公地。比利时的国王是实实在在的掌权者，不是虚设。他参政议政，国会最后的议案由他来裁定，他有否决权。比利时人民十分拥戴他们的国王。比利时人热爱自己的国家，这从那些普通住宅的小楼阳台上挂着的三色国旗便可知道。

今天还参观了比利时的汽车展馆，世界各地的汽车都云集展厅里。我们所熟悉的美国车在这里展出十多种。有卡迪拉克也有林肯福特，还有一辆车是美国总统肯尼迪曾经坐过的车。车体很长，没有车篷，车门的踏脚处宽且长，这是专门用来站立士兵的，足可以站成一个队列，两侧就是两个队列，以护驾他们的总统，大概是用来挡子弹吧。

卡迪拉克在20世纪初就有了，起初车体不大，不知道为什么越来越大。到了1921年左右，卡迪拉克简直像列火车，造型也像火车头。车头半圆筒式，黑色的，后厢高且大，像古时欧洲的马车车厢。这种车到了50年代，造型就很有现代味了。美国车比英国车比法国车都要大一些。

从车身的变化车轮的变化能够看出人类的文明脚步。最早的汽车轱辘是发条状的，像自行车轮，类似现在的那种带有小发动机的自行车。轿车型体一百多年来变化太大了，最早的轿车现在看来就是珍贵的工艺品了。我很敬佩那时候的工艺，豪华有豪华的艺术，简单有简单的特色。轿车的真正变化还是车身线条的变化。那些凸凹的没有规律的变化，车头与车尾的不协调性，过繁过弯过多的弧线构成的复杂外部到现代车体的简洁明快的壳体，都能让人从中看到岁月和历史的流淌。古时人的沉重与繁琐，现代人的时效性、快节奏，都从这不同时代排列的轿车上可以看到最鲜明的对比。这与建筑、与城市的今昔变化完全相似，有着同样的脉络同样的诠释。

我总是愿意联想，总是能够从中引发一些什么。我看到这些陈列的轿车时，我就想到了我的外祖父。他一辈子最大的奢望就是坐轿车却还是没有坐上，他只坐过大解放汽车而没有坐过小轿车。外祖父死于20世纪70年代初，那时候我的家乡连县长也没有小轿车，只能坐那种北京吉普。外祖父给我留下最深刻的印象，是我的童年时曾到乡下与外祖父生活在一起的那些日子。外祖父是个方圆百里知名度颇高的箔铁匠，用现在世俗的话说是“著名的箔铁匠”。

他有一双纤巧柔软的女人般的手，一辈子有多少薄铁在他手里揉搓变形，却居然没有弄粗他的手。父亲年轻时曾拜访他学艺，他一看父亲那双手就拒不收他为徒。他说父亲手指短而硬、太拙，外祖父最看不上眼的就是那种拙手。所以，后来父亲对外祖父多么好，外祖父也绝不会夸他一句。

我在这里写外祖父，是要说明我在小时候与他一同走过的那条官道。那是村子里最主要的一条泥土路，东北的乡下人管大马路都叫官道，大概是因为这种路上经常会有当官的人通过吧。

那是怎样的官道啊!

牛车马车都从这条路上走，牛车是那种木头轱辘的，沉滞而缓慢，走起来支支扭扭叫个没完没了。马车跑起来比牛车快得多，马车是轮胎，我们管那轮胎叫胶皮轱辘。一到下雨天，官道就泥泞陷脚，车轱辘在泥水中辗压出两道深深的车辙就像两道沟，到了天晴时，火爆的烈日把那两道深深的沟槽晒得梆硬如铁，这时候无论牛车马车，行进在这条官道上都得将车轱辘按放进沟槽里边走，有的时候牛或马走得步子不稳或者一脚踩偏，那么车轱辘就要在沟槽的边檐上扭蹭几下，那沟槽就在这种扭蹭中变得宽松了，地面处的尖硬棱角也磨平磨圆乎了，蹭下来一层细如精粉的浮土落入沟槽中，我每次走在这条官道上就喜欢把光脚丫子探进沟槽里，踩着那么细软的浮土走上几里路，那简直舒服极了。外祖父可从来没有我这么舒服过。他要拉着一辆手推车，手推车的两个车轮间距与牛车相比窄得多，所以，无法按着官道上的法定的车辙行驶，只能跨着一条车辙行，这可就苦坏了外祖父。因为沟槽两边全是牛马踩踏的蹄印，这种蹄印乱七八糟，硌硌楞楞，每移动一下，车上边的工具或薄铁就颠得叮当乱响。最难为外祖父的还是他的脚没有地方下，他不能落进那沟槽内。他得骑着跨着沟槽走，想一想，那有多么别扭!

所以，外祖父在我的记忆中就总是别扭，跟谁都别扭，动不动就发火，跟我发脾气就像家常便饭一样。他的眼睛总是布满红丝，他发脾气时总是骂人，总像别人欠了他的，总是有发不完的火气，总是要摔点东西或者破坏一点什么，以至于到了他的老年因病卧床时，他的儿女们都躲得远远的，都怕挨骂。谁来了谁帮着他照顾他不仅不能得好，反倒挨骂。可怜的外祖父他那时候曾跟我说过呓语，他的肮脏的粘连成一团的稀疏的山羊胡子在塌陷干瘪的下巴上可怜巴巴地抖动着……他说的话是他想坐坐轿车。听到这句话的人都笑了。

外祖父遭了一辈子罪，连一天福也没享过就撒手而去了。他说他想坐轿车，就是对于享福的渴望。这是多么简单的福，可他永远也享受不到了。

现在想想，他的性格完全是扭曲的，他就是因为在那条官道上拉车子被扭曲的。那两条长长的弯弯的硬硬的车辙扭坏了多少车轴，扭坏了多少人的性格，把我的童年扭出了恁多苦楚，在我眼中，故乡那片原野村舍都因这两条扭曲的车辙而皱皱巴巴，从来就不曾舒展过。

一想到那两道车辙，就想到了外祖父前额上深深的褶子；一想到外祖父那痛苦的额上刀刻般的褶子，我的眼前就自然铺展开两道深深的扭扭歪歪的车辙……

亲爱的姥爷，我身在遥远的异国他乡，忽然涌上了许多话要对您说，您能够听到吗?

记忆第7日——1995年11月15日　星期三　雨

从布鲁塞尔大广场走出来，就开始下雨了。雨水很凉，在雨中走路没带雨具，不知不觉走得飞快。不远处就有个教堂，我喜欢教堂，在欧洲任何一座城市只要是看到教堂我就会第一个闯进去。欧洲最好的建筑就是教堂，教堂为欧洲建筑师和欧洲的画家们提供了多么丰富的创作舞台!

布鲁塞尔的地图上标出一个个方格，每一块方格就是一个小小的区域，每一个区域都有一座或几座教堂。教堂在城市可以说是星罗棋布。最为著名的大教堂是布鲁塞尔大教堂、比利时皇家教堂、米歇尔大教堂等。这几处教堂都很恢宏博大，但是，它们的建筑风格又是那样的不同。我在雨中走进的这座教堂是尼克劳斯教堂，它建于1381年，1714年被损坏了，修复好以后，1695年又一次被损坏，直到1956年重新修复。欧洲的教堂大多是饱经沧桑和磨难的。

我在教堂见到了一位神父，光亮的脑门，浓密的络腮胡子，红光满面，眼睛特别明亮。他在这座教堂工作已有20年了。他是每个星期三来到这里工作一天，其他时间他在别处的教堂。他今年52岁，未婚。他说神职人员是不允许结婚的。

与他谈话很舒服。他很和蔼，红光满面的脸上一直挂着生动的笑容，让你总感到挺温暖的。他非常热爱他的事业，他连节假日也不休息。他经常旅游，他几乎到过欧洲的所有教堂。他说他到欧洲其他地方去传教都是自费，无论住旅店还是住教堂都得花钱。对他来说，所有的教堂无论大小都是一样的感觉。我们交谈只有五分钟，因为五分钟过后，他就要开始做弥撒了。

等待在教堂里做弥撒的人不算太多，大多是老年人。我挑选了一个空位子坐下时，周围的欧洲人用那么一种眼神看着我，使我感到不大得劲儿。想一想，一个黑头发黑眼珠的东方人突然坐在一堆金发白发蓝眼睛的欧洲人当中，显然是不和谐的。

神父一身白色的装束出现在神坛上。他的脖子上挂着一条鲜绿的绶带状围巾，长长地披垂下来，一直垂到了膝盖处，这使他看上去不仅端庄圣洁而且充满了一种生命的活力。他为什么披着这种长围巾我不明白，为什么是绿色的我也说不好，但是，凭着我自己的理解，他那是一种生命的符号，是他与上帝联系的一种媒介吧。

最具感染力的是他的声音。他的声音比歌唱家还要浑厚沉实，略带一点沙哑，这就更增添了一种掀动心灵的力量。这股力量在教堂的袖廊与穹窿间缓缓回荡，引起一片温暖神圣的共鸣。他的身材骤然变得高大起来。他擎着一本褐色封面的《福音书》，这书多少遮挡了他那慈悲的面孔。偶尔可以看见他的激情的下颌处那一圈生动的胡须，像忽明忽黯的光晕，闪闪灼灼中使他融入教堂那明暗变幻深邃神秘的建筑空间。他戴着一副金丝边眼镜，随着他的声音的洪亮他的眼镜闪闪放光，他的额头也凝聚出一团光亮，在那一瞬间，我定定地瞅着他，似乎不敢相信几分钟前他会那么一脸谦和地跟我聊天。

他的身后是两根并联的大柱子，很旧了，斑驳的立面残留着损伤处，就在这两个并联的柱子中间悬挂着受难的耶稣和十字架。耶稣低垂的头颅与神父光亮的颅顶恰好组成一个角度，弥散出一片沉郁。神父的脚边有一大束鲜花，像一堆层次丰富的洁白的雪，是白玉兰还是白玫瑰？讲桌铺着一块白台布，桌上摆放着一小盆白花，一支约二尺高二厘米粗的白蜡烛正在蜡台中燃烧，那火苗也呈炽白色，随着神父抑扬顿挫的声音而微微摇晃着……

弥撒仪式按程序进行。这时候只见一位女士上前给神父递上一个银色的杯子，他接过去放到讲案上，忽尔，他又擎起两个银杯，又放下，他的面色愈来愈苍白了。蓦地，他大张开双臂，像搂抱整个教堂的穹窿，从他停留在半空中的胳膊，让人感受到他那发自内心的一股深挚而强烈的期待与奉送。他好长时间就这么扎撒着两手，口中流淌出一串无比悦耳的法语。我听不懂他说得是什么，但是，法兰西语言在这时候释放出无比动人的魅力。在座的所有人都被感动了。神父伸出手与一位信徒握了握，这一握，握出了教堂中的一片温情。做弥撒的人们纷纷从各自的座位上站起来，与周围的人握手。无论是否相识，是否属于一个民族。我前边的一位冷漠的老太太这时候回转身来朝我友好地伸出了手。我接过来了，她的手皮很软很薄，手温也很凉。我与她刚刚握完，又有好几只手朝我伸过来，一下子使我陷入了友爱的气氛中。我觉得教堂一下子变得宽敞明亮起来，头上方的彩色玻璃窗，哥特式的穹窿，都变得那么亲切祥和。在上帝面前，人们都是孩子，回到孩子的世界，人们无论黑头发还是蓝眼睛，都有着一样的柔情，一样的温暖。先前的所有生疏在这一一的握手中全部融化了。

喔，人们啊，如果总像这时候这般慈爱该有多好！

很荣幸，我在这异国它乡的教堂里赶上了做弥撒，我所得到的身前身后的那么多温暖和爱会让我永远铭记的。

记忆第8日——1995年11月16日　星期四　阴

上午9时30分动身去往科隆。在布鲁塞尔动身时天气还是阴沉沉的，一进入科隆这座城市，天空居然一片晴朗。我们是沿着美丽的莱茵河畔行驶，清澈的河面在绿色掩映中时隐时现，透出浓郁的诱惑。就连河面上横跨的桥梁也很耐看。或许是因为地域的差异，看什么都有新鲜感。

科隆位于德国西部的莱茵河畔，它以其天然的地理优势，早在中世纪时，这里就云集了一批世界各地的朝圣者。早期到这座城市里来的人中大多为商人，据载也有罗马军团长途跋涉来到这里，甚至还有拿破仑的士兵。这里曾被称作伟大的欧洲通道，也有人说它是西方的钥匙。如今，这里已经发展成欧洲最重要的通衢。

任何城市的风格都离不开历史的沿革。由于历史上这里人口流动性太大，所以，科隆人有着相当强的吸收能力，科隆城市也呈一种开放的多元的文化景观，是一座历史与现代相融相衬的旅游城市。我在一本介绍这座城市风光的英文版小册子上看到了这样的介绍："由于众多的博物馆，这座城市获得声誉——国际艺术之都。"这本小册子不乏广告语言，诸如这是座"一见钟情的城市"云云。但是，真正到了这座城市里看看市容和建筑，确实很有味道。这里有中世纪的墙体，有罗马式的教堂，有许多博物馆和歌剧院等辉煌建筑沿着莱茵河排列。这些东西都很文化很历史很尊贵，但是，说到底，这座城市的辉煌主要是与一个重要的建筑物有关，那就是科隆大教堂。如果在全世界提到几个著名的教堂的话，那也肯定得有科隆大教堂。每年到这座城市来参观大教堂的就有数百万人。仅此一项收入就有二千多万马克。科隆大教堂我神往已久。远远地透过树梢和城市的轮廓线就瞄准了两个锥体状的尖塔。这是最锐利的建筑物，它超凡脱俗，直接刺向天穹。这座大教堂始建于1248年，直到1880年才全部建成，历时632年。这是世界之最——从开工到竣工周期如此之长。那刺破青天的并峙的双尖塔楼高达157米，从莱茵河谷平原的任何一个角度看去，它都有一种神奇之感。

科隆教堂的建筑不仅是科隆市的标志性建筑，也是整个德意志的标志性建筑。这种建筑是件大作品，也是件艺术的珍品。不仅有气势有灵性更有着一种不可复制的精确。在最高的呈黑灰色的双峰塔后边，有着一簇灵秀的尖塔群，这组尖塔中的每一个尖塔单摆出来，都有着精湛的工艺性，排列在一起，那更有一种勾魂摄魄的力量。如果从远处俯瞰，那么这就是一簇灵珑剔透的象牙微雕，所有连接处会让你感到小心翼翼，生怕断掉。第二次世界大战期间这里曾被飞机夷为平地，惟有这座教堂奇迹般毫厘无损。人们一直惊奇于这是上帝的力量，其实，这只能说是建筑的力量，它太动人太能征服人了，试想一下，如果你是位飞行员，你飞到它的上空，你看到的是这样一件精美的艺术品，你能舍得丢下个炸弹去炸毁它吗？建筑的力量其实很相似于音乐的力量，完全可以使你投入，使你忘记自我。

科隆大教堂是一件完美的大作品，要恢宏有恢宏，要超拔有超拔，要精致有精致，在一个庞大的建筑物上能够具有如此敏感的灵性，这实在是建筑的奇迹。因而，我说科隆教堂是不可复制的。

德国人信教是因为受到罗马人的影响。早在公元2世纪时，罗马的军队里就有日尔曼人加入。日尔曼人打败罗马人之后，罗马人被俘便做了德国人的奴隶。信教的奴隶天长日久竟影响了主人。科隆大教堂的产生，如果追溯最初的源渊，那么一定与中世纪前后到这里来的罗马商人有关。说到宗教建筑，我觉得大同小异，均来自古罗马的影响。

罗马人在很早以前就有一种长厅形的建筑，用于法庭、会议等。这种建筑被认为最宜于基督教崇拜之用。后来，这种建筑不断完善，成为现在这种样子。这种教堂一般总是坐西朝东，因为这样的话，上升的阳光得以落在执行分圣体礼的主教和神甫的脸上，使得他们的脸更具慈悲的力量。所有教堂的建筑平面图都是十字形的，这已经成了宗教建筑的一个定式。这与十字架有着密切的关联。据说，当年在兴建罗马的圣彼得大教堂时，为了纪念死于十字架上的彼得，教堂的拱顶稍前的部位向两侧增建一段袖廊，这样，教堂的建筑平面就变成了十字形，以后，所有的基督教、天主教的教堂建筑都沿袭了这一模式。科隆大教堂的建筑也是严格按着这一平面图的。如果把这张平面图打开，那么科隆教堂的空间在十字架的坐标上分布于24个部分。我们进入教堂的第一道门是十字架的最下端，应该标上的是彼德门。而后是主门。以后的分布是前厅、北侧厅、巴伐利亚式彩窗、讲经堂、东方三贤袖廊、管风琴室、圣经经典藏室、圣十字架等。

我们是由彼得门进入大教堂的。只要一进入这个空间，你就不能不被来自空间的建筑装饰所震慑。哥特式建筑的全部优势都从这里的每一根柱子、每一个窗扇、每一处穹窿以及所有的连接部位中得到了淋漓尽致的表现，从而创造了一片高超神圣的宗教氛围。只要一迈进这个氛围，我就觉得被一股有着巨大吸力和浮力的涡漩左右着，脚步变得很是轻盈，总有种飘浮与升腾之感。我在两侧的袖廊间穿行，高大挺拔的石柱仿佛也有灵性，在最上端与穹窿接壤的部位散分开几道宽叶状的石带，那石带纹理清晰明彻，与另一侧的同样形状的石带交融在一起，组成了空中的层次和顺序。这种层次与顺序与灿烂的花窗交相辉映，使得那一个个石柱立面在特殊的光晕中改变了建筑物体固有的僵硬与冷漠，竟焕发出一片慈悲的光晕。这片光晕向袖廊的深度空间缓缓弥散，也朝着峻拔的教堂顶端徐徐升腾。顺着这种升腾你不能不仰视天穹，你会在最高最正中的顶部看到一种来自四周的所有柱石伸展开的纽带的合拢。那是一种极有凝聚力的合拢。仿佛来自天国的某种神奇的抽力，一下子就把来自地面的沉重与艰涩抻拉起来，变得轻松而舒畅了。

这是升华与超迈，这是一次彻底的解脱。我就是在这种感觉与体验中进入了科隆大教堂的深度空间。

有音乐响起来了，有歌声响起来了。这是一个唱诗团，他们的声音柔肠万转，起伏跌宕。指挥的是一位银发苍苍的老者，独唱的是一位金发灿灿的女郎，合唱的数十人开合着同样的口形，发出的是同样的声音，那声音在教堂中回荡出一种奇特的效果。教堂里所有的人都被歌声感动了，无论听得懂听不懂。那是德国人的声音，我听不懂歌词，但是，宗教音乐那特有的魅力深深地打动了我。我注意到了所有在聆听的人，他们的面部一片庄严和圣洁。

科隆教堂的宝库被一道铁门长年锁着，平时从不打开。但是，今天我们算是很有运气，我们与唱诗团的人一同由打开的铁门进入了最里边。教堂一般都是分成三个部分，前厅、中堂和后室。前厅中堂是搞宗教仪式做洗礼讲经做礼拜的地方，而后室则是神职人员的墓地。当然，这里安葬的绝不是一般的神职人员，而是有着重要影响的大主教。

沿着宽宽的弧形走廊可以看到色彩鲜艳的表现宗教故事的油画，还可以看到形象逼真栩栩如生的浮雕，还有一排石棺，上边平躺着一个个装束整齐的石雕尸体。最吸引人的是一个金子做成的棺材，它被放置在层层圈拢的铁栏杆内，这是科隆大教堂的世代相传的珍宝。后室光线幽默，再加上层层铁栏遮掩，金棺显露的部位依然可以光彩照人。金棺壁上刻有人物的浮雕，还有各种奇妙的花纹装饰。

我与一位红衣大主教在教堂里合影留念。他手执一柄权杖，权杖的顶端部位一定是金子制作的。我真想抚摸一下，但是，大主教的表情圣人一样令我敬畏。照完相之后，我才得以认真仔细地打量着他：一张典型的日尔曼人的面孔，权杖的光亮把他的脸衬得更加苍白，也更加威严。于是，我不禁倒吸了一口气，黯自庆幸他没有拒绝与我合影。但是，在我之后别人与他合影时，他便不耐烦地把脸转到一边去了。

记忆第9日——1995年11月18日　星期六　晴

去往卢森堡的一路上总是有好的风景，总有好的风景就总有好的心绪。秋的原野上那些依然茂盛的林带正在秋的阳光的关照下加深着色彩。在近处可以看到树叶落在地上了，但深红色的叶片落在绿茸茸的草坪上比长在树上时更好看，落了一片时，就呈一片斑斓。

出了城市也能看到农村。农村也有大片的土地，只不过没有耕作。土地全都是绿色的植被，平坦开阔，可以稀释你的视线，往更广阔的远方铺展。

路两侧出现了一片柏树，柏树呈塔状，上边披落着皑皑白雪。雪和树的鲜艳又构成一种奇特景观。这使我联想到了云南的大理。那是1981年的3月8日，我们从昆明赶到了大理。当时坐的是那种破旧的大客车。我是与两位老干部一同去的，这两位老干部都是高干，他们都可以在昆明要小车坐的，但是，他们还是保留着那个时代的干部自视光荣的艰苦朴素品格。于是，坐着那种拥挤的大客车恍荡了一整天才来到大理。

我所以对当时的情景记忆犹新，一则是因为那是我第一次出远门，再则是第一次到中国的云南，我觉得那里的风景美极了。第一次到云南的感觉与第一次到西欧的感觉差不多。总是很兴奋，总是想照相，总是想写日记。但也有完全不同的感觉，就是云南的自然风光特别地好，而城市建设则是特别地差，我们住的宾馆也好旅店也罢，无论大小，都不怎么干净，街头的小吃、风景点那么多拥挤的人，却远不如西欧人那么讲究。我们当时赶到大理的目的是要看一年一度白族举办的三月街。

三月街其实就是个没有多少诗意，也不怎么浪漫的农贸自由市场，即便举办个赛马活动那也不精彩，看上一次就再也不想看了。只是因为长影那个叫王家乙的导演搞的那部电影《五朵金花》而名扬天下。我一直以为这里的白族姑娘个保个漂亮，其实，并非如此。我在大街上看到的白族姑娘一点也不漂亮，只有到了晚上看演出，才能看到台上跳舞的姑娘很是鲜亮。那次大理之行，姑娘们确实没有给我留下什么印象，因为我没有看到漂亮姑娘的福气，倒是大理下关的景色令我终生难忘。这种难忘的程度令我自己都惊讶，行进在通往卢森堡的途中，我竟会联想到大理和下关。在洱海上泛舟时，看到了对面的苍山，苍山上就是一片皑皑白雪终年不化，而苍山下边则是火树银花，瑰丽多姿。还有非常有特点的下关风，那是最有魅力的春风。就是说，在大理的下关一眼可以看到一年四季的景色。

论自然风光云南是远胜过这里的。虽然这里也有雪景，也有雪景与绿树的交融，但是，仍然无法与下关那里的一年四季相比。但是，云南也给我留下了难以平抚的遗憾，那么好的自然景观正在遭受着破坏，当地人采用最原始也是最野蛮的方式刀耕火种，沿途那么美丽的山光水色中会突然弥散开一团滚滚浓烟……

云南太原始了，尽管上个世纪时那里留下过法国人的影子。但是，法国的文化在那片浩渺的田野与丛林中显得太虚弱了，它只能影响这里，不论布鲁塞尔还是卢森堡，都能感觉到法兰西的文化影响。

卢森堡是个小国。在欧洲小国挺多，但卢森堡是最小的国家。它被誉为“美丽的袖珍国家”。国家小城市也小。小小的卢森堡市不仅拥有丰富的自然景观，而且有着丰富的文化和历史遗迹。它是西欧的一座古城。过去有三道护城墙，数十座坚固的城堡和25公里长的地道。由于它处于德、法之间的交通要道上，而且地势险要，它在历史上一直是最重要的军事要塞。

这座城市曾经是欧洲最强盛的城堡之一。如今，这里还有古城堡的历史遗迹：古老的宫殿、教堂、炮台，一派古色古香的中世纪风格。

我们是在卢森堡市中心那座纪念碑广场观看城市风光的。可以一眼看到一座宏伟的大桥从深渊般的裂口上空跨过，不知这座是不是以女大公命名的夏洛特桥。这座地形奇崛的城市光桥梁就有93座。所以，每一座桥都是一道风景，都是一种造型的艺术。一般到卢森堡来观光的游人都到这个小广场拍照。纪念碑座一侧有青铜塑像，是位躺倒的烈士。从光滑平整有大理石着面那一片密实的说明上，我们得知了这是法国元帅Foch为在1914—1918年凡尔登战役中牺牲的卢森堡军团将士而立的纪念碑。元帅的碑文写得很有感情色彩：“英勇的卢森堡外籍军团在硝烟滚滚、泥土飞扬的战场上，四年中长胜不败，处处显示出他们顽强、勇敢和坚贞不屈的典范。他们赢得了法国和为同样的自由、正义、理想而奋斗的全世界人民的不胜感激。”

立于这个雄伟的纪念碑下，我对这个小小的大公国充满敬意。他们这么小的国家这么少的人口，却能够派出军团到法国的战场上去帮助法国人作战。套用一下伟人的语录“这是什么精神？这是国际主义的精神，这是共产主义的精神。”

在卢森堡的另一个小广场上有一尊女士的雕塑，身材很美也很有种高贵的大家闺秀气质，这就是女大公夏洛特。

从女大公像前踅入一条古味很足的石砌小巷便来到了商业街。卢森堡现在已经成了欧洲一个新兴的金融中心，其规模仅次于伦敦在欧洲占第二位。好多国家都在这里设有金融机构，中国在这里也有银行，那是一排醒目的红字“中国银行”。

卢森堡的街上行人不多，商店也不那么密集。路面都是用石块铺陈。石块铺陈的街面给人以沉稳感和宁静感。街道两侧楼房不高，空间处有装饰性的灯缀联，组织成一种美丽的字母图案。每隔一段就有一道这种灯饰图。走在这种商业街上也觉得挺舒服。今天气温很低，还有强劲的风，是我们到西欧遇到的最冷的一天。冷风在这种高雅的有文化的街道上照样横冲直撞。风中送来一阵强似一阵的琴声，好像就在眼前。我拐过一个弯，寻声找去，在一家金店的门前有四个金发小伙子在演奏他们手中的乐器。这四个小伙子中有三人是坐着的，有一人是立着的，坐着的是弹拨同样大小的圆琴，立着的是拉一个高大的三角木琴。他们是俄罗斯人，他们用的是俄罗斯民间乐器在演奏俄罗斯民间音乐。冷风冻得我端着相机的手都索索打战而他们则热情高涨地进行着演奏，就好像是在舞台，台下有很多热心听众。其实，一个人也没有。偶尔有人从金店里出出进进，对他们也只不过瞥上一眼而已。但是，他们不怕冷落，他们互相感染着示意着，情绪都很高。突然一首《蓝色的多瑙河》从他们那冻红的手指间激扬而出，街上匆匆而过的行人纷纷驻足观望，他们越来越多地围拢过来，一个个弯下腰，往小伙子们脚前那个张开的琴盒中投放硬币。人们排成一队投放，在美丽的旋律中人们的脸上洋溢着一种善良与美好。人们对演奏者微笑，表示友好，有的走了有的留下来再听一曲。音乐使得周围气氛充满祥和。

我一直对俄罗斯民歌情有独钟，曾经在灯火明亮的上海滩有位浪漫女士给我一首又一首地唱着俄罗斯民歌，她唱得特别投入，深深地感染了我。在以后的卡拉ＯＫ演唱中，我就总是点唱俄罗斯的民歌《三套车》、《卡秋莎》、《莫斯科郊外的晚上》什么的。我还买了几盘磁带，常常静静地欣赏。但是，在这种特殊的地方听着熟悉而美妙的旋律《卡秋莎》、《红河谷》、《莫斯科郊外的晚上》便感到格外美妙格外兴奋。于是，我比西欧人还显得出手大方，在他们每演奏完一个曲子，我就上前给那个盒子里放入一块10比郎的硬币。小伙子们都朝我微笑，随后，我与他们合影留念。

俄罗斯的小伙子在卢森堡的街头要钱，但他们以音乐的演奏讨要，这就使得他们并不高雅的行为收到了一个不俗的效果。如果我们中国的待业青年在这里演奏中国的民乐，会不会得到这么多人投放的硬币呢?

离开这四个俄罗斯小伙好远了，我的脑子里还在转转着这个问题。

记忆的第10日——1995年11月19日　星期日　雨

心情好的时候阴天下雨也不觉得心闷。吃过早饭发现外面下雨了，就不想往远处走了，于是，就选定了去美术馆看看。

其实布鲁塞尔的美术馆全称为布鲁塞尔皇家美术博物馆。它位于布鲁塞尔皇家教堂的对面。美术馆正门的外墙立着栩栩如生的人物浮雕，从服饰上看，大概是文艺复兴时代风格的女神塑雕。美术馆不收费，随便出入。一楼正厅是内天井，非常敞亮。仰头看去，二层楼台上边一排白色柱子伸展到大厅的顶端，很有一种古典的高雅气氛。主要展厅是在二楼。

这座展馆的历史并不那么漫长，但是，里边的作品却大多表现古老的宗教历史题材。基督受难于十字架上，他那瘦弱的裸体或悬于半空或躺于地面，都那么绵软充满生命的气息，让人顿生无限怜悯与感伤。还有伤口、凝固的血，逼真极了。走进这样的展厅，感到格外压抑。这些作品技巧都很高，工笔相当精致，体现出佛兰德画派的全部优势。佛兰德画派是欧洲最重要的画派，它起源于比利时的根特、布鲁日、安特卫普等地。14世纪时，佛兰德画家们完全可以与意大利人的绘画分庭抗礼。佛兰德绘画艺术特别注重细节描绘，那种细节所表现出来的沉郁或哀伤可以从小小的画幅中弥散到整个展馆，使所有的空间受到影响，也会使你的心里边瘀积着总也拂不去的阴影。于是，我就会想到莱奥纳多和伦勃朗的“阴影”技巧所表现出来的全部慈悲。那是属于整个人类的。从人类的角度去理解这些宗教绘画，去接近那些著名的佛兰德大师们，这是我走在一个个展厅中所发自内心的渴望。

我看到了罗吉尔·范·德尔·韦伊登的《圣母哀悼基督》。这是一幅仅有32厘米×47厘米的小画，画于15世纪上叶。因为年代的久远，画框的木质已有朽裂的纹络。画面上有三个人围着瘫软的基督悲痛欲绝。圣母脸贴着耶稣，她的胳膊搂抱着耶稣那深深瘪陷的腹部，耶稣骨瘦如柴，阴部裹缠一块白布。画家的天才表现最充分的一幅画就是这幅《圣母哀悼基督》。画面上搂抱耶稣的圣母是画家一生当中所有画过的圣母中最具人情味的女人，她的哀伤表情感天动地。面对基督的肉身死亡，画家在圣母身上集中了人世的全部痛苦。这幅画经过了五个世纪的光荫变幻，今天，它出现在我这个对于宗教文化所知甚少的东方人面前，照样可以深深地打动我。这就是佛兰德艺术的力量吧？韦伊登是第一个把基督教教义化为强烈的宗教形象的画家。

蒂里·鲍茨的《奥托的审判》、希罗尼米斯·博斯赫的《髑髅地》还有绰号叫“天鹅绒”的天才画家布吕格尔的《反判天使的坠落》等作品，都是相当伟大的。无论是表现技巧还是内涵都非同寻常。

对于比利时的画家我最早知道的还是大画家鲁本斯。以前在多种画册中看到过他的作品。法国浪漫主义绘画大师德拉克洛瓦对他推崇备至，他甚至还于1841年临摹了他的《圣本尼狄克的奇迹》。他认为鲁本斯是集优美潇洒、无所不精、尤擅表现女人的丰腴性感于一身的人。鲁本斯是位非比寻常的丹青手。他热衷的是表现运动，是创造曲线节奏。他为安特卫普、根特、梅赫莱恩、里尔、康布雷等地的教堂画祭坛，他以完全独特的手法使最常见的宗教题材为之面目一新。

鲁本斯的伟大之处还在于无论神话还是传说，历史也好，基督生平事迹也罢，任何题材一到了他的手里便会得到最辉煌最生动的形象表现。一位西方艺术大师称赞他的艺术是："室内的、由大管风琴奏出的音乐。"鲁本斯无所不画，无所不精，肖像画、风景画、其他各种主题画。他是位色彩大师——他的调色板上的颜色，从单纯的灰色一直到响亮的朱红，如同五彩缤纷的焰火，从基督的悲剧一直到女人的玉肌，他都应付自如，而且都获得巨大成功。他喜欢热烈的、颤动的、发光的、跌宕的、喧闹的生命。他堪称佛兰德艺术的太阳。我曾在巴黎的卢佛尔宫目睹过他画的女人《玛丽·德·梅迪奇在马赛受到欢迎》。画面中的裸体女人有着丰满的肉欲，她们呈一种强烈的动态，腰部与腿部的肉的褶子都能令人激动不已。收藏在这座美术馆里的是《维纳斯的诞生》。这是他于17世纪上叶画的。这幅画很美也很有意境，比刚才提到的那幅卢佛尔宫的收藏更适合我的审美趣味。在这幅画上，画家描绘了这位维纳斯从海中出来，她边往岸上奔边回头，脚下是翻卷的海浪，还有扑向她的海神，无论是画人还是画景，都可以看出来画家的技法达到了何等娴熟的地步！

哦，这里展出的名画太多了，我无法一一诉说，再写下去就不是一篇日记的任务了，那就是一篇美术论文了。

记忆的第11日——1995年11月20日　星期一　晴

昨夜一直下雨，不成想今天会这般晴朗。雨天在布鲁塞尔的皇家美术馆呆了一天，所看到的那些作品一直在我的心中缭绕。那些世界级的大师们有许多是来自安特卫普，所以，今天要去安特卫普使我格外高兴。

安特卫普位于布鲁塞尔北部，从布鲁塞尔乘汽车去那里仅需半个小时。在我眼里，这是一座很典型的欧洲古城。中世纪的味道极浓。一座欧洲古城该有的五脏六腑它全具有。要城堡有城堡，要教堂有教堂，有中心大广场，也有市政厅楼房，至于那些古老石块铺陈的幽深小巷是最耐人寻味的。

安特卫普的确是一座文化古城。从古老的墙体从古旧的石砌路面的缝隙都可以嗅出勃艮第时代的气息。中世纪时，这里就是北欧的商业及手工业中心。釉彩工、金银匠、乌银镶嵌匠遍布城区，他们被后来的艺术家们称作“炼金师”。正是这些炼金师为这座城市冶炼了艺术。他们是些金属艺术家，他们的精湛的工艺正是伟大而辉煌的佛兰德艺术何以滋生和繁荣的最好说明。

带着对佛兰德艺术的崇敬，我的目光在茫然的飘移中逐渐平静下来，一点点渗透进这座城市。我在寻找那位铁匠的店铺，还有他打造的那眼铁井。据说如今还安放在圣母院的大门口。这位安特卫普的铁匠叫奎恩廷·梅齐斯，他有一双粗糙有力朴实刚毅的大手，那手背上的汗毛一定是棕红色的。正是这双手，操持着同样的金银雕镂工具，居然能够画出那幅名画，现收藏于卢佛尔宫中的《钱庄主及其妻子》。他的另一幅杰作《基督入殓》就收藏在安特卫普的皇家美术博物馆。由一个工艺性的铁匠到一位非凡的有代表性的大画家，这是多么不可思议的变化，然而，他就自然而然地做到了，他就是从这里走向世界。这不仅是他个人的迷，也是安特卫普这座城市的迷。

在安特卫普的档案中，记载着许多杰出画家的名字。以《海神之宴》享誉世界的弗洛里斯就是出生在这座城市。正是他的这幅画宣告了鲁本斯的色情即将出现。还有马比兹，他在这座城市以根宁·哈伊瑙特这个名字出现。他喜欢给自己改名字，他当时为勃艮第家族工作。还有帕蒂尼尔这位安特卫普的自由画师，他是奎恩廷·梅齐斯的朋友兼合作者，他的天才在于画景物。他居然能够把人的视线引到天的尽头。他是用岩石、丘陵、树林作点缀，景深次第展开，色彩渐远渐淡。帕蒂尼尔能让我们在尺幅画面上看到一个具有宗教氛围和神秘色彩的无限广阔的大视野。这是一种伟大的创造，是有史以来的第一次成功表现。

安特卫普太伟大了，在这里出生、在这里作画，或者与这座城市有关的艺术家不胜枚举。大画家鲁本斯虽然不是出生在这里，但是，他也在这里工作过，他受到过市长助理的保护，他还为这座城市的教堂画祭坛。他画过的那么多丰腴女人，他所投入的那份热烈痴迷，不能不与这座城市的风水有关吧?

在安特卫普的西北边有一个广场，广场中心矗立着此城标志性的雕塑——抛手塑像。这是一个古老的民间传说。说的是一位民间大力士出于为民除害的正义感，与一位占据洞中为非作歹的魔鬼搏斗的故事。这是一场昏天黑地的恶战，直到巨人把魔鬼的手砍下抛入海中，这片土地才得以安宁。塑像是青铜制作，很有种古典的文化品位。人物造型也很生动，那勇士的腿部与胳膊处的肌腱，还有那英勇无畏的气概都表现得很充分，就连他的脚下踩踏着被砍掉手的魔鬼，也很鲜活地挣扎着……这个广场的建筑也很有特色，楼房的外墙装饰体现着巴洛克式的豪华绚丽，金鳞金翅，没有阳光也能灿烂。歌剧院也是巴洛克风格的，外形看去，与巴黎的歌剧院很相似。本想去皇家的美术博物馆看看，但是，因为时间关系而没能去成，总觉得是个遗憾。

安特卫普的小街是最耐人寻味的。街面上不时冒出几个着装黑燕尾服黑礼帽黑皮鞋的人，这是犹太珠宝商。他们大多只顾低头走路，神情叵测，为这条小街甚至也为这座城市平添了几多神秘。他们的腰间都有一个小布袋子，袋口用绳子收锁，袋子里装有钻石。他们走进一家家珠宝店就是去兜售那个小袋子里的货。安特卫普是世界著名的钻石加工制作集散地，全世界百分之七十的钻石都是从这里发散到各个城市的珠宝店的。我们国内的钻戒就是由这里转手到了香港，而后由香港到广州，由广州到内地，到了我们居住的城市沈阳，那已经是倒了好几手了，所以，价钱自然就很高了。

走进一条钻石街，不知怎么搞的连说话也不敢大声了，被一种奇妙的气氛压抑着，好像自己裤腰上也挂着那么一个沉甸甸的小袋子。

街道很陈旧，也很简陋，一眼看去很难看出这个街道比别的街道贵重。一家家店门前挂着钻石形状的广告灯，白天也闪烁。走进深处，光线暗下来，暗下来的时候就感觉到了小街的忧郁。

这条街上有钻石交易所。要进这种交易所必须加入钻石协会，得到许可后方可进行钻石交易。迈进交易所门的几乎都是犹太人。看着这些犹太人，我想到了二战时惨遭纳粹杀害的犹太人，他们的钻石首饰都被抢去了。都说犹太人会赚钱，可他们会花钱吗?

我们今天是来花钱的。在翻译的带领下走进一家中国人开的珠宝店购买钻戒。那是一栋极普通的小楼，外墙一点装饰也没有。一进楼门就上了电梯。电梯左上角有个小小的“眼睛”在盯着你。那是个灵敏的监测器。

我们从电梯里出来就到了六楼。长长的走廊，两侧靠近天棚处排布着一串监测器。等我们进了那家店铺后，看到了电视显示屏上正映现着走廊那片空间，每出现一个人就看得特别清楚，连他的眼神都看得清楚。或许是因为摆放的角度问题，走廊上出现的任何一个人我都觉得形迹可疑，有点鬼鬼祟祟。这是安全装置，任何国家经营钻戒的商店都应该有这种装置。

接待我们的是位中国的中年女士。她属于那种富贵相，其实她就是不富贵到了这里也让人感到富贵了。她富不富贵对我们来说似乎并不重要，重要的是她会不会骗我们。她给我们让座后，从里屋拿出钻戒。那是用一块布包裹，展开来，才发现是块软皮，各式钻戒一个个插别在上边。上边起棱的地方像手指，正好可以套上戒指。有黄金的钻戒，也有白金的，白金的自然要比黄金的贵重。一般价格是0.1克拉的250美元左右；0.15至0.2克拉的在500美元左右；0.5克拉的910美元。钻石是以0.5克拉为界，过0.5克拉那就成倍增值了。一般的宝石戒指红的、绿的、蓝的约160美元，而国内价钱大约要贵上一倍还多。在这里买钻戒可以打九折。

钻戒真是好东西，看哪一个都好，只是缺钱。越是缺钱就越是觉得钻戒好。反复掂量着衣兜里的那点美元，终归缺乏信心。离开这家店铺时，我记住了这条街的名字和店铺的名字：

诗翠湃大街，鼎祥钻石有限公司。

我还记住了女老板是广东顺德人，她找了一个安特卫普的丈夫。

更让我记住的是安特卫普的火车站。法式的平顶建筑，黑灰色的顶盖，与周围的建筑比较起来没有多少光彩。翻译告诉我们这个火车站是用“庚子赔款”建造的。“庚子赔款”曾怎样大伤了中国人的元气这我很清楚。11个国家在这次赔款中得了好处。但是，有的国家把这笔钱用在中国，建了教会的学堂或教会的医院，但是，比利时把这笔钱用来建了他们的城市。他们本来已经很辉煌的城市并不缺少“庚子赔款”。而且，这个火车站一丁点也没有光彩。我在想，自庚子年间以来，会有多少中国人到这里来过呢？他们无论到这里来做什么，大概不会无视这个灰秃秃的火车站吧？欧洲是比我们富有，但是，他们的富有曾经是建立在对别国的掠夺上的。这种不择手段的资本积累是不应该成为别的国家和民族去效仿的吧？

记忆的第12日——1995年11月21日　星期二　晴

不会忘记这个拼写单词：B rugge，这就是布鲁日。它是比利时最有特点的城市，它比安特卫普更古老更隽永。

在北欧，没有任何一座城市能像布鲁日这样保留了这么多历史遗迹和艺术瑰宝。Grande 广场经过几个世纪的修炼，如今已成为布鲁日最重要的地方。这个广场完整地延续了中世纪的文明，集中体现着这座古城的风格。站在这座广场上，你会感觉到多少历史的剧目曾在这里辉辉煌煌地上演过，如今，沉淀下来的只有那钟楼墙体的倾斜和墙皮的斑驳脱落。谁还能记得奥地利的马克西米连在哪一年被作为犯人关押在哪一栋房子里呢？谁还能知道查理一世和玛格丽特·纽克王后是哪一年举行的婚礼，有多少人参加，与这个广场有什么关系？

我知道自己到这里来的主要任务是考察建筑，因而，我对建筑格外敏感。广场周围的钟楼、省政府楼、邮局，均为哥特式建筑，尤其 de ville 宾馆（镇公所）这座哥特式建筑最为古老，它的每一个部位都能体现出哥特式建筑的精美与繁缛，主楼部分为白色墙体黑灰色屋顶，三个尖塔式立柱使这栋本来就不凡的建筑物更加向上升腾，三个尖塔造型完全一样，塔尖部分呈黑灰色，塔座为月白色，上面雕刻着花边和浮饰。立面墙体是由一排长长的窗户组成，窗户极有装饰性，窗棂线构成的花纹图案与穹窿相联，弧形的尖顶与塔尖相呼应，使沉重的建筑物有种上升的华丽感。窗户之间的墙体与窗户等同宽，有三排浮雕分上中下三个部分对称性排列，浮雕表现的是女人，笔挺站立成柱式，头上顶着奇妙的饰物。门也布满了花饰，整个建筑物就找不到一块光秃之处，哪怕巴掌大的地方也不闲置。所以，整个看上去这座楼房犹如一个精心把玩精心制作的首饰盒。与主体建筑联结的左侧是旧式的登记处，它比主楼要低矮一些，但是，顶部处理得更加华美，无论是花纹还是人物都流淌着佛兰德艺术的灵韵。它是佛兰德文艺复兴时期创建的，是整个佛兰德地区最古老的建筑。瞅着这栋建筑，我感觉到一座城市的历史在这里浓缩。

我是从“La Blinde Elzestraat”这个古老的小客栈走进城市的另一个空间。小客栈通联着一条小巷，两侧墙体都是古老的面孔，顶部就像踏步台阶似的，一级级升上去，到了最高处就成了一个尖。在这座城市随处可以看到这种“人”字形的砖砌房顶。走进这条小巷，倍感清幽，古老的石板路面都被踏出一层光亮了，这得多少双脚从这上面走过啊！

走不多远，有一“门洞”，上端是一个尖顶的木阁骑楼，从这里穿进去就来到了一座古老的宫殿，这是Gruuthuuse 君主的宫殿，现在这里成了考古学和艺术品的公共博物馆。这座宫殿最有意味的是那高高的城堡状的厚重墙体没有窗户，却有一块32开书本大小的玻璃。这块玻璃有着奇妙的作用，专门供住在里面的公主往外边看的。公主正值妙龄，青春期的躁动使她一准坐卧不安。于是，她就会躲在这块玻璃后边去看外边的世界，在一个个英俊的小伙子中选取自己的意中人。

知道了这个小玻璃孔的用途之后，我就总感觉那上边贴着一双明亮的水灵灵的眼睛，长长的眼睫毛被玻璃弄卷了。

布鲁日到处都是古老到处都是文化到处都是美丽。欧洲最古老的医院圣·吉恩医院、市图书馆，都特·达姆教堂建于13世纪，尖锐的哥特式塔高122米，是荷兰帝国统治这里时的最高纪念物。这座教堂里有一尊无价之宝，那是一件精美绝伦的大理石雕刻杰作——母与子。不容忽略的中世纪教堂还有圣·杰克斯教堂，圣·苏文尔大教堂等。这些宗教建筑为布鲁日的上空编织了一道神圣崇高的天际线。在这片天际中，最雄伟的制高点是圣母院。它是由四个塔组成的方体，比那种独塔有着更为厚实的结构方式。这种建筑风格有点仿古罗马式。据传说，这座圣母院是由 Noyon 主教圣·艾罗建于公元640年。那是一座木制建筑，9世纪时被罗马教堂代替，1116年这座罗马教堂毁于一场大火。1127年另一座罗马式的教堂从废墟上重建起来。现在的圣母院仍然保留着当年建筑的底层部分。到了13世纪，富有的布鲁日人想拥有一座现代的规模宏大的哥特式教堂，所以，就从1280年开始建造新的教堂。一直到1350年。教堂的风格是由 Tournai 教堂唱诗班授意的。以后，教堂经过多次扩建才具有现在的规模。

这座教堂在经历了4次火灾、一次捣毁圣像行动的破坏及法国革命的骚乱后仍然完好地保存下来，确属不易。从中，也可以看出宗教的力量。走进这座教堂，我看到了路易十六时代风格的讲坛，在讲坛下边，有一尊雕像，这就是此教堂的创始人圣·艾罗。他手里握着教堂的计划，神情庄严。我在左侧的耳堂处看到了一个圣十字架。教堂里的十字架大同小异，但是，这个圣十字架却很奇特，足以令所有到这里参观的人驻足。人们会注意耶稣下垂的脚，据说这只圣脚摆放在一个很特殊的位置，在反对崇拜偶像的骚乱中，破坏偶像者攻击了这座耶稣受难十字架。就在破坏的手刚要击打到圣十字架上时，耶稣突然睁开了眼睛，然后又动了一下脚。正是这一动弹，把破坏者吓得抱头鼠窜，屁滚尿流，于是，十字架得以保存下来。

教堂里还设有博物馆。博物馆的过道墙上有7个奇怪的铜牌，那是丧葬的标志。据说这种牌子以前在布鲁日的任何一座教堂都能看到。然而，没有几个样品能够保留至今。这些牌子都是重要人物的，有死于1555年的布鲁日市长；有L ouvain大学的著名教授；也有圣母院教区的牧师。在一间间展厅里陈列着不同时代的重要艺术品。有“圣·海波莱特斯的殉教图”；有画板画的受难图；有D ecius 皇帝请求主重申他的忠诚图，在这幅画旁边是一幅肖像画，这是捐赠人的肖像，这幅肖像是佛兰德艺术的早期杰作。

在第二展厅里，我看到了教堂中的宝藏。有修道院第32代院长的权杖；有圣巴巴拉的圣骨盒（1740年），更多的宝藏是在第三展厅。银制的圣物箱、大量的法衣和仪式用的权杖，其中有一根高贵的权杖装在盒里，那是13世纪的物品，权杖上体现了那个时代精美的工艺水平。

在第四展厅的重要位置挂着一幅画：耶稣受难图。这幅画出自一位无名画家之手，画风显然是佛兰德派。但是，这位无名画家的作品备受后人敬重，因为它远胜过那些大师们的同类作品。

展厅一共七间，最后一间挂有P.Pourbus的《最后的晚餐》。这种画面总给人一种压抑感。于是，就想快一点从这里边走出去。

走出去了，就有阳光灿烂，城市的全部美好一下子就展示在你的面前：河流，小桥流水，灵珑剔透的古建筑的水中倒影，白颜色的游艇，还有环绕两岸的花草树木、雕塑什么的，可以说这座城市的美是环绕着河流而分层次逐渐展示的。沿河的建筑不仅造型别致而且色彩鲜艳，有红房子、白房子，还有黑房子，它们倒映在河水里的颜色更新鲜。拱桥是一件工艺品，有几座拱桥就有几件工艺品，河水千回百折，风情万种，把这座刻板的古城缠绕的多愁善感起来。

坐一坐游艇，真是件快活美好的事情。教堂里边感受到的沉重和压抑感为之一扫，哦，还是到这种自然风光中能够享受生活。小艇悠悠可以把你带到这个城市的任何一个地方。布鲁日是座水城，全城遍通水衢。布鲁日的城堡完全保留着旧时代的模样，如今这座古城堡向我们洞开的是四道门：

愚人门、元帅门、根特门和圣十字架门。

布鲁日还保留着旧时制革工人的房屋。布鲁日的纺织工艺也达到了登峰造极的地步，那种精致的花边被誉作“佛兰德花边”。

布鲁日还有各种节日，举行各种活动，每年在耶稣升天之日便要举行隆重的游行，还要展现圣经上各种情景。真希望能够赶上这样的日子，再来一次布鲁日。

喔，布鲁日——Brugge……

尊严组合的城市

在资深的西欧街头，路面的石块幽黯而沉实，石块的表面已被岁月踩磨得光滑可鉴，然而外表的光滑却替代不了深层的执拗，你要是看到修路时，每挪动一块石头，便如同拔牙般格外费力，这些石块好像一枚深长的象牙，深深地嵌入了大地的骨缝中，因为紧密的排列而形成凝聚力，形成岁月的威严，在这种地方市政部门要想安下水管道或者煤气管道什么的，想随便对路面开膛破肚，那简直是难上加难！在这种路面你若想进行现代施工，无论你握有怎样的现代化工具，你都不敢妄断，你更不敢小觑，你不得不对这些石块组成的古老路面尊敬，即使对每一块个体的组合你也得尊敬，至少是不敢怠慢的！这便是路的尊严。

而我们的路就太缺少尊严了！可以随意支解，肆意动大手术，开膛破肚，以至于鲜血淋漓。我不知道这是路的问题还是人的问题。

其实，城市的尊严与路的尊严有关，与建筑的尊严有关，与城市老人的尊严更是息息相关的。只要你进入西欧那些沉淀着思想和岁月的城市，比如布鲁日，比如安特卫普，比如巴黎等，那些地方会让你肃然起敬！你看那些狭窄的石块街面，无论在炽热的阳光下还是在幽深的灯光下，它们的表情变化都不大，它们不会因热烈而激动，同时也不会为沉郁而忧伤，那是一种宠辱不惊的境界。

我曾在热烈的光线下注视过那些年迈的街石，也曾在幽深的夜晚阅读过那些年迈的建筑，我觉得他们的城市，因此而高深莫测，也因此而沉静无比。多么成熟的城市啊！

这种成熟还可以从老年人的步履中品味：你只要留心，便可以随时看到那些老人。他们无论行走还是站立，都是缄默不语。他们在横过马路时，他们会变成一块规范化的交通指示牌，许多车辆，便会遥远地为这块白花飘逸的指示牌而行注目礼的。他们的穿戴其实并不华贵，朴素有加，但绝对的规整，衣襟就是衣襟，下摆就是下摆，迈步时，那一切线条都显得格外舒畅而自如。他们对于极尽渲染夸张的广告或商品显得有些迟钝，还有些滞涩，对于年轻女郎们飘飘洒洒的姿态从眼前拂掠过也不会转动僵滞的脖子（当然我不知道是不是因之他们的第五、六根颈椎骨钙化）。

老人们喜欢以车代步，他们开着自己的小车出门，驾驶车辆出门比走路不仅省时省力，还显得颇有尊严！只是他们将车开得很慢，你在车辆如水的市区，只要看到有哪一辆车跑得很慢很没有激情，那这辆车一准就是位老年人开的。老年人开的车几乎都是很旧的车，有的车型挺古怪的，车体背部兀起个大包，好像老人的苍老而无法抻直的脊梁。这种车的诞生日好像比他们的年龄还古老。

我喜欢观看这种开着古老的车辆的古板的老人，他们以古老的车速行驶在有着古老文化的街道，穿行于古老的建筑群落中，你不妨想像一下：石板路、建筑穹窿、很大弧度的旧车，车窗玻璃处一闪一闪的飘然白发……全都是古老的，这是一种怎样的城市景观。简直可以写上一曲“古老奏鸣曲”。

在塞纳河畔，在教堂或宫殿前，在一些草坪小广场上，随处可以看到独坐的老人。喜欢怀旧是所有国度的老年人的共同特点，这是人类生命的共有属性，但我却觉得巴黎老年人的怀旧意识似乎更甚。因为他们所生活的城市有着比别的城市更丰富更沉实的矿藏，积淀得太多，可供怀旧的东西就太多。我没有走近任何一位老人，我怕打扰他们。我只是默默地观察着他们那缓慢而高贵的举止映衬着塞纳河更缓慢地流动，映衬着巴黎圣母院那神秘的轮廓沉入更深邃的光影中……

在不同的角度中，他们都是一个不变的存在方式，与高大繁琐的楼宇没有什么关系，与那些柱石，无论爱奥尼式还是多立克式，都没有丝毫的呼应，却反倒显出了几多苍凉来，叠印在各种涡漩的纹饰中，于是，我就被深深地感动了。这种时候我就会去想这样一个问题：如果这样一座城市没有这些个满头白发的老人，而是清一色的艳女牛仔活跃街头，那么城市的容貌会如何呢？

一位弥散着知识与阅历的法国老人就是城市的一处古建筑，或者说就是一根柱石，一尊雕塑。我对此充满敬重感与陌生感。

孤独是老年人的特征，但孤傲却并不多见。我曾见过一位白发飘然的老人坐在一家店铺门前的台阶上。他坐得很工整，很端庄，一点不呆板，那身风衣也为他增色。所以，他坐在那里俨然一道风景。

风景是耐人寻味的：恍然间，叠印出我们的城市中那些个坐在街头巷尾晒太阳、打扑克、搓麻将、看下棋的老人们，他们衣表不整，哗然聚堆，看上去一点也不雅，旁边还在飞扬的尘土或垃圾箱子之类。再远一点的街面上，是刚刚开膛破肚的街面，刚下过雨水，有似脓的泥泞，还有那光着上身，任凭汗水泥水描绘的粗鲁与莽撞的躯壳……

原来，老人与城市是互动的关系，他们互相影响着，互相感染着，互相体贴着，也相互抚慰着！

走在古老建筑中

1. 叙述的公式

世界著名的建筑卢佛尔宫的入口处——玻璃金字塔，是很耀眼的。金字塔本来是在古埃及那个空旷的地方，大漠黄沙更衬出远古死亡的寂寞。把坟墓制作成金字塔型，是对于人类平淡的空间的崇高叙述。这种叙述早已为人们所接受，像公式一样。

建筑师贝聿明在美国建了自己的建筑师事务所，他在美国的作品一定不会少了，但是，为我们所知的著名作品好像都不在美国，比如香港的竹笋拔节形状的中国银行；比如北京香山的具有徽派民风的建筑香山饭店……我觉得贝先生最具知名度的作品，还是这个玻璃金字塔。

在古老的卢佛尔宫设计一个入口，既得有现代性，还得有古典的承袭性，这确实是要真张逞的。贝先生敢于搬来最古老的符号，以最现代的材质进行书写，于是，崭新的玻璃金字塔与陈旧的宫庭建筑处在一体，是对立还是和睦？这得让巴黎人去说。

是否有点像把王羲之的字弄到电脑里边加以扩放修饰呢？我这样比喻，肯定贝先生听了会生气的，这是对于我们华裔建筑大师的大不敬了。在这个复制的时代，什么不可以复制呢？尤其是建筑形状的复制。

令我敬佩的是贝先生的复制绝不是简单的电脑复制，而是对古老符号的大胆创新。

对于已有定式的形体进行新的诠释，不免要冒风险的。于是，这座玻璃三角形刚刚矗起，便遭到了许多人的反对。在巴黎遭到反对似乎并不是什么坏事。比如埃菲尔铁塔，就曾招致了巨大的持续性的反对。有人视它为怪物，认为伤风败俗，不能容忍，越是别出新裁的东西就越是容易招致诋毁。正是在这种铺天盖地的诋毁声中，埃菲尔铁塔完成了自身的“修养”，遂成为整个巴黎城的标志性建筑。

贝聿明设计的玻璃金字塔状的卢佛尔宫入口（摄影：黄居正）

贝先生的玻璃金字塔也是在招致非议中，增加了知名度的。如今，去卢佛尔宫参观的人已经完全接受了它，特别是当你从这个入口下去之后，你到了大厅正中，仰头往上一看，那一片玻璃的通透天窗，让你享受到来自开空的灵性的光照，明亮而舒展。无论从欣赏性还是从功能性，我们都可以领略到贝聿明先生的智慧。

在一个充满文化艺术底蕴的城市里书写符号，就不能太保守，太考虑平衡，要有敢于打破什么冲破什么的决心与勇气。建筑是城市的符号。符号就像文字，谁都可以操持。但高明的符号来自大胆想像，来自一种创新或翻新。

2. 与神父合影

如果说我完全出自好奇与神父合影，倒也不够准确。当时，见到这位笑容盈盈的神父，就有种似曾相识之感，几乎没有通过语言交流，我就坐在他旁边的那把坐椅上，然后就有了这张留念的照片。所有照片都具有留念的价值，但有的留下的是欣慰，有的留下的则是遗憾。现在我端详着自己：神情不够放松，这说明我当时比较紧张，而人家神父，则是一种慈祥的超然。为什么自己就不能具备神父的那种超然表情呢？莫非这就是凡人与神父之间的差异？

这个教堂是布鲁塞尔的尼克劳斯教堂，这位神父每周到这个教堂来两次，他负责做弥撒。他的工作是出入于三个教堂，每个教堂每周都去两次。他有五十二岁了，未婚。

我们照完相之后，他就主持做弥撒了。

弥撒是天主教的一种礼仪。天主教的礼仪主要有两种，即弥撒和日课经文。弥撒是天主教的大礼，基督体血在十字架上牺牲的重演，自古以来以祈祷、读经、歌唱和正式祭礼一并进行。基督离世后，教会遵照基督的训示举行擘饼礼，即弥撒。人们怀着欢乐的心情一起进食。

神父主持弥撒的场面有种辉煌的感觉。他换上了一套白色的神职服饰，围了一条绿色的长纱巾，他的声音辉煌，灯光辉煌，那种独持的音色带着神圣的韵味，在教堂的穹窿间升腾起来，回荡的时候更加令人震颤。

我参加完了整个弥撒仪式，想等到神父走下神坛后，再与他合个影，却没能如愿。

我对神父很感兴趣，我不知道他走上神圣主持时与演员走上舞台时，是否有着某些相似感觉？或许我的这个想法本身就带有着对于神灵的亵渎？

3. 管风琴

很早就听说了西方教堂中的管风琴，鸣响起来时，那是可以纵横想像的能够让天地共震动、灵魂共震动的大气魄，大旋律，大感觉。原以为它是镶嵌在墙壁中，但亲历时，却发现它巍然如一道悬浮的屏幕。所有泛着金黄的地方，都是容易激动出声音的管子，这么多雄伟的管子聚在一起，就能够代表上帝发言了。

我必须仰视，仅这种排列阵势就足以让我充分体验到教堂的伟力。

教堂的建筑与管风琴音乐共同创造了宗教氛围。教堂里的天主教音乐来自于犹太人，比如早期的拉丁语的葛丽果圣歌。它亦被称为平歌或素歌，葛丽果圣歌是天主教最具代表性的歌曲。

当真正的音乐响起时，好像不是从这上面发出的，而是来自你的四周，在你眼睛看不过来的所有地方，哪怕墙体的某一皱褶，都在漫溢着沉实悠远的谐和。对了，非常有力度的谐和，一种涨满的感觉，一种加厚的感觉，当然也还有着升腾的感觉，不过，那种感觉不是每一个人都能感觉到的，也不应该是什么时候都能感觉到的。那已经超出了音乐的感觉，也超出了管风琴的感觉，那是一种属于冥冥之中的感觉。

布鲁塞尔大教堂管风琴

4. 贝多芬故居

如果不加以说明，谁也不会对这处建筑发生兴趣。因为在欧洲这种建筑实在太多了。这里可以闻到莱茵河的气息，我从这里步入莱茵河畔不过五分钟。我在莱茵河畔看到了乳白的停泊的游艇，还有远处的河岸矗立着的教堂的天际线。尖塔式的教堂顶部，将平静的莱茵河空间映衬得不同凡响。尽管如此，河水依然流动得舒缓，流水的声音听不到的。

但是，我想，在这间屋子里的那个孩子，肯定能够听到莱茵河的流水声音。否则，他怎么会成为那么伟大的音乐家呢？虽然后来他听不到雷声，听不到交响乐声了。

这个孩子叫贝多芬。其实，我不该把贝多芬说成孩子，好像这样说是要写一部传记似的。

波恩贝多芬故居

就这个房子里边有台钢琴，有琴谱，有足够发烧友和钢琴家们崇敬的内容了。最触动我的是院子里边的一尊贝多芬的青铜雕像，出自克拉乌斯·杰姆里奇之手。这尊雕像构思十分奇诡，冷酷的脸上凝固着的全部激情，巨大的头部有着燃烧般的发卷，层层叠叠，汹汹涌涌，就像一朵澎湃瑰丽的巨浪在跃入最高点的刹那间，骤然冷凝。加之他那扭曲的面部肌肉和特殊的嫉恶如仇的目光，可以强烈感受到一个巨大灵魂的魅力。这种魅力就是在一种冷峻的外表下所熊熊燃烧着的巨大热情。这种热情强烈而持久地感染着他出生的那片空间，感染着波恩城市。自然也感染着像我这样来自世界各地的游客。

5. 古堡是城市的收藏品

安特卫普是座有着古堡的城市。有古堡的城市与没有古堡的城市是大不一样的。古堡是城市的收藏品，亦是城市的灵魂，越是古老的灵魂，就越是耐人寻味。我喜欢体味城市中弥散的那股中世纪的味道，这种味道从左侧的那种古堡中随时随地可以飘溢开来。

在这里不仅可以找寻到勃根第时代的遗迹，还可以看到弗兰德画派的

安特卫普古堡

穿透力。你若踅进那种幽深的石板街巷时，会猝然发现一些着装神秘的人物，他们幽灵般在街头巷尾游着荡着。他们一身黑色，礼帽与胡须同样给你神秘感。只是他们手中均有一个黑皮小袋子，里面装着钻石，大颗粒的钻石，从里面倒出来时，那每一粒钻石所闪烁出的光泽都能够叫你惊悸。这是些犹太人，这条街是犹太人干起来的钻石街，而街上的所有门脸也均与钻戒有关。这里是世界钻戒的集散地，我们国内买的钻戒大凡沿袭着这样的渠道：由这里而至香港，由香港再至内陆，等到你在你的城市买到钻戒的话，不知已经几易其手，已经扒了几层皮了。

我进到了一家店铺。走廊里非常安静，见不到什么人，安静中给你一种神秘威慑感。到了二楼才见到女老板，在她的办公桌上打开着屏幕，从屏幕中可以看到走廊里发生的一切，喔，这里安有监视器的。

6. 感觉巴洛克

这是非常有名的地方——巴黎歌剧院，典型的巴洛克建筑。

巴洛克建筑与巴洛克音乐一样，有着同样的诠释。那是一种时代特点非常鲜明的东西：巴洛克源自葡萄牙文，指美丽的贝壳、幻想、不规则、崇新、任性等意思。其特点具有：宏大的构想，辉煌的效果，着重对称的表

巴黎歌剧院

现，华丽的装饰，戏台性的性质。在这个时代出现协奏风格，还有和声。

你看这座建筑，从上到下，对称性中张扬着华美。历史上，这里上演了多少激动人心的剧目？那些华丽的包厢，包厢中高贵的女士和高傲的先生……

法国大歌剧是在19世纪前期的后半，大约流行了二十年。这种歌剧要表现各种色彩的内容和动作，才能满足观众要求，它们比前几十年的歌剧更长、更详细，以其用这些细节来增加激动情绪。还有舞蹈，宏大的场面。全剧自始至终皆由复杂处理的管弦乐和多变的声乐曲伴奏，以造成这种歌剧的新奇性。这种形式的歌剧就是大歌剧。

重要作家：史邦替尼是其中之一，他由于两部大歌剧《贞女》、《费尔南·柯尔德》而誉满天下，还有欧贝尔，这位曾经是巴黎国立音乐学院院长，还兼任拿破仑三世的宫廷乐长。其作品以华丽的戏剧效果和绚烂的音乐著称。他的《马撒尼洛》描述的是1647年拿波里反对西班牙统治者揭起的革命，由一位渔人马撒尼洛领导的历史事实，此剧的高潮是维苏威火山爆发。这只是加强戏剧效果，其实维苏威火山是1631年爆发。比拿波里革命早十六年。这部剧在布鲁塞尔演出，曾引起轩然大波，并导致比利时离开奈德兰（Netherland）王国而独立，这是从未有过的由于音乐剧而导致的如此效果，是音乐史歌剧史上的奇迹。

豪华的歌剧院因豪华的剧目而辉煌：

1829 年，罗西尼的最后一部歌剧——《威廉·泰尔》在此创造奇迹！连续演了五百场，成为他的不朽巨著之一。当时他仅有三十七岁。至1868年逝世再也没有歌剧问世，由此而成为音乐史上一个不解之谜。

还有威尔第和他的《茶花女》。威尔第系意大利歌剧作家，1855年，他到巴黎，在这里演出《西西里的晚祷》，1865年演出《唐·卡尔罗》。他有三部享有国际声望的大作《弄臣》、《游唱诗人》、《茶花女》。他与巴黎歌剧院一同辉煌过。如今，令巴黎人回味的是他的品质。尽管他获得太多的荣华富贵，却没有影响到他的谦恭、和蔼。因此，他身后赢得了最具规格的葬礼，那是按照国家英雄仪式举行的。有二十万人站在街道两旁，向他的遗体致最后敬意。

7. 假作真来真亦假

到卢佛尔宫不能不看断臂维纳斯。维纳斯是全世界最著名的美女了，这谁都知道。在我们生活中随处都能看到维纳斯，看得太多了，就形成了某种定式印象。

到卢佛尔宫找到了真正的维纳斯时，我对自己反复劝说：这是真正的维纳斯，是真品，不是赝品。但是，我想说的是，我当时怎么看也不像真品，总感觉像假的。因为她与我想像或感觉中的维纳斯太不一样了。回味一下，那些假维纳斯对我的影响太深了，不仅影响了我的视觉，也影响了我的美学观念。论色泽，比这个光鲜；论圣洁，比这个纯净；论价格，也比这个便宜。

看多了假的，再看真的时，就不敢相信了。问题是，假如把一个假的东西也摆放在这里，那么，参观的人能不能辨认出来呢?

巴黎的当代雕塑

巴黎是辉煌的，辉煌的宫殿，辉煌的剧院，辉煌的雕塑。置身于爱丽舍田园大街，每走一步都充满辉煌。这条大街与协和广场相汇，犹如一条喧嚣的大河与一汪深沉的湖泊相融，对于整个城市而言，这汪湖泊好似一个巨大的心脏，它的每一下搏动都荡起一个强有力的漩涡，将巴黎的魅力蓄存起来又输送出去，大开大合，无今无古。

我在广场正中的那块陡立的条形石碑底下仰视，这是块高达23米的整块石料，上边烙下了希奇古怪的图案，是神喻还是暗示？这是拿破仑从埃及掠来的鲁克索神庙的方尖碑。有人说它像一柄直刺天际的利剑，凝聚着法兰西的锐气和拿破仑的锋芒。在我看来，它像一根充满灵性的时针，无论什么时候都在执拗地将巴黎的历史指向一个辉煌的顶端。它处在广场最中心的位置，这个位置曾经是路易十五穿着罗马皇帝礼服，跨着骏马的青铜雕像。法国大革命时，被打翻在地，虽然没有再踏上一只脚却也再没能够爬将起来。从这个重要的位置望开去，一眼就能看到雄狮凯旋门、埃菲尔铁塔、巴黎议会大厦，还有一些重要的建筑都环绕附近：荣军院、巴黎圣母院、卢佛尔宫等。稍微研究一下巴黎的历史，就能知道越是重要的建筑就越是经历过磨难。由此可以说，巴黎的辉煌是一种磨难的辉煌。

如果我的文章如此写下去的话，未免沉重古板。沉重古板只应属于历史，而不该属于今天。今天的巴黎，有着另外一种人文景观。它无处不在，其生动鲜活构成了一组组当代雕塑。

对于巴黎的雕塑我不敢妄加评断，因为那是一部部深奥的煌煌巨著。我曾试图从“思想者”那低垂的沉甸甸的额头上寻找过灵感；也曾从“拿破仑”的宽大的帽檐上端体味着崇高；但是，所得甚少。我也曾从千古绝唱的“胜利女神”和“断臂维纳斯”的女性线条处感受激情，如今一想到那天通体大汗地穿梭于卢佛尔宫那迷宫般的展厅去朝拜“胜利女神”和“断臂维纳斯”的情景还觉得周身有种躁热感（因为导游告诉我，找不到这两件作品就等于白来了一趟卢佛尔宫）。那位胜利女神没有脑袋，那位维纳斯没有胳膊，这是两个残疾女神。懂艺术的人都对她们的残疾进行盛赞，溢美之词远胜过那些不残疾的神们。我也像个艺术的行家立于她们面前，一点都不敢有世俗的杂念，就连汗水渍痛了眼睛我也没有马上去擦抹。但是，我没有唤起那份想像的激情。我在问着自己，是因为那天心情过于匆促进入不了意境还是我先天就缺乏对于雕塑艺术的悟性？它们毕竟太久远了，很难使我拉近与它们的距离，倒是另外一种雕塑一旦撞入我的视线，便唤起我的诸多感慨。

我不知道把我所见到并且要记录下来的接吻镜头说成是当代雕塑是否合适。我这样比喻是因为那种接吻的造型不仅有着流畅的线条而且还很持久。有意味的是就在一对男女接吻的旁边立着一个雕塑。由于距离远，猛不丁看上去我以为那是两个雕塑。渐渐挨近时我才分清了雕塑与真人的区别。雕塑无疑是很有文化和历史感的，接吻的男女没有这个，但是，在温暖的阳光中你可以从他们那里感受到一种激情。这使我想到女诗人舒婷写神女峰的那首诗中的句子："与其在悬崖上展览千年，不如在爱人肩头痛哭一晚。"

我在巴黎拍了好多照片，有一张就是拍的接吻。许多朋友看到这张照片无不赞叹一番。这是用的广角镜头，整个画面只取了德方斯回字型的大门下边绵长的台阶。台阶很宽也很密，每一蹬之间在照片上就是一道岁月的横线。台阶是洁白的，像刚清洗过，纯净度很高。一对穿着深色衣服的男女坐在正中接吻。镜头拉得较远，不会惊动他们的吻，也没有任何游人在拍摄时闯入画面。偌大空间属于这对恋人，而他们绝不愧对空间，吻出一种美感，一种味道，在台阶的蹬步线条间流淌……我在这张照片的背面题写道：吻的诗意。

试想一下，如果他们不是选择这种场地接吻，而是选择在一个杂乱的建筑工地会是一种什么效果？巴黎人接吻是讲究环境的，就像他们的建筑讲究环境一样。相比之下，我们在国内看到的公开之吻大多没有环境意识，在建筑工地，在拆迁的废墟，在一条污浊的水沟边，这种糟糕的环境把接吻这项活动弄得庸俗化了。有责任心的话，不妨像在一些旮旯写着"此处不许大小便"一样写上"此处不宜接吻"等字样。

拿巴黎的吻与我们的吻相比较，我还发现了更耐人寻味的东西。

那是在登埃菲尔铁塔的时候，我们排队依次进入了电梯。电梯里边不算宽敞，一次只能容纳十多个人。靠边的地方有一个长条椅，谁先进来谁就坐下。我见有个空位，我就坐下了。电梯上升时，人们可以从四周透明的玻璃往外边看。我想看看天空，可是，我的天空被站在我面前的人遮挡住了。这是一对年轻男女，男的个头和女的个头一般高，他们挨得特别近，他们都有一个又高又尖的鼻子，当电梯开动时，这两个尖鼻子就磁石一样越吸越近，刚碰到一起，两个鼻子尖就往上仰，于是，双方嘴唇就自然贴上了。我的眼前为之一亮：可真会选择接吻地方，比选择雕塑旁选择德方斯大台阶更有味道。这不仅有意义且充满刺激。这是巴黎最有高度的地方，能够登上来就很有纪念意义，而能够接吻上来，那就更值得永远纪念了。这可是最有浪漫色彩的接吻。无怪乎巴黎是浪漫的，接吻都接到埃菲尔铁塔上了。这是有着想像力和创造力的接吻，一下子就达到了卓尔不群的境地，令人刮目。记得西方有位叫洛奇的作家写过一部长篇《小世界》，那里边写到了一批学者文人成立了一个奇特的俱乐部——里高俱乐部。所谓“里高”就是男女要在飞机飞行到1万米以上的高空作爱。这也许是作家的开心，现实生活不会是这样，再寻求刺激似乎也不该是这个刺激法。但是，眼前这种高空接吻倒是充满新鲜感的。

距离太近了，伸手可及。我看得再清楚不过了，就连那个男士脖子上的皮肤纹络都一清二楚。他的面色有点苍白，嘴唇很薄，伸缩性能极好，且富于弹性，就像专为接吻准备的。它轻轻地与另一幅嘴唇贴在一起，又灵性地疏离开来。他们不断在如此这般地重复着，很沉静也很安详。我觉得他们这是在操作一种语言，进行只有他们两人才明白的交流。

需要说明的是我坐的位置和角度使我用不着特意去盯着他们，只需微微把头向后一靠，两眼眯缝，十分自然地就可以把一切尽收眼底。我尽量摆出一副漫不经心的样子，这就没有一点尬尴感了。对方也不会知道我是在细致地瞅他们像欣赏一种表演，他们更不会知道我将会把他们写成文章。

受西方文化的影响，或者确切地说是受一些传播媒介的影响，在我们的城市里也经常可以看到一对对男女在大天白日里学外国人相拥相吻。其勇气固然可佳，但我总觉得有失大雅。通常是男方过于主动，这种主动带有点霸气，不那么懂得尊重女方；也有另一种男人，胆小怕事，想吻又怕被熟人瞧见，就显得卑琐了。女的也有问题，大多属于半推半就，扭捏作态，少许是那种带有张扬性质的却又失之浪荡，简直就不像我们那片土地上的女人。我们总说东方女性含蓄美，好像西方女性就一点没有含蓄了，其实，我在巴黎所见到的女性都像东方女性一样含蓄，相反在国内见过一种女性倒是一点也没有含蓄之美。从接吻上就可以看出我们对于西方东西的接受上缺少必要的加工过程。不可小看了接吻，尤其要想到公众场合去从事这项活动不仅需要勇气更需要素质。搞好了，能够为城市增加风采，搞不好就会损伤城市形象。东西方接吻的差异恐怕不仅在于外部环境上，更重要的在于文化心理上。当我们下功夫搞好城市卫生，兴建卫生城时，我们也不该忽略对于接吻的品位与档次的提高上。也许我们中国的男女到了巴黎到了埃菲尔铁塔上边接吻就会变粗俗为高雅，就像我们在国内改不掉随地吐痰的恶习而到了国外就自动改变了？也未可知。

埃菲尔铁塔高320.7米，电梯升得速度平稳而舒缓，这使他们有足够的时间完成吻。他们吻得很有特色，很耐心很儒雅，循序渐进，周围的环境也非常好，没有一点吵杂干扰他们。在巴黎的任何公共场合都这般安静，连交头接耳的人也没有。他们的接吻实际上就是在进行一种对话，彼此在表达内心最深层次的语言。这种谈情说爱的方式是耐人寻味的。他们进入了属于他们自己的世界。

从他们的表情看，没有那种热恋的冲动那种不顾一切，他们的眼神一直对视着，面部平静如初。他们为什么不兴奋不热烈呢？我有足够的时间去想像这对恋人的故事。他们绝不是那种初恋，初恋是不会这般冷静的，而且，从他们吻得熟练度也不是初恋可以具备的。说不清为什么，我在瞬间突然闪过一个可怕的念头，他们会不会是在进行最后的吻别呢？然后就双双告别人世间？我听说过每年都有人到埃菲尔铁塔顶上往下跳，特别是那些殉情男女。为此法国政府做了防护措施。这两个人会不会选取埃菲尔铁塔顶端为他们的爱情画上一个灿烂的句号？

这么一想，我就有点替洋人担忧了。事实证明我的担心是可笑的。这对情人走出电梯，鸟瞰辽阔的巴黎市区时，他们身上焕发了激情。他们相亲相依，融入观光的人流中。他们不会放弃对生活的爱的，再说，他们即便想在这上面轻生也是不可能的。因为铁塔上边可供观光处分三层：第一层距地面50米，第二层距地面115米，第三层距地面174米，这三层都有铁网拦挡，尤其是最高一层是用玻璃封闭的，比我们封阳台还严实。

在埃菲尔铁塔上面鸟瞰巴黎

登上埃菲尔铁塔俯视登上埃菲尔铁塔俯视巴黎的感觉是难忘的。居高临下，巴黎城尽收眼底。这时候忽就涌出一种大感觉了，再去寻找那条让我迷恋的米歇尔大街，那些破费了我许多激情和文字的民宅就找不到了，至于那个阿兰德咖啡馆就更是渺茫得如沧海一粟，就连那些伟岸的大建筑也失去了高傲的气派，塞纳河细若游丝，它没有缀联巴黎的力量，雄狮凯旋门充其量是个骑马钉，订不住那一大摊散乱的书籍状的建筑群落，还有蒙马特高地上的那一座洁白而壮美的圣心大教堂，也只能像一个袖珍小摆设。再看拿破仑从埃及掠来的功德碑渺小的还不如一个小拇指。巴黎的历史文化之浩大之深邃可以把一切都弄得微不足道。一种历史的沧桑感油然而生，便想起了中国的古人陈子昂：

前不见古人，
后不见来者，
念天地之悠悠，
独沧然而泣下。

意大利古镇

意大利的名胜古迹多得不胜枚举，从晃动的车窗往外看，像有一部陈旧的胶片在时断时续中播放，而街道或建筑物都是那种带有擦痕的具有岁月沉淀的光感，城与城间的轮廓也是相差无几。连篇累牍中，令你很难分清城与城之间的差异，而走马观花式的阅读，简直是对这些历史文化的不敬。

欣赏这么多的古迹，需要停下脚，沉下心，静静地品一品，默默地感受一番。但是，时间有限，那么多更有价值的景点在前边等着你，你只能赶路。在我们兴致勃勃地奔往威尼斯的途中时，竟然与一座古城不期而遇。这真令我惊喜。

当时，我们的大巴跑了一天，在傍晚时分，到了巴多瓦。巴多瓦对于我们是完全陌生的，在快到城里时，汽车却从一个立交桥边绕行到了郊外。意大利的郊外不似奥地利郊外那么优美和谐。不仅少了绿化的诗意，而且杂陈的房屋也显得衰败凌乱。就连路面都不够平坦光洁，导游说我们要到郊外去一家五星级宾馆居住。照这样一味驶下去，真难想像前边会有什么像样的宾馆在等待着我们。

不知不觉间，汽车行驶的正前方出现了一道古城墙。冷丁一看，像舞台的布景似的，有些失真感。我们的汽车照直驶向古堡，这让我兴奋不已。导游这时说，这座古镇叫奇达代拉，谁要是对考古感兴趣的话，那么这回可要有收获了。

离城墙越近，越感觉它的高大厚实。城门与我们的道路趋于一个轴线，看来我们的下榻一定是在这个古堡里面了。哪知，就在眼睁睁朝古堡的大门驶入时，猝然一拐，挨着护城河边，汽车打了个急弯，却朝另一个方向驶去。

我们住进了芬兰宾馆。我住在二楼206房间。房间的窗户是圆的，像船舱的透气口。从我的窗户望出去，刚好能够看到古城墙。于是，我将相机对准外面的城墙拍下了张照片。

晚饭后，大家都希望去古城堡看看。导游没有陪同的义务，他需要休息。在意大利，人们对于休息的重要性遵守得甚于工作。他们在八小时工作之余，是绝对要休息的。因此，他嘱咐我们如果去看古堡，最好大家能够一起去，千万不可以一个人出去。因为这里小偷特别多，而且也有公开打劫的。他一再强调千万小心！

经他这么一渲染，我们便立即感到紧张无比了。有人开始犹豫了，但更多人还是执意走出宾馆，去古城堡转转。

大家心照不宣地结成一个队伍，朝古城走去。我们所有人都拿着照相机或摄像机。

已是黄昏时分，路上根本没有行人，显得格外安静。走出去不到一里路，就看到城堡的高大围墙了。夕阳的余辉平移在城墙上端，城墙的颜色比米色深一些，就跟刚刚剥出的高粱米花一样，色泽饱满而鲜亮。越到近处，越感觉到它的雄伟与高大。

城墙下边是护城河，从地平面看是陷下去的，显得幽深莫测。护城河很宽，忠实地伴随着城墙的弧度弯曲着伸展开去，将一个巨大的圆形城墙勾勒出来。看得出这座古堡里面一定有着巨大的规模。

护城河畔，是一排高大挺拔的欧洲山杨，因年深日久，这山杨长势奇崛，伴着黄昏，在这里制造了独特的宁静气氛，还多少带有点神秘味道。

这种场景像幅油画，我觉得眼熟。那是因为曾经多次从欧洲画家的笔下见识过。画面上的色彩一般都是凝重的，尤其黄昏的古堡更增加特殊的忧郁调子。对于那种凝重的油彩，我一直以为是画家个人情感的宣泄，超越或夸张了真实的古堡色调。然而，现在身在其间，却恍然意识到，真实的古堡黄昏，原本就是一种给你强烈压抑的色调，沉凝中似乎有着一种粘稠，令人几乎迈不开步子了。

在欧洲，最具韵味的城市，便是那些古老的城堡。有的是黑灰色的都铎式尖顶，有的是深米色的石块墙体，还有弧状的圆筒式的墙体或围墙一下子就能将人带到浓郁的怀旧情绪中，而那种谷仓式的建筑，更具有古朴的自然情怀。古城的风格完全来自建筑物造型，大小不等的几何状的建筑形象，会使古城堡充满神秘感的。尤其是黄昏时分走进这种古镇，人生地不熟，不知道这个古镇里边等待着你的究竟是什么，是福还是祸。看那种欧洲电影，我最紧张的就是看到人物黄昏时走进古城，似乎也将我的性命拴在不可测的古城中了。

我们是从奇达代拉古城的正门进入的。古旧苍老的城门洞开着，门垛上方是古罗马的拱券，砖拱。质朴厚实而没有什么装饰。门柱也是砖砌的，方形，即使已经风化得斑驳，也仍然厚重而敦实。城门显得很幽深，至少有十多米的距离。夕阳落下去了，暗下来的门洞里更增添了紧张氛围。这时，突然有一辆摩托车喷吐着响亮的突突声飞驰而来，驾车的年轻人戴着墨镜，令人十分恐怖。我们赶紧搂严肩上的包，侧身驻足等着摩托从身边开过去。那摩托到了我们跟前丝毫也不减速，卷腾起一种狂躁的恐惧。那种感觉完全打破了古城黄昏的宁静。等这台摩托刚刚驶过，那震聋发聩的余音还未消逝，就又从城里面冲出一辆来。那摩托带着恐怖驶来，令我们心惊肉跳。当这种摩托车驶过几辆之后，走在我们前边的人有的开始调头往回走了，他们怯怯地如临大敌般规劝我们返回去吧。

我们面面相觑，刚刚进了城门，怎么能够往回返呢？说什么也得领略一下这神秘的古城呀！即使遭遇到了黑手党，我们也相信不会把我们怎么样的。但，人的想法不同，那就只好各讨方便了。一部分人沿原路回去，我们剩下的人继续往城里深入。

剩下的人大多是年轻人，也都有着很强的好奇心。我们彼此壮着胆子，互相鼓励着，尽量谈笑风生，大模大样地往城里进。但是，我的心也不免提溜起来，如临大敌，仿佛深不可测的城堡里边有着埋伏，随时可能朝我们袭击。

这是中世纪防御风格的古城，大约建于1220年。高大雄伟的城墙体现了防御的特点。进来后，才发现这里面是一座很大的古镇，其结构与现代城市相差无几。有市政厅广场，有教堂，也有居民区。主要大道成十字交叉于中央广场。而居民区的小巷，曲径通幽，四通八达。这里的所有的房子，都体现了岁月的陈旧感。

从文艺复兴开始，意大利的一些大城市那种华丽的建筑理念开始传入民间。于是，才有了一批珍品宝藏般的古镇传世。特别是在意大利西北部，分布着许多这种意大利风格的哥特、巴洛克以及文艺复兴时期的建筑。像卡斯蒂戈隆古镇、蒙塔西诺古城、圣吉米格内诺古城等。这些保存完好的古旧城门、堡垒和石城墙包围着不同年代的华丽建筑物，在今天看来，如同不肯褪色的勋章，熠熠闪烁着历史的光芒，成为现代游人所向往的地方。

蒙塔西诺古城一色用黄石修建，典雅而华贵。城中，点缀着中世纪的教堂和城堡。石阶依山而建，这是小城中必不可少的韵律。许多古堡建在山坡上，这本身就充满历史的节奏感，与时空的旋律感。记得看过一个意大利影片，名字都忘记了，但是，主人公因人生受到重大挫折，由城市来到乡下，隐名埋姓于一座古镇，他就是从一个坡度很高的石阶上，向着神秘的古镇一步步攀登着。那种镜头本身具有着象征色彩，不仅象征着生命的艰难，也象征着生命的不可知性，还有岁月的沧桑感什么的。这座黄颜色的古镇，最著名的产品是红颜色的葡萄酒，这是全球闻名的意大利葡萄酒，其酿酒历史已有好几个世纪了。其中最亮的牌子是：蒙塔西诺罗乃龙红葡萄酒、蒙塔西诺红葡萄酒、莫卡德罗葡萄酒、圣阿提默等。特别是那种用当地出产的一种叫作桑修维斯葡萄酿造的深红色葡萄酒，味道更加醇厚弥久。据说早在17世纪，英国国王查尔斯二世和威廉三世就对这里的酒情有独钟。

意大利著名的古镇还有圣吉米格内诺，这是座著名的塔楼小镇。这个古镇因塔楼众多而闻名于世。最多的时候，塔楼竟有70余座。修建如此多的塔楼，并不是为了观赏，当初完全是为了防御的需要，作瞭望警戒，如同我们古城墙上的烽火台。而现在，这些塔楼挺拔而秀美，成了城中优美而超拔的天际线，也成了古镇人的骄傲与自豪的标志性建筑。甚至已经成了意大利历史名城的显著文化符号。

意大利的古镇各有特点。每一处都是一部厚重的典籍，且不说那里面曾经发生的故事，仅道听途说一点皮毛，就很引人入胜。比如，罗马地区教皇艾尼亚·西尔维奥·皮克罗米尼的出生地——皮恩扎。这个名字，其实就是这位教皇给改的。教皇热爱甚至迷恋他的出生地，不惜巨资在这里搞建筑。可惜，教皇没有来得及将这座古镇装饰出惊世的美艳来，他便作古。如今，这座古城较之周围其他古镇有着更多的更具规模的建筑，它们与教皇一同扬名。

然而，这座教皇的古镇留给人们的印象远不及斯卡佩瑞亚古镇。因为这座古镇里有个教区牧师居住的维查瑞宫，宫殿不仅造型宏伟，最有意义的是在充满历史感的正面墙上，存留着代表不同时代的牧师的徽章，这些徽章组成了宏大墙体的浮雕，也是墙体的永恒的配饰。这是最具纪念意味的方式，据说这是参考了佛罗伦萨的韦其奥宫。

奇达代拉显然不如这些古镇这般享有盛名，这般具有传世的色彩。但是，你一点也不敢小觑这里的每一个空间，每一栋建筑。这里的色彩与风格与卡斯蒂戈隆古镇颇为相似。但这里的建筑物比那里更为年深日久。

这里有建于12世纪的小教堂，教堂内有达·芬奇亲笔做的湿壁画。这里有14世纪的修道院，就是那种带有拱廊特点的院落；这里还有1251年建造的监狱，这座监狱不知道历史上曾经关押过什么重要人物，我只知道它现在垂首于雄伟的塔楼对面，怯然缄默着，在它周围还有法院。一座古镇，无疑就是一座博物馆。而越是历史悠久保存完好的古镇，就越具有博物馆的价值。但是，当我走遍奇达代拉古镇，我看到商店，看到了咖啡馆、酒吧，看到了商店关闭的橱窗内陈列的服饰，看到了破旧的民居，也看到了民居门前呆然恍动的老人那滞重的身影时，我有了一种憋闷感。设身处地替这里住的人想一下，他们能够心甘情愿地在这里接受现代都市生活的诱惑吗？老一代人或许就如同这些陈旧的门扉一样，无可奈何地衰老皴裂了，但年轻的一代，他们如何自觉自愿地接受这四周高大的防御性的密不透风的破旧围墙呢？

在城里边任何一个地方都能够看到高大的围墙，而越是走近围墙，就越是感觉围墙高得不近情理。如同被装进了一个大盒子里，人是很容易有种渺茫压抑感的。尽管城内四面是城门，每一个城门都洞开着通向外部世界，但是，你仍然感觉城门太狭窄了。而且，那种已经破败的粗糙的拱券门垛，似乎也对于这座古墙体失去了耐心。虽然，古镇内有宽阔的广场，有现代商店，有现代生活一应俱全的设施和物品，但是，毕竟这里的气氛太沉郁了。尤其到了晚上，成群的年轻人即使聚在露天酒吧对酒当歌，也无法振动这中世纪古城的厚重大墙，而如同黑手党的闪电摩托再躁再急，也无法改变这古镇千百年约定俗成的庄严气氛。所以，我觉得他们一直向往的是冲出这古镇，冲出这厚重压抑的围墙，冲到了一个更宽阔更自由更五彩缤纷的城市中。

至于这座古镇嘛，我觉得它的意义已经不在于现代人的居住了。居住显然只能是在破坏古迹，而腾出来，维修好，留待人们参观，似乎更合情理。

意大利人有着浪漫的情怀，尤其是年轻人，他们的浪漫溢于言表，他们与这座古镇的气氛相差太悬殊了。我在这里找到了修道院、找到了监狱、找到了教堂，却找不见古镇的浪漫情调。我也不相信历史上这座古镇会留下什么浪漫的爱情故事。如果要想让现代年轻人居住的古镇，我觉得不应该是这样的古镇，而应该像法国古老村庄的那种罗曼式风格的建筑，那里的古镇叫作罗曼威森。小镇有典型的欧洲风格的铁艺栅栏装饰，吸引着人们的视线，不挡光也不遮风，如果你坐在里边，不仅能够看到外面世界的鲜花盛开，你还能看到法国女郎那被风吹拂的一头光亮秀发和波浪般卷动的裙摆。或许你细细品一下这种栅栏的通透感，才能够解释一种古老风情如何被这座小镇人一如既往地静静演绎着。这里面绝对没有骑摩托的，更没有戴墨镜横冲直撞的骑士，而抢包之类的事件，就更与他们无缘了。

还有一个地方的古镇非常具有浪漫情调，那里也会适应现代情侣居住，那里也能够留下美妙的诗篇。那是西班牙的古镇——卡达凯斯。这座古镇风格就像它处的地理位置一样与众不同，一样令人充满奇异之感，因为它是建在陡峭的悬崖上。古老小镇上的建筑充满情怀，是清一色的白墙红瓦，一片罗曼风格。或许正是这种民居建筑激发了人们的创作热情，吸引了许多艺术家来此创作，来此享受爱情。这里有达利的博物馆和画廊，还留下了毕加索、安德烈·布来顿的足迹。他们将画迹实实在在留下来了，而他们的更有色彩的生活情调，诸如爱情呀什么的，怎能不成为后人的牙祭呢?

2004年11月2日　于南国东城

喷泉跳跃

喷泉的跳跃，鲜活了罗马。这是我徜徉在罗马街头的由衷感慨。否则，古老的罗马很难摆脱一副慵懒的嗜睡状。台伯河太老了，滞缓的粘度像城市鼻孔的排泄物。如果没有喷泉，城市就像没有了透气孔。

然而，罗马的喷泉太多了，差不多有二百座喷泉，遍布在罗马的大街小巷，如同二百首乐曲，从古到今，不知疲倦地歌唱着。

其中，最有名的喷泉是纳沃纳广场的喷泉了，那是被行家们公认的世界上最出色的艺术杰作。这是贝尔尼尼的发轫之作，正是因为这个作品之缘，使他赢得了新教皇的宠爱，从而，使那些谗言者们彻底失落。

人们常说，贝尔尼尼生来就是与伟大的宗教显贵们打交道的人。他在罗马留下了大量的笔迹，供后人欣赏与赞叹。不仅仅是繁缛的巴洛克，还有欢快的喷泉，在永不停息地歌唱着。英国诗人雪莱十分赞赏罗马的喷泉，他说，只为罗马的喷泉，也值得去那儿游一次的。

纳沃纳广场的喷泉最大的艺术特点，在于艺术家对水的深深热爱，他将水的视觉形象和音响作为艺术材料，表现得得心应手，淋漓尽致。

纳沃纳广场是一个具有幽深感的长方形空间，四周围绕着古朴陈旧的建筑，使得广场越发显出岁月的沉淀。而贝尔尼尼的最著名的《四条河》喷泉就建在广场正中。显然，这是一种寓意或象征的喷泉，像一首喻意深远的象征诗篇。顾名思义：四条河表现的是四条著名的河流：多瑙河、恒河、尼罗河，分别代表欧洲、亚洲、非洲三个不同地域，而第四条河里约·德·拉·普拉达河则代表着美洲。四条河还附有着不同的动物，马的雕塑，是属于多瑙河的；尼罗河代表性动物是狮子，恒河是棕榈和蛇。作为美洲河的象征性动物，竟是一种奇特动物：犰狳。据说，贝尔尼尼从未见到过这种动物，只是照着画家的版画雕塑而成，结果塑成了一个近似独角兽的怪诞动物了。

且不说这四条河象征的效果如何，最令人惊讶之处在于贝尔尼尼对于一个细而长的十字拱的应用技巧：这些拱是雕出来的，代表一个水眼，你可以从四个不同方面透穿过去看水眼。在拱的上面还负担着更重的花岗方尖碑，这个方尖碑显然是从埃及那里弄来的。仰头看去，这直插天际的方尖碑几乎是悬浮在空中与云絮摇摆，如一柄尚方宝剑，为喷泉带来了神奇之美。

这四条河喷泉对于罗马的重要意义不仅在于美感，还有其适用性。那就是为了当时的市民饮水。那时候，罗马城还没有解决水压装置，水进不了居民家中，人们只能到外面汲水，可以想像，当时在喷泉前那种排队接水的场面，也不失为城市的一道风景。人们感谢喷泉，更感谢贝尔尼尼。

然而，贝尔尼尼却不以为然。特别是他到了晚年时，有一次乘马车经过这里，马蹄咔咔的清脆声音，与喷泉的水声恰好构成闻耳的音乐，车夫满以为伟大的艺术家会进入陶醉过程，便故意将车速放慢，尽量让车子充满崇敬感地经过“四条河”，但是，车夫怎么也不会想到贝尔尼尼一把将车窗的帘幕放了下来，完全遮没了他的视线。接着车夫听到他的嘟哝：做得这么拙劣的喷泉，让我感到辱耻。

这是有文记载的，但是，我有些不相信他真的认为“四条河”不好。他曾经是多么得意自己的构想，并且为此他还敢跟教皇开了个玩笑。

那是喷泉工程到了收尾阶段时，工地四周仍然被一块巨大幕帏遮挡得密不透风。有一天早晨，教皇英诺森十世突然会从幕帏中钻进来，急着要看看工程进展情况。他在施工现场显得十分兴奋，比比划划，对于各种造型雕塑，他都感到称心如意。只是他没有看到喷泉出水，显得有点着急。他问贝尔尼尼喷泉的水什么时候才能涌流出来。贝尔尼尼回答，还需要一段时间。他煞有介事地说，得把一些事情安排就序，然后嘛，才能出水。至于具体什么时候通水，他也说不准。教皇信以为真，转过身，就要钻出幕帏时，突然听到了来自身后的哗哗喷泉声。他回头看时，只见半空中飘飞起一片水雾，一种意外的激动使教皇对艺术家说：“贝尔尼尼呀，你给我们带来了这意想不到的快乐，会使我们的生命延长十年！”

贝尔尼尼的得意之笔还不仅于此。还有一位严重失眠的教皇求贝尔尼尼专为他制造一个睡眠喷泉，因为他只有听到喷泉声音才能入眠，而贝尔尼尼以其高超技艺满足了这位神经衰弱的教皇，这也传为佳话。

罗马城中贝尔尼尼现存的最早的喷泉，是巴卡西亚喷泉。这个喷泉又被叫作“老船”。这处喷泉位于著名的西班牙台阶下面的街中心。西班牙台阶实际是一位法国贵妇人送给罗马的一份礼物。之所以取名为西班牙台阶，是因为西班牙大使馆坐落在这里。如果从高高的西班牙台阶上俯瞰下去，你会看到一堆人聚拢在那里。人多时，你完全分不清人们在看什么，有什么好看的。显然这里是一个热闹的聚焦点，人们争抢看的就是这只“老船”喷泉。

西班牙台阶与老船喷泉，是两个不同时代建造的景点。老船喷泉建造年代要早于台阶一个世纪。但现在我们看去，这两处景点是那样的默契，丝毫看不出百年间的差距。

巴卡西亚喷泉外在造型是一艘老船，充满岁月的沉淀感。两端各有一个船头，分别有三只蜜蜂雕在上面。三只蜜蜂是定制这座喷泉的乌班八世的纹章。由于它的形状它看上去仿佛就要沉落水中，所以，人们便说它是为了纪念古代某次台伯河洪水泛滥时，被冲走的一艘承载生命的大船或小艇。另外，还有一种说法：喷泉被做成船的形状，是因为船是天主教会的标志。这在一些早期的神学家们那里可以找到共鸣：他们把天主教会比作一只在怒涛汹涌的大海上，安全漂泊的一只小船。

与喷泉遥遥相对的大台阶旁边，有一处陈旧的楼房，它因著名诗人济慈在此度过最后的日子而增加了意义。19世纪20年代时，英国诗人济慈因肺结核而拖着衰弱的躯体来到这里度过最后时光。据说，他是奔着喷泉而来。他的诗作几乎全都与水相关：诸如小河、溪流……在他的房间里，透过窗子，一眼就可以看到巴卡西亚喷泉，他躺在这样的房间里，可能会感觉到自己是与喷泉同在吧？他的墓碑刻着这样一段话：

“这儿躺着一个人，他的名字是用水写成的。”

喜欢水的人，必定是性情柔和之人。自古以来，水之于人，如同之于城市，那是不可或缺的。在罗马散步的人，最惬意的时刻就是走过贝尔尼尼喷泉。有一位罗马人说，到过罗马而未见过贝尔尼尼喷泉的人，真是一位不走运的游客。其实，不管你是否见到贝尔尼尼的喷泉，你只要见到

罗马许愿池

水，那么你就会十分庆幸的。因为罗马的阳光太强烈了，而强光下走路，你会炎热得心焦。那种感觉，如同你走在沙漠中。而突然你的面前出现了喷泉出现了一汪碧绿的水潭，你说，你该多么欣喜！

在罗马，我们如同“雪中送炭”般地见到了一个最难忘的喷泉：许愿池。关于许愿池的印象，早在赫本演的那个电影《罗马假日》里已经领略过了。记得影片中饰演公主的奥黛丽·赫本逃出皇室，偶然撞遇到派克扮演的美国记者，从而，两人开始了游历罗马的过程，幽默风趣的对话，善男信女的甜蜜爱情，伴随着美丽动人的城市景观，特别是许愿池前的美丽镜头，令几代人着迷并神往着。

对于年轻人而言，她们更是相信所谓的许愿。或者说，她们简直就是为许愿而来的。我女儿就是这样，她不顾一切地要到许愿池来领略风情。那份急切，就像影片中的男女主角就在这儿等着她，要是迟到一会儿，人家就会走开了似的。

真实的许愿池要比电影中感觉小多了。而且，人又是那么多，围着池边台阶挤坐得满满登登。里三层，外三层，多得你简直无法挨近池边。女儿使劲往人丛中挤，不知道她是怎么挤到了一个座位，然后，不管不顾地掏出硬币，闭上眼睛，严格按着许愿的标准，背朝许愿池抛出去了。她口中还念念有词，不知道她在许下什么愿。但是她身后清澈见底的池水漾荡着无数柔情波纹，而波纹层层交叠中，闪闪烁烁有些晃眼。恍惚中，能够看到水底下堆积着的厚厚的硬币。那些硬币互相履盖着，无法分清哪一个硬币是哪一个人抛下的，因而，也无法弄清哪枚硬币代表着哪个人的许愿。所以嘛，我对女儿说：你的硬币算是打水漂，白扔了！

她忿忿不平，声称心诚则灵，并且，她还为此写了文章，以示纪念。

平心而论，我是不赞同这种许愿方式的。在国内许多类似的景点，也时常会见到人们往水中抛硬币。而硬币对水的污染是不言而喻的。只不过没有人去进行这种统计或说明而已。回来后的某天晚上，我一下子看到电视上播放许愿池的风光片。当镜头中出现了工人打捞许愿池中的硬币时，我赶紧喊女儿过来看。

那些被打捞上来的硬币被装进像垃圾一样的袋子里，沉甸甸地被运走了。解说员称，这些硬币要送到市政府。至于派什么用场，却没说。

我对女儿说：那垃圾袋里有你的许愿呀！

佛罗伦萨的浸泡

在意大利行走，如同是在盒子里钻进钻出。嵌镶着各种复杂纹饰花边的盒子，光灿夺目，精美绝伦。在我们欣喜与感叹的同时，城市的盒子或曰盒子的城市就在不断地更换着，这时候只感觉一个比一个陈旧。似乎盒子的陈旧与盒子的价值完全成正比。

佛罗伦萨街景

当我们从威尼斯钻出来之后，等在前边将要装我们的盒子是佛罗伦萨。如果用意大利文写，是这样的字母排列：Firenze，徐志摩曾将此写入诗作，题目叫作“翡冷翠”，而且，一下子就在中国人当中叫响了。其实，我倒不大看好这个有些别扭的翡什么冷，还缀上个“翠”。在汉语是不通顺的。

另外，用什么翡翠宝石之类形容这座城市，横竖都觉得没有新鲜感，莫不如用一块年糕来作喻，年糕有粘性，这是吸引人的一面，年糕也有硬度，尤其放凉了以后，让你总也啃不透，嚼不完。这时候的口感也具有生冷成分。

许多年前就对佛罗伦萨充满神往。那是我从一本本厚重的珍贵画册中翻阅到的。当时对于这座城市所知甚少。没有完整的感觉，支离破碎中，既有拉斐尔笔下酥软而丰韵的圣母的怀抱；也有米开朗琪罗的斧凿下坚挺的男子肌肉骨胳；至于达·芬奇的《蒙娜丽莎》更是将我带入了罗曼式的幽深画廊中，进行梦境般飘荡。那时候，我也是在一个幽暗的建筑物中生活和工作，那个建筑物如今也成了著名建筑——张学良公馆那幢大青楼。

从建筑的意义上说，大青楼也是有着西方建筑气韵的，采光也具有神秘性的，而我，则是在这样的地方最早接触到佛罗伦萨那一代横空出世的大画家们的不朽之作。

我知道，将自己生扯硬拽地与西方某一城市弄出些瓜葛，这是拙劣散文家的贯用技俩。所以，我不想再多说一句这个与我毫不相干的城市会提前给予过我什么恩赐或启迪之类。它原本就与我毫不相干。只不过我是一厢情愿地远距离也好，近距离也罢地对它神往以久。如此而已。

这样说，我也没有轻慢这座城市的意思。这座具有神秘色彩的城市是欧洲文艺复兴的起点，也是意大利最古老，最具历史性的都市之一。早在罗马时期，这座城市就非常重要，是翻越亚平宁山脉的交通枢纽。在公元前40 年的时候，这里曾经是罗马的屯兵之地。由于军营里面种满了鲜花，那种鲜花被称之为（Firenze），便由此而得名。一个因鲜花而得名的城市，应该是一开始便注满了芬芳。当然，那个时候，人们是不会想到日后，这里将会成为文艺复兴的发源地，会出现那么一批令全世界仰目的艺术巨匠们的。

现在看来，佛罗伦萨像是一个塞满记忆的陈旧盒子。楼群交错出许多狭窄小巷，幽深着，连阳光都显得那般无可奈何。墙体的色彩几百年前就褪化了，残留的只是一些斑驳；墙壁与地面的石质，都是磨损后的光亮，而石缝间的感觉，如同残缺而松动的牙床。

佛罗伦萨像欧洲其他资深城市一样，有着令人肃然起敬的天际线。那是教堂、市政厅与各种公共建筑的奇妙组合。而最适应人们逗留的，恐怕还要属广场了。广场也是最耐人寻味的地方。我们刚进入佛罗伦萨，就被引入了市政厅广场。

这是老年人的广场，到处留下了苍老的皱褶，到处都是沧桑的回忆。

第一眼看到的就是米开朗琪罗给人类留下的壮硕身影，且随着日光而倾斜着。明暗相衬间，大卫那伟岸英俊的美男子裸体，呈现得超越了历史，抵达了当今的完美彼岸。他一直矗立在这里吗？他是米开朗琪罗的化身吗？

米开朗琪罗无疑是属于佛罗伦萨的，因为他就出生在这里。在佛罗伦萨博物馆里有一尊“战胜者”的大理石雕像。那是塑的一个裸体男人，很低的额头，更低的卷发将额头满满履盖，他挺立着，膝头顶着一个阶下囚的后背。那囚犯蜷曲着，脑袋往前伸，像一头牛。解读这个作品，其战胜者的定义是复杂的。正当他举拳将要击中囚犯时，他却停住了，把显出悲伤之情的嘴，还有游移不定的目光转移到了别处，那条雄健的胳膊也向肩头折回。于是，他身子后仰。如此以来，我们眼中的“战胜者”不再需要胜利了，胜利似乎令他厌恶。事实上，他是战胜者，只不过他在感受战胜的同时，他也意识到自己被战败了。这个疑虑的英雄形象，这尊折翼的胜利之神，在米开朗琪罗的艺术生命中占据极其重要的位置。它一直将这个作品留在自己的工作室中，朝夕陪伴着。

米开朗琪罗平生雕刻了那么多作品，为何只有这件是他惟一留在身边，相伴终生呢？知情者说，只有这件作品，才真正是米开朗琪罗自身的体现，是他整个一生的象征。

在他死后，他的一位好友想把它移到米开朗琪罗的墓地去，但不知为什么没有移过去。

米开朗琪罗对佛罗伦萨充满情感，可惜他很早就离开了，这使他一生都在遗憾之中，默默期待着有朝一日，能够再度回到他的佛罗伦萨。他为这种思乡而痛苦着孤独着。他一生都在竭尽全力争取回到他的佛罗伦萨，然而，命运似乎总在跟他开着玩笑，这样以来，他生命的大部分时间都与佛罗伦萨无缘，直到进入无奈：“既然活着的时候不能够，死后至少可以回到佛罗伦萨来的。”

然而，他死后回来了吗?！我不得而知，也没有从其他资料上查到他回来了的消息。只知道他有一张圆圆的脸，饱满的前额上，有着七条皱纹，鬓角蓬松凸出，超过一双招风大耳。最有特点的是鼻子，有点扁平，据说那是被托里贾诺一拳打断了鼻梁骨所致。

现在，佛罗伦萨仍然保留着他的故居。那是在一条小巷里。墙壁上有一个标记，那是1966年发洪水的淹没标线，已经超过了窗框。1966年，对于我们中国人是个永远不会忘记的特殊年代。文化大革命的滚滚洪流可能比这洪水标尺线还要高涨吧?！

在意大利旅行途中，曾遇到过一位精通欧洲的教授，他告诉我，到了佛罗伦萨应该去看一下乌菲茨美术馆，他说这个美术馆里收藏的名画是全世界最多最著名的。乌菲茨美术馆就在广场的一侧，很容易就找到了。一条外廊，壁龛处是一座座人物雕塑，靠左的第一人，就是乌菲茨。此时已是下午二点多，倾斜的光线凝重着美术馆敞开的大门。希望到这里边观看的世界各地游人太多了，人们极有耐性地站成长排。

馆内收藏着价值连城的美术品，文艺复兴时代艺术巨匠们的作品几乎无一疏漏。波提切利最重要的作品，如《维纳斯的诞生》、《诽谤》等，也有提香的作品，据说19世纪时，戈雅也来这里朝圣般地学过画。在这个展馆中，有奇马布埃的代表画《圣母圣子荣登圣座图》。他是乔托的老师，他的艺术在意大利文艺复兴中起到了承前启后的作用。

乔托的作品《圣母登极》也挂在这里，无疑比他的老师更具天赋。他与他的老师表现同样的内容，但他的画笔有着更为丰富的内涵。

乔托，这位与同时代的但丁齐名的大画家，就出生在这里——离佛罗伦萨十四英里的一个村落，叫韦斯皮尼亚诺村。他是一个农民的儿子，从小放羊。用我们的说法，是羊倌。他得感谢他的父亲邦多内。因为是父亲让他去放羊的。

其实，完全可以说成是上帝的旨意：那天，他用一个尖尖的石头当笔，在一块石板上画了一头羊。那是一种原汁原味的写生，当时的乔托从未学过任何绘画方法，更不懂写生。但是，造化就是这样光临到他的头上了。他那鲜活在石板上的羊，碰巧被大画家奇马布埃看到了，惊叹这个孩子的天才。于是，他说服了乔托的父亲，将孩子带到了佛罗伦萨。乔托从此开始了绘画生涯。

在翁布里亚的一座城市教堂里，他绘制了32幅圣方济各生平事迹壁画。每侧十六幅，每一幅都精美绝伦。这使他名声大震，惊动了教皇本笃九世。他正打算找到最好的画家为圣彼得大教堂作画，便派出一名廷臣去查访乔托其人。这位肩负重任的廷臣到了佛罗伦萨后，很快找到了乔托的画室。他很庄重地向乔托传达了教皇圣旨，满以为乔托会受宠若惊，却不曾想乔托平静如初。于是，这位廷臣又加重语气说，是教皇很看重他，并想让他到罗马去为圣彼得教堂作画。说完，他向乔托索要一幅画，说是替教皇要的。乔托慢条斯礼地拿过一张纸，取一支画笔，轻轻蘸上红颜色，用手臂紧抵住身子，手腕一转，在纸上画了一个圆，十分娴熟。那位廷臣以为乔托还要继续画下去，却不想乔托直起腰，就将这张纸递给了他，让他拿去交给教皇。

廷臣瞪大眼睛看着乔托："就这么简单的一幅吗?"乔托回答很干脆："这一幅就足够了！"廷臣认为乔托是在捉弄他，非常气愤。却也别无他法，只能愤愤离去。当他回去见了教皇，将那个圆圈呈上去，并将此情此景一说，教皇反倒高兴了，连声称赞。教皇认为乔托可以不借助任何工具画出这么好的圆来，足见其绘画功夫。于是，他就把乔托召到了罗马，请他在圣彼得大教堂的半圆形后殿里，绘制五幅基督生平事迹的图画和圣器室的主镶板。

乔托钟楼

果然，乔托不负重望，绘制出最优秀的胶画法壁画，教皇喜欢得不得了，赏赐他六百金币。

乔托不仅是画家，他也是位了不起的建筑家。在佛罗伦萨至今留下了他那纪念碑式的钟楼——乔托钟楼。

要找到乔托钟楼，还得穿过市政厅广场。然后，从一条小巷钻出去，突然间，你的眼前会大放异彩，绚丽无比。因为你面对的是这座城市最有名也是最伟大的建筑——圣母玛丽亚大教堂，叫白了，人们也叫成圣母百花大教堂。冷丁一看，这是一块鲜艳夺目的巨大花宝石，从上到下，通体一片光芒，让你无法分辨清那是使用了什么华贵的材质。主体呈白色花纹，白里隐透着斑驳绿意，绿白相间中，完全是神圣的肌肤。无数块马赛克，无数个拱券，无数道花纹雕饰，无数的彩窗造型，奇迹般组成了这个庞大的令人吃惊的建筑。你仰起头来，要仰到相当的角度方能看到它的顶端。

而乔托钟楼就是这个璀璨整体的一部分。它是一座近似于方形的几何体钟楼，全部装饰细节都是乔托亲自设计，他亲手做出模型，并在模型中，用白、黑、红三色标明大理石和饰带的位置。钟楼高100英尺，四边形，他还用大理石制作了部分雕刻和浮雕的样式。现在看上去，这个钟楼就是造型别致而典雅的工艺品，从上到下，没有一处不流光溢彩，其放大的精美程度令人哗然：那么多的花窗，笔笔精湛，就没有一处是粗糙的。这是乔托的呕心沥血之作，他担任工程总监，可惜他没能坚持到这个作品竣工，就永远躺下了。这是乔托留给这个这座城市的最后一件艺术品，也是留给他自己的最后纪念物。我本想将其喻作他的墓碑，但是，就在他安葬的这座圣母百花大教堂的左侧，赫然有一个白色的大理石碑，那就是专为乔托而立的墓碑。

圣母百花大教堂之所以如此斑斓璀璨，在于一大批才华横溢的大师巨匠们的云集。不仅有乔托钟楼之绝唱，还有洛伦佐为教堂制作的圆顶四周的圆形窗，教堂主门上方的三个窗及所有祈祷处和讲坛的窗，多纳泰洛做的基督为圣母加冕之窗，还有伯鲁乃列斯基、斯皮内利、乌切洛等一大批数不胜数的艺术大师的智慧与技艺都留在了这里。这是一个能够闪烁出佛罗伦萨那个时代艺术家群体光芒的建筑，并汇萃了这座城市的艺术之魂，如此凝聚且经久不散。

佛罗伦萨标志性建筑
圣母百花大教堂

在这座巨大教堂的旁边，还有一座教堂是圣约翰教堂。与华美的圣母百花教堂相比，这座教堂确实不能够吸引游人的眼球，然而，这里有几扇门，却是游人必到的地方。每天，门前就有排着长队的人们，在烈日下耐心地等待着。这是一个非常特别的高贵无比的门，也是全世界最精彩的门，因而，此门被唤作“天堂之门”。

说到这个门，就得说到门的作者洛伦佐·迪·乔内·吉贝尔蒂。这个名字太长了，通常被分开叫作洛伦佐或吉贝尔蒂。

佛罗伦萨在经历过15世纪那场大温疫之后，市政会议和商会决定为这座最古老的圣约翰教堂做两扇门。他们召集了意大利所有的匠人，其中有了不起的伯鲁乃列斯基、多纳泰洛、雅各布·德拉·奎尔恰等。自然也不会少了洛伦佐。

为了拿出自己最具说服力的作品，以展示自己的本领，这些巨匠们全力以赴投入创造。在这个过程中，这些人都是闭门造车，怕别人效仿或抄袭，他们拼命掩饰自己作品，而惟独洛伦佐将自己的设计或模型公开化。他还邀请市民们随便挑选，以便倾听他们的意见。他做了许多模子，最后浇铸出一件青铜作品，打磨得金光灿烂，妙不可言。

评审作品的日子到了，面对考试，匠人们都将寄托自己闭门打造的作品交上来，评委们和市民们同时过目。人多嘴杂，看法自然不同。这时候，正好一批外国画家、雕塑家、金银匠们来到了佛罗伦萨，理事会当即邀请他们来参加评议。他们的看法也不相同，尽管个个都是行家里手。但是，有一点却是惊人的相似，他们一致看好洛伦佐。他们对洛伦佐评价极高，认为他的作品构思精妙，布局出色，人物姿态优雅，细枝末节巧夺天工，仿佛不是浇铸的，不是用铁器打磨的，而是用气吹成的。就这样，他一举战胜了诸多功名卓著的前辈。开始了他的传奇生涯。

这时候的洛伦佐才年方20。

据载，1439年，教皇欧盖纽斯来到佛罗伦萨主持宗教会议时，看到了洛伦佐的作品，赞赏不已，遂请他制作一顶主教冠。他将这顶教冠做成了稀世珍品：精美绝伦的金叶透雕，金叶间有许多高浮雕微型人物，华美绝代，光彩四射。这是一顶极有分量的教冠，冠重15磅，仅冠上的珍珠就有5磅半重，珍珠和镶嵌的珠宝价值三万金币。从此，洛伦佐与这顶教冠一起走向传奇。

洛伦佐从二十岁开始，便将自己献给了教堂的门。他为此终日工作着。他整整辛苦了四十年，他由青年而中年，由中年而踩到了老年的门槛了。

我们在佛罗伦萨看到了他的三个门，一个是圣约翰教堂洗礼堂的南门，一个是圣约翰教堂洗礼堂的北门。这两个门都是青铜镀金质地，随着岁月的流逝，如今看上去，青铜沉淀出凝重的深绿，而镀金的光芒与深绿的沉静感相融得惊世骇俗，耐人寻味。

最能够吸引游人的门，便是第三道门——圣约翰教堂洗礼堂东门。这扇门富丽堂皇，美仑美奂，不仅超过了当时所有雕塑家，而且也超过了他自己先前的所有作品。在制作这个门时，他得到了最充分的信任。商务理事会完全放手让他去做，一点不加干涉，不管花多少钱，也不管花费多少时间。洛伦佐将门分成十个方格，两栏排列，方格四周饰以竖式神龛，龛中人物几乎是高浮雕，美不胜收。这些人物有的是圆雕，有的是半浮雕，有的是浅浮雕，结构严谨，匠心独运，精妙至极。男女人物的姿态富于想像力地夸张着，由于每一格内的图案营造出多变的氛围，且有透视感，使得整个作品中人物鲜活跃动，情态优美，长者庄重，少者风雅，恰到好处。

在细细领略了这十个格内的十幅图之后，我想，要是将这每一个格内的图案拓下来，也不失其名画的效果。不仅人物造型，就是建筑物也恢宏壮丽，达到了超凡境界。

对于这扇杰出而不朽的作品，古今许多人评价极高，认为它的确完美无瑕，堪称旷世之作。但，最具纪念意义的还是米开朗琪罗曾站在这扇门前观看半天，有人问他这门怎么样，是不是很美丽呀，米开朗琪罗答道："太美了，这简直就是天堂之门。"

从此，这扇门便被人们叫作天堂之门。导游女进入这里头一句话，就是指引游人们到这扇门前，她说，这是"天堂之门"，人们都到这里来，都希望去门前照张相留念，会有福气的！

在这扇门前拍照要排长队的，这需要时间和耐性，但是，如此光芒四射的天堂之门既然能够给我们带来好运，即使等些时间，也是应该留下照片的。

终于轮到我们了，我不仅给女儿单独拍了一张，我还让旁边人为我们父女俩拍了一张合影。我的用意很清楚，除了希望我与我的女儿在这扇华美高贵的天堂之门前，得到吉祥和幸福之外，我还希望这扇门能够为女儿带来艺术的灵气。因为她的学业毕竟是离不开艺术的。

天堂之门，幸福之门是不会白白制造的，它真的为洛伦佐带来了巨大的福分，也使他得到了别的艺术家不曾得到的报应。他为自己打开了幸运之门，就此，幸运女神光顾到他的头上。他不仅得到了商会给予的丰厚的报酬，还得到了市政会议赐予他的一个肥沃辽阔的农场。这还不算，他居然官运亨通，当上了城市的最高行政官。

最终，他安葬在这个城市的另一座教堂——圣十字教堂。这座教堂正立面的圆花窗也是出自洛伦佐之手。我们也来到了这座教堂。此番周游，我发觉为女儿拍摄的照片中，她的表情几乎全是面带微笑的，而只有到了这座教堂时，她的表情异常庄严起来。照片中的她，背对一个灰色的汽车库门，正仰视着前方的圣十字教堂。她的目光被什么东西瞬间照亮了，超然出一种神圣的感觉。目力所及处，应该是那排弥散出奇异光泽的圆花窗。该不会是这些圆花窗，也在为洛伦佐的灵魂招致世人景仰的目光吧？

佛罗伦萨的真正灵魂不在这里。回国后，看到央视播放了一部电影《看得见风景的房间》。从男女主角交换后的楼房窗口望出去，便是佛罗伦萨的城市上空。在那一片陈旧着的屋脊当中，突显着一个高大的圆顶，卓尔不群，高出了其他建筑物一大截子。这是最具代表性的建筑了：圣母百花大教堂的高耸的大圆顶。它不仅拔高了城市的高度，它也提升了城市的精神品质。像一顶高贵的教冠，不仅成了这座光辉城市的标志性建筑，也同时成了这座城市的不朽的精神和文化符号。

而这个最鲜明的符号，就是与一位建筑大师的名字联系在一起的：伯鲁乃列斯基。他是怎么想到将这个建筑物拔高这么一大截子的呢？

得从1417年说起。那时候，百花圣玛利亚教堂艺术品保管室和理事会联合召开一次全国的建筑师和工程师会议，讨论升高圆顶的方法。伯鲁乃列斯基也应邀出席了这次会议，并且，从此他开始了研究升高圆顶的方案，开始设计升高的模型。但事情进展并非一帆风顺。直到三年后，也就是1420年，各路英杰又集中于圣母百花教堂的艺术品保管室，在这里等于开了一个讲坛，倾听每一位匠人对于升高拱顶的方法。有人说，壁柱必须从地面开始，壁柱上必须有拱，必须支撑承受重量的木托架；有人说最好做一个海绵石圆顶，分量轻一些；许多人赞同壁柱应立于中央，圆顶应是亭形，像佛罗伦萨圣约翰教堂那样。也有人出馊主意。这么多人中，惟有伯鲁乃列斯基出语惊人。他认为圆顶升高不需要那么多木架子、壁柱、泥土，不需要花那么多钱造那么多的拱，不需要脚手架，就能轻而易举地升上去。

他的话，惹来一片嘲笑。在场的这些原本指望听到高明之见的理事们、保管员们以为伯鲁乃列斯基是在说胡话，完全是疯子的计划，不必在意。而伯鲁乃列斯基却只管执拗地说下去：“我敢说除了这个办法之外，没有其他的办法能把圆顶升上去，你们尽管笑我。”他接着说了具体的技术问题：要把它竖起来，必须弯成平拱的曲线，造两个圆顶，里一个外一个，人也许能在两个中间走来走去。因为圆顶是要做成八角形的，因此八边角上方的结构，以鸡尾榫接合石块使之牢固，同样，八边要用栎木材围固。还得找到光线、楼梯和排泄雨水的水管。等等，这些技术细节无比琐屑，我在此无法赘述清楚。

总之，他越说越让人们目瞪口呆。他越是充满自信地解释他的想法，便越是令人生疑。他们认为这个人不正常，像一头倔强的蠢驴，满嘴胡说八道。人们开始起哄，撵他走，他不肯，便令仆人最终将他拖走了。

由此，他开始遭到人们的嘲弄，甚至在佛罗伦萨的大街上，他有时都会遭到人们的起哄：快看呀，那个疯子来啦！他为此精神很受刺激，甚至一度不再敢上街了。

但，伯鲁乃列斯基是个执著的人，他不会因此而放弃。他常常会为建筑艺术而痴迷的。他曾经在罗马看到宏伟的建筑和结构完美的教堂时，半天立在那里，痴迷出一种呆相，仿佛灵魂已出了窍。他极其勤奋地工作着。他将罗马那些伟大建筑逐一进行测量，不惜代价。他还收集平面图。他在意大利到处奔走，没有一幢优秀建筑他没有测量过。他始终抱有两大志向：一是恢复优秀建筑风格和光辉；二是找出一种方法，升高佛罗伦萨圣母百花大教堂的圆顶。特别是后一个志向，耗费了他好多心血。他画下所有古代拱顶，并做笔记，仔细琢磨；如果发现柱头、柱、上楣和柱基埋在地下，他就会动手想法挖掘出来，便于更仔细研究。由于他不修边幅，衣冠不整，且低着个头总是注视地面行走，似乎总像在寻找什么，便引起了一种流言，说他是“觅宝者”，为了觅宝一定谙熟了土沾泥卜之术。有意思的是，居然还有人悄悄尾随其后，看他到底能在哪里发现宝藏。这近乎荒诞的事情是几年前出现在罗马的，而他没想到在佛罗伦萨，他竟会置身到更荒诞的现实当中。

无论这个城市对他投以怎样的偏见，但是，他还是要感谢这里的，因为毕竟他梦寐以求的事业，在佛罗伦萨的高贵上空得到了实施的机会。尽管让他跟当时红极一时的洛伦佐同时负责任，他满心不愿意，也只能接受现实了。

当然，一切方案得他出。洛伦佐会做门，却不懂这种高难度的建筑“升高术”。最后，他难住了洛伦佐，使得佛罗伦萨的达官显贵们终于认识到了他的光芒。

他不仅是位伟大的建筑师，他也是位了不起的结构大师。为了那复杂“升高术”的搭架子，就说明了这一点。

这是一个天上的工程，是用什么样的脚手架做成呢？即使现在的建筑工人，面对这样高耸的需要拔高的圆顶工程，恐怕也只有望天兴叹吧。但是，他轻而易举地做出来了。并且，在他一手操作下，这个天上工程得以完成。当这座城市中曾经嘲笑他是疯子的人们在一个梦醒后的早晨看到那个紫红尖顶一下子升高了，充满神灵地卓然于城市上空的时候，他们集体成了呆子！

这个标志性的建筑本身显示了无比的美丽。从地面至天窗底部高达308英尺；天窗高72英尺，最顶端的铜球本身高8英尺，十字架有16英尺，总高已经达到了404英尺。在此之前，从未有建筑达到过这样的高度。这个大圆顶高耸入云，简直是在向天际挑战。它使得佛罗伦萨四周山峦黯然失色。因为阳光日日最灿烂地照耀着圆顶。

伯鲁乃列斯基是属于佛罗伦萨的，他不仅在这里完成了他平生最辉煌的杰作，而且，这座城市至今能够清楚地记住他的祭日：1446年4月16日。

据载，他死后，这里的人们才真正深刻地认识了他，并且赞不绝口。他的葬礼在圣母百花大教堂隆重举行。最有意味的是他的墓地。人们精心选择了在圣马尔科教堂门对面的布道坛下的植物作为象征：无花果树叶，和金色田野上的绿浪的盾形纹章。这分别代表他的出生地——弗拉拉地区波河畔的小镇菲卡罗洛。树叶，表示地方，波浪表示河流。一位与他同时代的画家感慨道："可以这样地说，自古代希腊和罗马至今，没有比菲利波·迪·塞尔·伯鲁乃列斯基更卓尔不群的大师了。"

佛罗伦萨在一个时代里产生了一大批不朽的艺术巨匠。不仅有达·芬奇、米开朗琪罗、乔托、伯鲁乃列斯基、洛伦佐等，还有多纳泰洛、保罗·乌切洛等。他们个个才华横溢，风姿卓著。他们创造佛罗伦萨的形象，也同时创立了他们自己的风采。

在他们神奇光环的背后，他们都有着奇特的人生经历。

菲利波修士，从小是孤儿，姑母将他带到八岁后，把他送进了修道院，他就这样成了一名修士。他不爱学习，特别不喜欢文字，而只对绘画感兴趣。他凭着天性，整天钻研绘画。十七岁那年，他脱去僧袍告别修道院。他的面前天高地阔，他渴望飞翔。然而，当他在海上航行时，却被摩尔人抓去当了奴隶。带着镣铐一干就是十八个月。他给主人画了一幅画，画在墙上，人们看了惊奇不已，立马让他解除了劳作，由阶下囚而一跃而为桌上宾。他爱女人，见到就追，没有女人他画不成画。实在追不成，就将这个女人画成肖像，用来自慰。在佛罗伦萨的美狄奇宫，有他的画作收藏。美狄奇当时很看重他的画，把他请来作画。由于赶时间，他怕菲利波去追女人而影响作画，就将他反锁在画室里。结果他画几天后，欲火燃烧，无法自制，便将床单撕开，扭成绳子，从窗户顺爬下去。结果找到了女人玩了好多天，直到过足了瘾才回来。这件事使美狄奇认识到画家是锁不住的。并从此对他关怀备至，因此，他成了美狄奇忠实的画匠。

他的命运如同他的情绪一样起伏跌宕，他那么狂热地追求女人，而最终还是死在女人手里。一位他深爱着的女人毒死了他。不过，令他可以欣慰的是另一位女人给他生一个孩子，长大后也酷爱绘画，也成了一名颇有名气的画家。

美狄奇锁不住画家，已经成了佛罗伦萨的笑谈。但是，还有位更有意思的画家叫乌切洛，他长期一个人在圣米尼亚托修道院里作画。这个修道院在佛罗伦萨郊外。每天作画很辛苦的，但修道院的院长每顿只给他提供乳酪当饭。顿顿乳酪让他早已吃腻，却又不好意思启齿，想来想去，只能停工走人。修道院院长一见画停了，画家也不见了，便感觉蹊跷，四处里派人寻找。乌切洛知道修道院在找他，便更加留心躲避。在佛罗伦萨的街头，只要一遇见修道院的修士，他抬腿就跑。这一跑，让街上人莫名其妙。有一回，他跑慢了，被两位年轻的修士追上了，问他为何一见到他们老远就跑。保罗·乌切洛气喘吁吁地说：乳酪，都是因为乳酪。他忿忿然：你们那个没长脑子的院长，他妈的什么东西都用乳酪制作，净往我肚子里塞乳酪，我真害怕自己变成了乳酪。两位修士听了哈哈大笑。他们立马回去禀告院长。院长马上打发人将画家隆重请回，为他提供了最好的饭菜，从此，绝不敢再用乳酪充填了。

据说开始乌切洛一直用暗淡土绿色作画，此后，他开始讲究颜色了。乌切洛在佛罗伦萨的踪影，最后定格在老市场的圣托马索教堂门口。

那里有个自由市场，很是热闹。画家选择在这里作画，有种特别的感觉。他像所有那个时代的画家一样，在作画时，绝不希望任何人看的。他用一块木板做成屏风，将他与市井人声隔绝开来。这一遮挡，反倒很惹人关注了。有一回，雕塑家多纳泰洛好奇地问他：你在画什么呀？遮挡得这般严严实实。他不无自豪地说：“过两天就让画来满足你吧。”多纳泰洛便不再追问，而是望着森严的挡板，以为时间一到，就会出现奇迹的。然而，过了一段时间，他又到市场买水果，又在这里驻足了。这时候，他看到乌切洛正在将遮天蔽日的挡板挪开，便亲切地上前招呼他，希望能够先睹为快。乌切洛画了这么久，下了这么大的功夫，是希望看到的人无不惊叹叫绝的。这是他的绝唱呀！他多么期待着别人的赞美！然而，他拆去挡板，十分热心地迎接着多纳泰洛，心急火燎地寻问对他作品的看法时，多纳泰洛端详半天，脸色越发灰暗地说：啊，保罗，你还是把它遮起来好些。你的艺术现在把它全暴露啦！

这是当头一棒。画家原指望绝笔之作将会传世，将会受到热烈称颂，却绝不会想到竟至遭此奚落，从此心恢意冷，闭门不出了。

多纳泰洛如此苛刻评价乌切洛的作品，其实，他自己也有过同样的遭遇。

他雕刻了一件自以为非常了不起的作品，并为此耗尽心血。有一天，他找到伯鲁乃列斯基，希望他对他的这件不凡作品给予评价。长时间雕刻一件作品，是件孤独的事情，一旦完成，是多么想受到人们的称赞呀！然而，他眼巴巴地注视着伯鲁乃列斯基的面部表情，那上面丝毫没有他期待的表情，倒是有一种怪怪的样子。

他便说：看在我们老朋友的份上，你就直说吧！他万万没想到对方会做出这样的评语，认为他笔下的基督完全不像基督，倒像个庄稼汉。伯鲁乃列斯基以教训的口气说，你知道耶稣的身体是最美的身体，而你看看你这个人物哪有什么美感？多纳泰洛面子承受不了，他没好气地说，如果雕像像你说的这么容易，那人人都可以雕出世界最美的耶稣了。你拿块木板试试，你再来评价也不迟！他说着，丢给对方一块木板。

一个多月之后，伯鲁乃列斯基请他去家里作客，说是跟他好久未见面了，想跟他喝一杯。于是，他们两人在市场买完下酒菜之后，伯鲁乃列斯基让他先去他家，他说他还要有点事儿，晚一步回去。于是，他将买的菜都交给了多纳泰洛。多纳泰洛也没有多想，就拎着这些大包小包的菜去了伯鲁乃列斯基家中。一进门，他还没等将手中的菜找个地方搁下，就一眼看到了大厅里最醒目的地方，放着一个木刻，上面的耶稣雕像精彩至极，他当时就惊呆了，猛地扑过去伸手就要抚摸，结果，他手中拎的那些肉呀蛋呀全都掉到地上，打碎了。等过了一会儿，伯鲁乃列斯基回来时，看到地上打碎的鸡蛋，便笑着嗔怪他：老伙计，你这是怎么了呀？我们的喝酒菜怎么会让你弄得这样乱七八糟？我们还吃什么呀？

多纳泰洛依然呆呆地盯着雕像，心悦诚服了：的确，伯鲁乃列斯基的作品是世界上最美的耶稣，而他真的就是庄稼汉呀！

庄稼汉在佛罗伦萨是个被人嘲弄的字眼，就像我们嘲弄一个十分土气的人：你真农民。我们中国人到了国外，确实难改这种农民本色。尤其到了意大利这种充满浪漫和陈旧贵族气息的城市里。我们喜欢成群结队出现，如同农民早起出工。我们不怎么注意遵守交通规则，在人家眼里也像农民。我们好奇着，见到什么高贵的陈列品都想用手摸摸，甚至有的胆子更大，一屁股会坐到人家展品上。听说，还有人到了巴赫故居掀开巴赫弹过的钢琴就敲打几下。因为他不会弹奏只能敲打，不过，这一敲他获得了回来吹牛的理由：哥们儿弹过巴赫的正宗钢琴！

任何民族都有其劣根性。我们也不能妄自菲薄。庄稼汉怎么了？至少勤快呀！不像意大利人，一片慵懒状。明明写着九点开店，可你九点半进去时，她还拿白眼瞅你。她们坐在那里要喝半小时咖啡，聊一小时嗑儿，说是为了调整情绪。调整好了以后，才能正式接待客人的。这时候，已经是十点半了。而且，他们到点就下班，绝不肯多干一分钟，就连超市，也早早就关门了，所以，在意大利旅游时，每天晚上我们想到附近的超市买几听啤酒喝，结果每次都是失望而归。有一次赶上她们还没有关门，我们欣喜闯进去，却好说歹说人家也不卖给你了。下班，这就是神圣的定义，绝没有灵活可言。

不过，在佛罗伦萨我倒是喝到了啤酒。那是在市中心的一家小店，门口摆放着餐桌餐椅，很安静。一路上，不断看到人家当地人坐在露天饮酒的休闲幸福状，禁不住羡慕起来。这一回，无论时间多么紧，还有多少更有价值的景点等着我们去看，但是，我也决定不再去看了，就坐在这里，慢慢地享用啤酒。这里啤酒很贵的，四欧元一杯，相当于人民币40元一杯。喝着贵重的酒，只能小口啜。我尽量摆出绅士状，注视着街上来往行人，也注视着对面那座楼房，我不知道那里是什么地方，只是从建筑立面的顶部看到了巴洛克的装饰曲线。我断定这也是一座著名建筑。著名的建筑太多了，满目皆是。

放开眼，往更远的地方看去，全是陈旧的，见不到一缕新建筑的光色。这里的人们每天浸泡在古迹之中，他们满足着，享乐着，时光在不觉中消磨，意志也会在不觉中消磨的。或许，他们在这种消磨中才真正领悟了人生真谛？只是，我有点惋惜，佛罗伦萨只能属于过去，属于越来越遥远的过去了。那一批横空出世的天才巨匠们已经从这里消失了，在他们的身后，再也不会有高大伟岸的身姿挺立起来了。因为，享受的意大利人只希望手执酒杯，不再有人愿意去攥紧锤钻，没完没了地去凿击着大理石以至于蓬头垢面了。更不会有人像米开朗琪罗那般一生都在艰辛的超体力苦干之中，即使到了晚年也不会半点享受，睡觉时连鞋袜都不脱，直到几个月脱时，连同皮肉一同撕下来，那份血淋淋的细节，虽然能够打动我，却已经永远感动不了现代的意大利人了。

从这个角度而言，佛罗伦萨曾经不朽的艺术，已经在啤酒中淹没了。

听说美国人曾问意大利人：你们这么懒散，怎么能够挣到钱呀？意大利人惊讶地问：挣那么多钱做什么？美国人答：享受呀！意大利人哈哈大笑：我们现在就是在享受呀！

是呀，当意大利人在享受的时候，我们却在大街上奔波，我们满头大汗地去看那些名胜古迹，我们为此付出的汗水与金钱同样很多。有意思的是，当我在佛罗伦萨街头喝啤酒的照片冲洗出来时，一位朋友却硬说我这张照片很假，简直是在装模作样。他说我的姿态过于夸张了。开始我没有反驳，任他说下去，但是，后来，我越琢磨越沮丧：看来咱真的像个庄稼汉，大热天汗涔涔地在人家的城市像出工一样忙碌奔波，那是一幅真实的瞬间，而咱连坐下来喝杯啤酒的瞬间享受都不被认可，并被说成是假的。唉，就这命？

2004 年11月7日于东莞东城

布景道具的威尼斯

到威尼斯时，感觉一点都不像威尼斯。已经进入了城市，也分明看到了水域。但，这种城与水的关系就跟进入我们东北的海滨城市那种粗糙简陋的海岸相差无几。举目四顾，城廓无力包容的那份匆促与荒芜不断延伸着。等到登上船坞，其简陋感越发离你心目中的威尼斯相去甚远。

威尼斯是一座给予我们太多想像的城市，那简直就是一座被我们用想像的色彩构建起来的城市。该不会因为想像成分的膨胀，而导致了我们真正接近它时，反倒远离了真实?

翻译说，船是提前定好的，他特别强调了到威尼斯内岛要遵守时间。因为去那里的人太多，而船都得提前定好，到点就开，不能等人的。我这才明白，这里还不能算是真正意义上的威尼斯，只是往威尼斯去的码头。

驶出码头，天空灰蒙，水面也不清澈。大约有半小时吧，突然看到了船舷的左侧闪现出十分眼熟的建筑物：高而挺秀的钟楼像一支竖起的方正的铅笔，直刺蓝天，而簇拥在“铅笔”下方的一堆建筑物，以其夺目的花纹雕饰，令人目眩神迷。

威尼斯就是这个标志：连续的拱廊和上方的四叶图案，这种图案弥散着土耳其建筑的韵味儿，像一排勾织出的精美的窗帘图案。这个建筑物应该是道奇宫吧？建于14世纪。

一船船像我们一样的人，被

威尼斯的建筑符号——四叶花饰

运输到了岸上。船来船往的码头，运人与运货同样热闹非凡。岸上全都是人，跟煮饺子似地沸腾着扑腾着。想照张相，镜头完全被人头淹没。人头黑色的多，棕色或金色的较少。码头的路不够宽，一侧是古建筑的楼群，一侧是河水，起伏的是桥，桥上的人更多更密。人流比水还急地朝着一个方向急淌而去。如果从上方鸟瞰，我们这些个密密麻麻的人岂不更像蚁群?

最具标志性的建筑就在威尼斯广场了。这个广场的正门完全不是为岸上人所设，它朝向海面。那不过是两根石柱子。一根上端雕的是威尼斯的代表性东西“飞狮”，另一根柱子上头雕的则是威尼斯最早的守护神圣狄奥多。公元828年，两位威尼斯商人将圣马克的遗体自埃及偷运回威尼斯，福音传道者说，上帝决定将威尼斯成为圣马克最后的休息地。自从圣马克来了，作为守护神的圣狄奥多就被圣马克所取代了。

这两根柱子平行在一条直线上，既有将对面的大海雄健地区分开来的功能，又有招引不同历史不同肤色的各路船只停泊上岸的庇护感觉。只有柱子的“门”，是很有想像力与表现力的。这种风格的空间，曾经令许多人赞叹不已。

“突然在地平线展开，泻湖豁然开朗，这里的左右有着雾气弥漫的岛屿，左方浮现着精致的摩尔式纪念碑，一座具有东方美与无比雅致的惊艳建筑，这即是总督府……整座教堂的神圣庄严，以及使石柱显得宁静圣洁的阳光，在我们眼中是洒落在精神上的光束，令人感动的神往，这一切的一切使得圣马克广场成为举世最值得赞叹的事物。”

这是小说家莫泊桑1851年时写下的文字。他捕捉到了石柱上的圣洁阳光，并且视作“洒落在精神上的光束”。其实，如果说到这种精神光束的话，在圣马克广场可以说比比皆是。在塔楼上，在钟楼顶部，在圣马克教堂那璀璨的圆顶，以及总督府和市政厅的墙体上面，这些光芒因之太多的散射，从而导致了我的眼睛不够用了。我不知道该往哪里瞅，或者说我上岸后，跟前边涌动的这些游人一样傻里傻气地顺着人流只顾往前边挪动着，犹似走在一个迷宫般的棋盘格中。

完全是你不熟悉不会玩的一种棋局，凭感觉？还是凭聪明？似乎这都不能保证你的棋路高明。你会感觉处处眼花缭乱不知所以，你甚至会觉得特别发呆。年轻人最时尚的发呆一词，到这里来运用很是恰切。只记得先到了一个小广场上，还没等看明白怎么回事儿，又被卷入了一个大广场。

这个小广场套着的大广场，才将威尼斯广场的真实面目展露出来：这才是拿破仑惊叹的欧洲的最美的客厅：一个集建筑与历史之大成的华贵客厅。可以想像，小个子的拿破仑，与广场任何一处建筑物的天际线接触时，都会辛苦他的脖子的。广场东侧的楼现在叫作拿破仑翼大楼，也算拿破仑没白来一次。如果拿破仑当时有能力在这个广场的顶上盖个盖子，那才是名副其实的客厅了呀!

吸引人们目光的是东面的圣马克教堂的豪华门面。在这个围成长方形的广场上，圣马克教堂的正面是最耀眼的。圆顶像珠宝，却比珠宝还眩目。这座教堂是开放的，只是排队往里进的人需要注意仪表，如果坦胸露背或是穿着短裤拖鞋什么的，你就会被人从队列里请出来。教堂里面的辉煌更是无法言说。我们进去后，坐在那里没有祈祷，而是一直仰望着穹顶，看着那一片辉煌灿烂的上帝的世界。

教堂周围的建筑还有总统府、图书馆、新旧市政大厦和它们之间的连接体，从建筑学的意义上看，这些建筑都以发券为基本母题，都作水平划分，都是崭齐的天际线，都长长地横向展开，它们有着旋律的连续性，并形成了单纯安定的背景。说到这个背景时，我最欣赏这样一段文字：“在这幅背景之前，教堂和钟塔像一对主角，在舞台上扮演着性格完全不同、却又互相依恋的角色。钟塔是那样伟岸高峻，气度不凡，教堂又是那样的盛装艳饰、活泼热情。它们每一个都是对方的补充，得到补充之后，更淋漓尽致地发挥着自已的性格。不愧为‘欧洲最漂亮客厅’的赞誉。”这是我在十年前读到的《外国建筑史》一书时，所铭记的段落。我惊叹我怎么不像是在读建筑史，倒像在读散文。陈志华先生写到威尼斯时，他的端庄的学者文笔完全变了，变得色彩纷呈，忍俊不已。他完全成了一个散文家。

他说到的那个钟塔，是在广场北侧邻近圣马克教堂处。那个钟塔在你一迈进大广场时，正面与你的视野相撞。着面完全是一幅灰黑调子的画幅。画着什么并不重要，重要的是那种色调对你视线的冲击力。特别是那上面的大圆钟。那钟的感觉非常奇特，好像那是一眼深不可测的井，弥散出的是缕缕阴森之气。

传说这个钟是当年由拉涅里兄弟设计和打造的。他们兄弟全身心在打造好这个令人惊叹的钟之后，他们还没有来得及好好欣赏自己的作品，他们俩的眼睛就双双被挖出，目的是为了再也不让他们做出同样的钟。所以，在欧洲绝没有与此相同的钟了。

钟的传奇似乎也使钟塔这座楼也笼罩了神秘。这座钟塔建筑，是出自建筑师科杜奇之手。

威尼斯先后来过许多著名的建筑师，他们在这个舞台上成功地留下了自己的作品。但是，当地人出身的建筑师还属斯卡尔帕最为著名。他是个地道的威尼斯人。他对建筑的认知似乎与他生活着的这片水陆交错的空间息息相关，那种变化莫测的时空与历史，确实给了他很大的影响。他在20岁的时候，从杂志上见识了赖特，还有密斯·凡·德·罗，一下子就被现代建筑的结构之美吸引了。他最擅长的是新旧建筑的空间融合，在比例的配置上，他总是有拿手的绝活儿，经他一翻修，空间便会酝酿着音乐般的柔和之美，让人叹为观止。他被称为空间魔术师。他于1972年成为威尼斯建筑学院的院长。

威尼斯的建筑大致有五种风格：

最古老的是拜占庭式建筑，那是12世纪东征时，受到拜占庭帝国风格影响。其特色是贯穿一楼的拱形开放式走廊，并配有简单的棕榈叶和简单的叶形装饰徽章。

其次是哥特式风格，在威尼斯这种风格的建筑是最多的，其代表性的建筑是圣马克广场一侧的总督府。

还有文艺复兴风格：这是以古典风格为基调，立面总是左右对称，强调比例和谐的对称之美。

还有巴洛克式风格：一向借助自然界中的花草，天使和恶魔等图纹来装饰建筑，大胆繁复的装饰满满于柱头门楣，非常华丽，华丽得不留余地，不留半处空白。

第五种风格就算新古典建筑了。这种新古典建筑与仿古建筑相差无几。

无论是哪种风格的建筑，在威尼斯的水的浸泡下，也无不充满沧桑感的。别看临近水的供人观赏的正面装饰总是那么靓丽无比，色彩鲜艳，但背向运河朝里的立面，则显得平淡无奇，没有任何华丽装饰。这在我们乘坐贡都拉在水巷中绕进绕出时，映入眼帘的墙体简直一片斑驳。如果说鲜丽的色彩是威尼斯的风格，那么，背后墙体那种真实的衰老的褪色，似乎更令人回味。那是一种深刻的无奈，是专供回忆用的。这些房子大多是空的，没有人住。或者说，房子主人只是偶尔来此住上几天，或者可以说，房子主人把这里当作了最后的归宿。

不错，把威尼斯当作最后归宿的名人中，历史上就曾有过不少记载。比如瓦格纳曾住过的温德拉曼宫，他在这里完成了他的抒情悲剧《特里斯丹与伊索尔德》。剧中的两个人物被暗示着最终会结合在一起的，结合的惟一理由便是死亡。而剧作家恰恰是因心脏病突发而死于这座温德拉曼宫。从而，实现了他要“死在威尼斯”的夙愿。

死在威尼斯是一种凄美，也是一种奢侈。然而，最感人的死亡，那是来自托马斯·曼虚拟世界里，却极其真实地引来了——维斯康蒂，这位著名导演。他带着他的绚丽梦想，来到了这里，在他的身后，一位更重要的人物蹀躞而来，他叫艾森巴赫，一个伟大的作曲家。那时候是19世纪的20年代。他带着失去女儿的悲伤，带着生命中莫名的无法排遣的抑郁和焦灼来到了威尼斯，下榻在临海的浴场大酒店。就是在这里，他意外地看到了一个男孩，一个在他的命运中有着某种神秘主宰的美丽绝伦的金发男孩，那是他垂垂生命中惟一可供燃烧的亮点，而他却在内心中无限地渴望着夸张着这种希望，以至于每天他都追随美少年来到海滩，每天随着日光而聚焦着一双痴迷的目光，注视着那个具有希腊雕像般的少年的身影，直至陷入令人不可思议的惟美情怀之中。是老人对于美的痴迷还是对于同性少年的原始呼唤?!

仅仅为了多看美少年一眼。就为了这一眼，哪怕霍乱逼近他也在所不辞。以至于霍乱上身，终于定格在金色的耀眼的沙滩上。在他最后的一眼中，他看到了少年纤细的在钢琴键盘上灵动的手指，指向了苍茫无尽的远方。这便是著名的《魂断威尼斯》电影。而同名的小说，也曾深深地让我震撼。

有人这样认为：如果说意大利的骄傲在于文艺复兴，那么威尼斯的骄傲或许就是每年一届在丽都举行的世界电影节。

威尼斯可供骄傲的内容太多了，岂止一个电影节呢？不过，电影也确实给威尼斯增添了新的骄傲，新的想像。静静流淌的河，静静地处于永远期待中的拱桥，还有河面上那些始终往来穿梭的贡都拉，在见证了辉煌的真实的历史演出之后，是否能够分得清威尼斯电影节上的故事究竟有多少是虚构的多少是真实的呢？如果有一对相爱的男女，在日落时分赶到威尼斯的叹息桥下接吻，那么，这对恋人从此以后将永远不会分离……你们说，这究竟是电影中《情定日落桥》中的小男孩和小女孩坐在咖啡馆里，聚精会神地听着老骗子劳伦斯·奥立弗说的呢，还是我们现实中真实发生过并且仍然在发生着呢？拍摄于1979年的《情定日落桥》中的那个女演员黛安·莱恩还只是个十三四岁的小女孩，现在呢？二十五年呀，她成了中年妇女！她还会相信人生中或电影中曾经有过的爱情吗？

爱情永远属于浪漫派诗人的。去问问缪塞吧，他来过这里。据说，他与乔治桑在这里发生过一段刻骨铭心的爱（乔治桑与肖邦也有过一段刻骨铭心的爱，被记载在肖邦的电影中）。白朗宁也来过这里，是与妻子伊丽莎白·芭蕾特，他们在这里创造了伟大的爱情童话。据说他们住在一座粉色的建筑里，那个粉色的建筑叫雷佐尼可宫。我努力按着这个粉色的楼房的细部特征，诸如套白的窗框，典雅而华美等描述去寻找拍摄，却怎么也找不到这处建筑。我宁愿相信这个建筑物随同他们的爱情一道埋葬了。

“一边是宫殿，一边是牢房，举目看时，许多建筑忽地从河里升起。”据记载，这是哥德站在叹息桥上写的。我觉得这样的句子不像哥德写的，似乎更像郭沫若先生在国内随意性的即兴的题诗。相比之下，拜伦的句子更好玩儿：“欢乐的家园，财富集散的中心。”这像大首长视察时的题诗。

来过威尼斯的大腕人物太多了。海明威来过，艾略特也来过了，还写下了几句不像诗的句子：另一个迷人的夜是在圣马可广场散步之类。或许，威尼斯可供迷惑的东西太多了，即使大诗人来到这里，也找不到诗的灵感了。

在我看来，无论什么人到这里来，不过是一场走台而已。就连拿破仑这样的人物，也不过是到此一走而已。尽管广场的一侧留下了以他命名的翼楼，但是，到这里来的游人，又有谁会去关心这个呢？

数百年不变的建筑，数十年如一日的贡都拉小船，以及那简单而类似模仿的规律性摇桨动作，完全是一个今古时空交错的浪漫。如果不是演出，这将作何解释？只不过其间的匆匆过客如跑龙套演员换了一茬又一茬。

你在水下乘船时，头顶上的桥上立着的人在看你，而你到了桥上边时，你忽然会感觉到桥下边乘船的人也仰头观望着你，到处都是看人的人，也到处都是被看的人。不知道谁先演谁后演，更不知道谁是主演，谁跟谁配合。人与道具混杂，所有的建筑都是布景，所有的店铺都是道具，特别是那么多离奇古怪的“假面具”，我们这里的民间规范叫法：傩文化。

各种肤色的人，轮番上演。美国人日本人德国人，台湾香港大陆人，现在到了大陆人轰轰烈烈热热闹闹出场的时候了。你不妨放眼四望，黑色发际可谓此起彼伏，长江后浪推前浪，波涛滚滚。

在返回的运输大船上，坐满了人，是清一色的中国人。我们上来稍晚了一点，几乎就找不到座位了。蹭到后边，听到船上有人也与我一样，对于如此多的中国人云集威尼斯如同开大会一样，而生发着感慨。他这一感慨便引起了我们的对话。我得知他是浙江大学的教授，他是到德国出席一个国际会议。顺路将妻子带来，在德国参加了一个旅游团，一色华人组成。他说他这一次到威尼斯完全是为了陪同妻子。他来过这里好几次了，当我问他前后几次来这里有什么变化或不同时，他说，欧洲是不容易发现变化的，比如建筑物总是旧的，最大的变化就是人越来越多，东西越来越贵。他说意大利人学精了，头一次乘坐贡都拉小船，还是那种带音乐带灯光的，才3元钱。而现在，灯光也没有，音乐也没有，价钱却贵了十多倍。

不管怎么说，威尼斯是属于富人的城市。富人的痕迹上天入地比比皆是。古今富人都与威尼斯有缘。这里许多房子都是有钱人买下的，买的目的并非为了居住。或许一辈子都不来这里住，那也要买下。威尼斯的贵族，都是靠水而发迹的。150条大小运河，切割着117个小岛，自古被封为“亚得里亚海王后”。水的碧绿浓稠，如翡翠铺排。这里的花销过于奢侈，尤其蔬菜水果要比陆地贵一两倍。尽管岛上弹丸之地，而且风雨飘摇之中每年都在不可阻挡地下沉着，预言也越发地耸人听闻了：再有五十年，可能就会全部沉到水中了。

管他沉不沉呢！或许正因为听说快沉了，才更得抓紧来看一看呢。每年1500 万以上的游人呀，现在以中国人居多了呀。这里的饭店更是多过船只。我们吃午饭时，从无数个鸡肠般小胡同中穿过，如同地道战般扑朔迷离中寻找出路。一旦眨下眼看不到带路的导游，你就将不知所措。甚至你刚刚从饭店中出来，一磨身，你就会转向就会迷路就会再也找不到你用餐的饭店了。或许这里迷宫般的通道使人们饱尝了苦头，因而，所有的墙壁上方都标有通往圣马克广场的箭头。万变不离其中，只要找到那个欧洲最美丽的客厅，就不会迷失。

感慨着中国人真够厉害了。这个岛上有很多中国餐馆。我们去的那一家是浙江人开的，做的是沪菜风味。据说好多中央首长们到威尼斯也光顾这里。在那低矮的阁楼楼道口处，就漓漓拉拉地挂着一溜。

威尼斯太热了，饭店更热得难耐。在匆忙的粗糙咀嚼中，离开了饭店。想想，这趟威尼斯之游，不也如同这种匆匆吞咽吗?

在我年轻的时候，我曾将这样一段话记在我的日记中：“美味以大嚼尽之，奇境以粗游了之，深情以浅语传之，良辰以酒食度之，富贵以骄奢处之，俱失造化本怀。”现在翻找出来这段话，越发感触颇深。

短短的十日欧行，不过一掠而过，能够看到什么？能够体味出什么？联想到目前国内组织的出国旅游团，往往日行千里地旅游，七天八国的超常跨越，在外国人听来无不色变。这也是旅游大跃进的时代呀！那是一种虚荣，一种贪婪，一种暴发户的俗世心态。然而，真正的旅游，特别是要到欧洲旅游，就一定得放慢节奏，拿出更多的时间，像当地人一样，坐到露天的酒吧里，半天品尝着，不仅品尝酒的味道，更要从中品尝着欧洲城市的风情。

然而，匆促的遗憾只能带回来了，于是，成天徜徉在书籍与音乐声中去试图补偿着欧洲的仓促余兴。这时候，我才发觉我的真正的威尼斯感觉是从《船歌》中徐徐明朗开来的。

得感谢门德尔松这位是集钢琴家、中提琴家、管风琴家、指挥家于一身的天才。他的音乐风格接近海顿的古典精神，同时融和浪漫主义情趣，他的音乐风格诗意而风雅，纯净且真挚。门德尔松也属于神童级人物，9岁便开始举办钢琴独奏音乐会，12岁时就已经作品累累了。他让我联想到莫扎特，可惜的是，他也是早逝，仅比莫扎特多活了三年：活到了38岁。

门德尔松的《威尼斯船歌》是在一种沉缓的气氛中朝我驶过来的。涟漪给水面带来一片忧郁的褶子。船桨便蘸满惆怅。水面有着历史积淀的粘度，悠然中让我感受到威尼斯的感伤的水色天光。

肯定不是艳阳高照的时候，涨满的惆怅的触键带着无法排遣的无奈，竟使我分不清是谁的演奏，而只能让我去想像迷蒙的黄昏或薄雾弥漫的清晨。船与人如剪影，直立的船夫重复着那一百年不曾变幻的摇船动作，悠悠而来，悠悠而去。距离稍远时，是一种恍惚与迷离，稍近时，便可以看到水的清新与疏朗了。然而，情感却依然迷蒙着，无法剥离。只能随着桨而摇向纵深。

缱绻的波纹，缠绵的涟漪，抚平了，又起皱。水的粘度不断缠绵着桨的划速，而每一桨都如泣如诉着。尖翘的船头与船尾没有区别，都像黑金属的钩子。进了窄窄水巷，更是进了情感区域。水中浸泡与映动着的陈旧建筑，悲伤抹面，泪迹斑驳。传递的是美人迟暮的凄腕。

一个个沉缓的眷恋的旋涡，松散着却不肯飘逝。键盘的连音并不那么有力，似乎像怕惊醒什么，却仍然有着岁月的穿透力，不断强化着渲染着。始终处在交融之中，人、船、水三者的交融。现实与历史的交融。在一串颤音过后，琴声趋于淡化，渐次渺远起来，一片空白中，结束了音乐。那种感觉，是没有完的结束。没有听够，没有感觉怎么样，就结束了。

回味一下当时乘坐贡都拉，就是没有坐够的感觉。原先买票说，半小时30欧元，后来说45分钟，再加十欧元，让我们选择。我们毫不犹豫地选择了再加十欧元。尽管十欧元以十为单位，但那也是一百元人民币呀，这个概念仍然强烈着内心的算计，但是，为了多在船上感受一会儿，也仍然不顾价钱。一生还能坐几次贡都拉呵！然而，45分钟，也只是一会儿，不过穿越了几条水巷而已，真的还没有坐够，就被送到了岸上。

即使此时，我在南国的一个最具魅力的小城的夜幕中，倾听门德尔松的《船歌》，依然听了一遍又一遍，总有些听不够或不过瘾的感觉。我是用笔记本电脑听的，这对于听惯了丹麦丹纳音箱的耳朵是种大不敬的，然而，即使单薄而失真的笔记本电脑在播放《船歌》时，也仍然能够将我引入那片如梦的水域，还有那一堵堵被水和岁月泡涨泡酥的贴近水面的斑驳墙体。这么多的空房子，却装了那么多的故事呀。不过，我更愿去想的是这些空房子的主人们现在是否还活在世上。他（她）们究竟是些什么样的人呢?

2004 年9月23日写于东城

永恒的废墟

罗马的地形生动体现了亚平宁半岛丘陵状貌。城内的小丘随处可见。我们来到了一个相对高的地势处，那可能是卡皮托利诺小山，俯瞰脚下这片古罗马广场的废墟，也就是，我可以在这里清清楚楚地品味千年盛宴。资料上记载，眼下的这个古罗马广场是位于卡皮托利诺山、帕拉蒂诺山和埃斯奎利诺山三山环抱的小峡谷中。在我看来，只要地势高低之分，而似乎没有什么峡谷可言，至于三山嘛，也只不过是三个小土包，并不是大山大岭。

罗马的山，都是小丘。这些小丘若从自然地貌上，是看不出什么崇高险峻的，然而，历史与人文却赋予了它们不凡的内涵。这些平常小山丘，早在公元前7世纪始，这里就一直是罗马的政治宗教和商业的中心，是伟大罗马帝国的核心，绝对地显赫。

这里的建筑物大都具有纪念性质，它们主要是在尤利乌斯·凯撒、奥古斯都和提比略在位时建造的。广场的长方形廊柱大厅、神殿与凯旋门矗立在一片废墟之中，即使是废墟，其间的建筑属性、尊卑等级，也是一目了然。

罗马的塞维鲁拱门

我是从废墟上方的卡皮托利诺小山坡上拍到一张照片：陈旧的凯旋门。这是公元203年建造的拱门，拱门上饰有描绘塞维鲁皇帝对帕提亚人和阿拉伯人发动战争的浅浮雕。这个拱门保存完整，额面刻满了说不清看不明的文字。但是，在岁月的沉淀中，这些符号对我充满了神奇感。事实上，这个拱门是罗马人为了向塞维鲁及其子女表示敬意而建造的。犹如我们古时所建造的牌坊。

这是废墟上的金色勋章。

在废墟中，有一个十分精彩的镜头撞入我的视野：这是一尊残缺的青铜雕塑，惟其残缺，才更具神韵。这是半身人像，如同被一柄利剑齐刷刷拦腰斩断。这种斩断很是生动精彩，剩余的部分，仍然挺挺玉立，体现着雄性的光辉。

说到雄性的光辉，在废墟中显得格外耀眼。一片倒伏中，只有柱子坚挺着。拔地而起的柱子，穿越时空岁月且永不疲软，而图拉真功劳柱则更是令人惊叹不已。有资料记载这根柱子有数十米高，也有记载数百米高。不管多高，它的雄伟高耸则是实实在在的。那上面的花纹全是浮雕状的雕刻艺术，表现的是著名的战役中的故事。当然是歌颂图拉真的。这是最惊人的雕刻艺术，一组一组构思，螺旋式盘旋上升着。几百上千个人物，组织成一幅宏大的战争图画。这不仅是件稀世艺术品，以其精致精美见长，更是一部历史典籍。对于研究图拉真时代的战争及其历史人物，有其重要的史料价值。

图拉真柱子周围，还留有图拉真集市场，建于公元2世纪。一幢大型拱状建筑，这是用达契亚战争中获取的财富建造的，这里面有许多商店。高6 层，砖粉色。柱子也好，拱门也好，功劳柱也好，都是战争的产物。而这些东西与和平时期的建筑物融于一体，各有各的魅力和风格。

前边说到了罗马城曾被伊特鲁里亚人统治着，而伊特鲁里亚人的文化

图拉真功劳柱

形成，又是因为他们继承了波河流域发展起来的维拉诺瓦文化。同时，他们也受到古希腊文化的强烈影响。他们生活追求奢靡，花费大量财富在城外建造巨大的私人墓穴。墓穴中家具、餐具一应俱全，还有华丽的湿壁画。他们的生活方式与习惯，对于罗马人肯定是有其传承性影响的。比如，罗马人的洗浴文化、豪华的装饰、虚荣的排场等。

罗马文化无非两个来源，第一个是伊特鲁里亚人，第二个来源便是希腊文化影响。古罗马的第一部文学作品，是经过翻译而成的古希腊戏剧；第一批拉丁语喜剧作品，也是模仿古希腊喜剧创作的。尤其雕塑与建筑，受希腊影响更甚，更直接。罗马人对洗澡那么热衷，这个习惯也是从希腊人那里学来的。只不过这个习惯，他们比希腊人更热衷更沉醉。可以说，那是一种倾国倾城的洗浴方式。

公共浴场是罗马人最具享受的见证场所。在罗马帝国时期，富人和流氓无产者都有天天沐浴的习惯，因此，公共浴场就越建越多，越建越宏大。

公元3世纪末，罗马城有11个免费的公共浴池，800多个私人浴池，其中最有影响的是卡拉卡拉浴池，这是公元216年，卡拉卡拉皇帝下令建成并开放，能够容纳多达1600名浴者。罗马城还建有完善的污水排放系统。公元4世纪起，卡拉卡拉浴池废弃不用，不知什么原因。罗马城的基础设施很先进。比如，水先通过复杂的沟渠管道系统输往城市，储存在中央蓄水库中，然后再分配到城区各处。

罗马卡拉卡拉浴场现貌

(引自傅朝卿著《西洋建筑发展史话——从古典到新古典的西洋建筑变迁》，中国建筑工业出版社，2005)

古罗马有多少浴场？我说不清楚，但是，他们的浴场以皇帝名字命名，可见其不同凡响。为人所知的有卡拉卡拉浴场、戴克利先浴场。前者同时容纳1600人洗浴，而后者则可同时容纳3000人。三千人呀，这是一支多么宏大的洗浴大军。

我真惊叹戴克利先浴场的宏大气魄。那可真是空前绝后。其主体建筑长达240米，宽148米，这简直就是一个运动场了。建筑屋顶高达二十多米。内部完全对称布局，正中轴线上从前到后，依次排列着露天游泳池式的冷水浴池、大温水浴厅、小温水浴厅和圆形的热水浴厅。古罗马人洗澡是边洗边蒸，蒸洗结合，而且特别讲究按摩，他们征服到哪里，就把洗浴和按摩带到哪里。战争、享乐并行不悖，这简直充满刺激。当年的奢华，从废墟里仍然可以寻找到斑驳的贴着大理石板的墙壁，铺着鲜艳镶嵌画的地面，以及精致的佛龛等，还有华丽的复合柱式高耸着残缺……

戴克里先浴场室内想像图

(引自傅朝卿著《西洋建筑发展史话——从古典到新古典的西洋建筑变迁》，中国建筑工业出版社，2005)

20 世纪80年代初，我曾看过一部没有翻译过来的大片——《恺撒大帝》。故事情节已经记不清了，但是，具有油画般效果的画面质地却栩栩如生。那是宽银幕的，皇宫的金碧辉煌灼灼逼人，而记忆最深的是表现奢靡的洗浴生活的浩大场面：皇帝与数千人同时洗浴，同时作爱，那一大片光芒四射的裸体在画面上排列开来，简直令人目眩神迷。那种感觉比现代人日光裸浴还要绚烂无比。

浴场实际上成了罗马人平时的生活空间。这里有商店、小吃部、健身房、画廊、音乐堂等，生活娱乐设施应有尽有。所以，一张门票在手，可以在此享尽。古罗马有位历史学家曾这样描述一个罗马人在浴场里的享乐生活："白天睡觉，夜晚以办事、寻欢作乐消磨。怠惰是他的爱好，他借此成名。别人要以勤奋劳作才能达到的一切，他却以骄奢淫逸的欢乐来完成。"这可以说是享乐的奇迹。

冬天的浴场是需要取暖设施的。那时候的罗马已经能够解决供暖问题了。越是名贵的浴场越具有完好的采暖设施。那时没有现在这种水暖管道，而是通过空心砖传送热量。他们在墙体和拱顶内表面砌上一层扁方的空心砖，形成管道，从锅炉房输来热烟，从空心砖里和地面下空隙里通过，地面和墙面还有拱顶同时散发热气，从而保证浴室内温暖如春。

还有那么多浴场用水问题是如何解决呢？这是对于城市功能的考验。由于罗马城建在丘陵上，是高处，而台伯河床位于低处，这就天然导致了用水不便。但罗马从奥古斯都时代起就开始造高架输水道。就像我们在农业学大寨时代的乡下造的引水渠——大渡槽。从远处向罗马城送水。那些大型浴场的大量用水，便是得宜于这些输水道引水。每天输水量超过一百万立方米。这种引水工程，不仅说明了罗马人生存的智慧，也说明了一种享受的耐心。

享乐是生活富足的人们的正当追求，也是刺激一座城市消费和繁荣发展的必要动力。这些是无可厚非的。在我们今天的城市里，非常风靡着桑拿洗浴之享受。一时间，洗浴文化遍布大街小巷，无论南北东西，到处可见各类风情的桑拿建筑。有北欧的芬兰风格，也有泰国风格，更有罗马的装饰。这种洗浴文化相当繁荣，而且大有一发不可收之势。尤其在北方，寒冷的冬天，人们进到华贵而铺张的豪华洗浴之地，尽享人间温暖，从而忘却外面大自然的寒冷，真是如梦似幻，筋舒骨畅。当然，越是豪华的享乐便越是价钱昂贵。追求富贵，追求奢华，追求洋味儿，已经成了现代人的时尚，而当这些趋之若鹜的追逐被越来越多人自觉不自觉崇尚着，沉迷着，陶醉着之时，我觉得他们应该到古罗马这堆废墟前来品味一下更好，因为，只有到了这里品品，他们才会感觉到一种差距：你再怎么铺金堆玉装修，再怎么追求时尚享乐，你也无法与人家古罗马的浴场相比。而且，人家要比我们早多少年呀！何况，人家享受出一种宏大的气魄啦！而我们现在所有的城市中，也没听说有任何一个浴场可以同时容纳三千人洗浴的。自然，记载在影片中的与恺撒大帝同裸的辽阔豪放场景，就更是望尘莫及了。

当然，我这样说，并非崇尚或仰慕着这些奢侈与颓废的洗浴生活。我感觉古罗马的沉沦正与这种奢靡息息相关。如今，从这些残肢般的断裂碎片上面，可以感受到昔日水雾的潮气和被洗涤的光滑与润泽。从中，仍然还能体验出这些碎裂在当年完整时的辉煌气魄及邪恶和腐朽之象。

建筑的成就缘于人类的需求。古罗马的浴场是一种城市的需要，而这种需要刺激出了代表罗马建筑的最高成就：拱券结构的作品。因为只有拱券形式的出现，才能完成浴场的需求。古罗马建设的伟大成就，完全得力于它的拱券结构，也得力于它的混凝土工程技术。没有拱券结构，就根本不会有这种大型浴场，更不会有另一处更辉煌的建筑——大角斗场。

大角斗场在这片废墟的尽头，我们到达罗马头一个参观点就是那个角斗场。那里早已废弃，等于是个地面上的大废墟，但却仍然弥散出废弃的森严与冷酷。这里的奇迹是拱券建筑的奇迹，更有生命搏杀中创造的溅血奇迹。走进这样的廊道，与外面的阳光世界截然不同，冷嗖嗖的，廊道分层次，由外道向里道，有铁栏封堵。一张门票相当于四百多元人民币。进去了，也仅仅是拍两张照片而已。空空荡荡，阴魂都散尽了。

罗马斗兽场内部现貌

(引自傅朝卿著《西洋建筑发展史话——从古典到新古典的西洋建筑变迁》，中国建筑工业出版社，2005)

用柱式来装饰墙体这是古罗马的建筑方法。在门洞或窗洞两侧，各立上一根柱子，上面架上檐部，下面立在基座上。券洞口用额枋的线脚要素镶边，与柱式呼应。一个券洞与套在它外面的一对柱子、檐部、基座等所形成的构图单元，叫做券柱式。

建筑家们对此是这样阐释的："这是直线和曲线，方形和圆形，实体和虚空的绝妙的组合，形体变化和光影变化很丰富。最简单的实例是罗马的凯旋门。罗马的大斗兽场是最复杂的拱券，一圈有80个券洞，上下三层，一共240个券洞，都是柱式装饰。罗马大斗兽场分四层结构：底层为塔斯干，二层为爱奥尼，三层为科林斯，四层为更没有重量感的科林斯式方壁柱。”

置身其间，我最感惊奇得是，那种光影的变幻，扑朔迷离，神秘莫测。即使是现代游人，这种光影变幻也会对于心理构成足够的威慑力。原来，这是因为建筑的椭圆形形体和券柱式造成了丰富的光影变化和对比。回过头来，悉心阅读名家对于古罗马建筑的经典论述，越发感概系之。拱券的优点论述已详实：“拱券外观沉重稳定，有着永恒感，很富有纪念性。由于拱券结构，要求支承墙体很厚，于是，就产生了装饰母题，那就是壁龛。在巨大的空间中，它起到了衡量空间的尺度作用，也起到了人体和建筑空间的过渡者作用。使建筑空间柔和，人性化。”然而，拱券结构由于特定的使用方式，其带来的阴郁的情感和压抑空间，及莫测的情绪和变幻的心理辐射，则也是不可忽略的副作用呀！也许，这些不应该归咎于建筑本身？而属于那些残暴的统治者？

罗马斗兽场外层现貌

(引自傅朝卿著《西洋建筑发展史话——从古典到新古典的西洋建筑变迁》，中国建筑工业出版社，2005)

不管怎么说，大角斗场的券柱是券柱式的典范，被公认着，推崇着，在文艺复兴时期广被模仿或使用。这不仅是面历史的镜子，更是一处可以代表人间向上苍汇报的建筑符号。它不仅写遍罗马，也写遍欧洲。要想读懂古罗马，不可以不去解读拱券；要想锲入欧洲的宗教文明，不可不对券柱肃然起敬。

狄更斯对于大斗兽场曾留下过这样的笔墨：“在它血腥的年代，这个大角斗场巨大的、充满了强劲生命力的形象没有感动过任何人，现在成了废墟，它却能感动每一个看到它的人。感谢上帝，它成了废墟。”

据说古代人有种说法：大角斗场和罗马帝国一样，永远不会倾圮，一旦大角斗场倾圮，罗马帝国就倾圮了。

随着罗马帝国的倾圮，古罗马城也荒芜了。然而，即便荒芜的城市，今天看来，在城市规划与交通方面，也仍然令人刮目。那是一种正交式模式，就是说，有两条主轴线和主街道成直角交叉穿过市区，这在古罗马的军事营地的废墟上，可以清楚看到这种轨迹。我们现在从这些废墟中，也可以窥出城市的最初布局：那些用于宗教、行政或经济生活的广场与各种公共建筑，或用于世俗的娱乐活动。通过凯旋门的通道，可以进入城市。一个广场，一座剧院，一些神殿，一些浴池。这座城市人口最多时达到一百万。

古今交流的废墟

够繁荣了，代表着当时人类最高物质生活享受的城市。进入这些街衢，如同走在天堂。铜匠的锤子声敲打出市井生活的旋律，而钱商无事可做时，则将尼禄钱币在肮脏的柜台上碰撞出劈啪响声，以其充填无聊的心绪；还有捣制西班牙金末的工匠，在用磨光铮亮的大头锤一个劲地捣击金砂。这些炫耀的物质的声音，与满街乞讨的犹太人与睡眼惺忪叫卖者的声音混杂着，此伏彼起，最终飘散。

曾被唤作“永恒之城”的罗马，现在应该更为“永恒的废墟”了吧?对于这座永恒持废墟，我最赞美的还是那条古罗马的大道，是用那种大块石板铺就的。在大角斗场附近，我就曾踩着那个古老石路走了一段。那些石块已经高出地面，而石块之间的缝隙也过于宽了，踩在上面弄不好会使脚掉进大缝子里，那样会扭伤脚的。走这样的路显然很不舒服。从这些被踩磨得无比光亮的石板和石板块之间疏松的宽缝隙上，能够读出这段路的沧桑岁月。据载，这样的路当年就铺了8万公里。其间，有座公路桥横跨西班牙阿尔坎塔拉的塔古斯河，此桥建于公元1世纪。罗马行政当局为了给行省提供便捷交通，建了很多桥梁。一位建筑师在这座桥上刻下一句话，宣称这座桥“将永远存在下去。”

然而，没有永恒的城，也没有永远的桥，但是，可以有永远的路，只不过这种永恒的石板路的意义早已失去了初衷。

梵蒂冈博物馆

梵蒂冈博物馆入场口排着长长的队列，从早晨开始，就一直是长长地延续，有高大厚实围墙映衬，时空感觉似乎一下子就凝固到了中世纪。

下午的阳光非常强烈，站队的人中有打伞的。一看就是中国人。因为欧洲人无论阳光多么刺激，他们也绝不会举把伞将自己罩起来的。中国人生来不够高大，而再弄把伞将自己罩起来，这与身前身后人高马大，且晒得满脸鲜红，如同刚从锅里捞出来的煮虾般艳丽的欧洲人相比，确实不免有些卑琐与萎缩。另外，在这样的圣墙边排队，本身就有种宗教感的。这犹如进西藏的人们，他们有着不同方式的进入，有的乘坐飞机，有的乘汽车，有的自跨单骑，更有的是步行者。最让我震撼的进藏人流中，就是步行的朝圣者。他们可以将自己的行程安排在漫长的一年时间，而且，走几步就要进行一次行大礼——五体投地。五冬六夏，风雪无阻，这是怎样的虔诚，怎样的圣洁！他们似乎与现代交通绝缘，他们不知道乘车或乘飞机省事省力吗？他们是一种深层意识与精神的真正抉择。因而，他们是以令我们感动与震惊的方式走进西藏，走向神圣的。我在与他们这些人为伍的路上，我所乘的越野车比他们更快到达了拉萨，但是，我在拉萨的寺院中见到那些朝拜的人时，我才意识到，在通往佛界的途中，与他们的速度相比，我却不知要慢了多少。

西藏与梵蒂冈不同，佛教与天主教亦不同，但是，对于朝观者或朝圣者而言，其身临其境时的态度，则是一种具有实质性的检验。

队伍在烈日中缓慢移动着。挨近博物馆时，有种欣喜感。大门上方的那两个雕塑，一个是米开朗琪罗，另一个是拉斐尔。他们两位是这里的功臣。门票12欧元一张。我与女儿买了两张门票，随着人流进入了大厅。脚下是滚梯，滚梯很具现代味道，带着你升华。我们按着一张引导图，走下滚梯，便到达了一个门厅。如果按着导游图走，那么，就可以进入铁甲骑兵庭院，接着就应该是松果庭院了。这里有一株古罗马时期巨大的青铜五针松雕塑。从左边绕过去，就是西莫内提台阶，沿着台阶上去，就能到达格列高利古埃及文物博物馆。从这个馆再走，会到另一个馆。这里馆太多，路也太多，虽然每一处都有指示标牌，但是，我们还是走错了，索性就乱走一气，反正跟着感觉走就是了。

这里像一座迷宫，到处是画廊到处是展品，其实，这里由三个部分构成：画廊、梵蒂冈庭院、埃及博物馆。可是，我们既然走错了，就索性错下去。反正这里到处都是有价值的艺术，想看的东西太多了。比如，想看看柏拉图，他的半身像：又浓又黑的胡须，稍稍抹了一点油，高高的额头上耷拉着几缕头发。高鼻梁，还有恰到好处的嘴巴。人们称他是“一位为信仰而战的伟大的战士”；想看阿钠尔多·波莫多罗的著名雕塑《二球同心》，据说它在松果院内，可是松果院怎么找呢；还想一睹达·芬奇的《圣吉罗拉姆》，据说这幅画与他的蒙娜丽莎对比着看更有意味，画面上是位老人，我女儿说，这幅画有点恐怖感，人就像快被烧干了，与蒙娜丽莎相比，一个年轻，一个衰迈，一个丰盈，一个枯槁，一个神秘微笑，一个绝望地张着嘴翻着白眼，欲解读这样的不同表情莫非只有靠“密码”？想找的还有拉斐尔室，可惜，时间仓促，无法找到，只能奔最想看的去了！那就是西斯汀小教堂。

梵蒂冈博物馆里的长廊几乎都是一样的，都很宽，也都很长，半天走不到尽头。但再宽再长的走廊也是塞满了人的。这些长廊一色拱形状的，全都是金色的，金光闪闪，金碧辉煌。

印象最深的是地图长廊。两侧墙壁全是地图。各种形状各种色彩的地图排列出一种奇特的美感。数一数，竟有四十幅壁图式地图。那些地图像一汪汪清澈的泉水，在炎热中令人感觉清爽。

我们在这样被人流塞堵窄了的廊道里匆匆穿行着，我们只想尽快找到那个小教堂。见到馆内工作人员，我们就打听西斯汀小教堂在什么地方。我们不断地问，人家不断地指点，本以为很快就到了，结果走了半天还是找不到，于是，就只有再问。

真是怪事儿，越是想找到却越是找不到，简直像是在故意考验我们的耐心。也不知究竟走了多少通道和楼梯，最后总算找到了那个西斯汀小教堂。真正找到时，居然有种不大相信了。

记得当时走了一身大汗，气喘吁吁，从相对狭窄的走廊处一拐，突然就进了这里边，进了小教堂的门口。门口的地势要高于里面的空间，而里面的空间，让门口的我陡然眼前一片灿亮。一个类似大会议室的空间，里面站满了人。满墙的色彩，满棚顶的光艳，而所有的人都是站在那里，一动不动地上仰脑袋去望着棚顶：那是令世界瞩目的艺术精品，米开朗琪罗的湿壁画《创世纪》。在这幅巨大的色彩纷呈的湿壁画中间，有两只手是最具感染力和神圣感的，这犹如点睛之笔：画面上的年轻人将手伸给救世主，而健壮的飞翔中的救世主也将手伸过来拉他，两只手就在即将接触到的时刻，极其耐人寻味地有了一点点距离，无法相握。这种意识深远的两手间的距离，令人越看越感觉震撼。在五十年前拍摄的大型故事片《宾虚》的片头，就是将这两只手和手的无奈的间距定格，从而，影片立刻具有了令人肃然的宗教味道。

西斯汀小教堂的拱形完全因为米开朗琪罗的画而闻名天下。那顶棚是一个奇妙的世界。色彩、人体、迷幻、透视出的是无法言喻的神奇。只有惊呆。想拍照片，却有人盯着你，不允许拍，只要你将相机一举起来，就马上有人朝你示意。偷拍的可能等于零。即便这样，我也留意到了人群里面不断有人将相机举起来，面对穹顶偷拍。

穹顶是个色彩斑斓的天堂般的世界。一群圣经中的人物，经过伟大的米开朗琪罗之手，托起来，按上去，在色彩的鲜艳中，如同雕塑般滚圆而鲜润。那骨胳，那肌肉，那神态。肌肉的纹理，肌肉的重量，都栩栩如生，这让你陡然感到一种来自上空的恐怖感。那不是画的平面的人，而是完全站立在你头顶上的另一个世界的活人，他们有的坐在椅子上，有的站立在那里，无论坐着的还是站立的，随时可能从上面掉下来，砸到你的头上，将你砸趴下。

我几乎是在狼狈中闪躲着观察这片拱顶：大约40多米长，13米宽，穹顶的弧度恰到好处地将人带到另一个世界的地平线去。这是以创世纪的诺亚方舟故事为题材的大作品，一个个人物个性十分鲜明。身体的每一个部位，都能够感受到肌肉神经的跳动或蠕动。我弄不清湿壁画的真实涵义，不过，从这么鲜艳的色彩上，我想，会不会是因为色彩的艳丽而称作湿壁画的呢?

我们所知道的米开朗琪罗是个雕塑大家，而绘画尤其是壁画，并非他所长。他为何要接受这样的超越自身极限的工作呢?

据载，那是尤利乌斯二世强加给他的。当时，米开朗琪罗在佛罗伦萨，他被教皇勒令赶回来后，就是要他造一尊教皇的青铜像。他很快造完之后，却不想教皇又强给他一项几乎不可思议的任务，就是绘制这样的湿壁画。他当时就傻眼了，绘壁画不是他的专长，他极力推辞，力荐让拉斐尔干，但是，教皇就是一门心思认准了他，与其说这是对他的信任毋宁说是要给他出个难题。

这时候，为之窃喜的是他的对头伯拉孟特。他认为这回米开朗琪罗可要出丑了。于是，便主动上前帮忙给他搭脚手架，还给他请来了几位有壁画经验的佛罗伦萨的画家。但是，米开朗琪罗一点都不感谢他，并且毅然拒绝了他请来的画家。

不仅如此，米开朗琪罗一开始就不用伯拉孟特的脚手架，认为他搭得不合格，为了表示他的愤怒，还将那几位从佛罗伦萨请来的画家画好的画砸掉。那些前来好心帮忙的画家见他这样蛮横，简直蒙受了莫大侮辱，一怒之下都回到了佛罗伦萨。

巨大的画室顿时变得空荡起来，一片狼籍中，仅剩下米开朗琪罗一个人。他无力地席地而坐，两眼茫然地望着光秃的拱顶，直望得两眼酸痛。他毫无绘制壁画的经验，如何面对这么大一片空间?

他将自己关闭在房间里。瞑思苦想，对于壁画技巧一窍不通的米开朗琪罗呀，你将怎么应付呢?

1508 年5月10日，巨大的工程开工了。这是一个阴暗的年月，这样的日子对于他的整个一生而言，都是最阴暗，同时也是最伟大的几年！他曾痛苦地写道："我的精神处于极大的颓丧之中：已经都一年了，我没拿到教皇的一分钱，我没向他提出任何要求，因为我的活计进展不快，所以觉得不配得到什么报酬。这是因为这活计太难了，而且也根本不是我的专长。因此，我是在白白地浪费时间。愿上帝保佑我！"

或许真是靠上帝的保佑。因为他的《大洪水》刚一完成，便开始发霉了：画面中的人物的相貌几乎无法辨认了。他痛苦至极，他拒绝再干下去了。但是，教皇绝不允许他有任何借口。他绝望至极，却又不得不硬着头皮做下去。

工程进展太缓慢了，而教皇尤利乌斯二世急切地要看看他的画的进度情况。但是，他不让看。他平生的习惯就是在作品未完成前，是绝不允许别人看的，无论你是多么了不起的人也不让看。教皇耐着性子问他到底什么时候能够画完。他回答说："当我能完的时候。"教皇一听这话，气不打一处来。举起手中的棍子就打他，边打边重复着："当我能完的时候"

“当我能完的时候”。

躲闪之中，米开朗琪罗跑回住处，开始收拾行装，他正憋足了气，打算撂挑子呢。但他还没等逃离罗马，就被教皇挽留住了。教皇向他赔不是，求他原谅，并且，派人给他送去五百杜卡托，连哄带劝地说服他回心转意。教皇都服软了，米开朗琪罗还能怎样？何况，他并不是真正要逃离的，即使他再怨声载道，他也不舍得放弃他的半成品的。既然费了那么大的功夫，他怎能舍得放弃？

可是，教皇仍然来找他，非要看画不可。米开郎琪罗还是不肯，就跟教皇顶上牛了。教皇为此怒不可遏，他冲他吼叫着：“你想让我叫人把你从脚手架上扔下来吗?”

看到教皇大人真正发火了，米开朗琪罗害怕了，只得作出让步。他开始组织人一点一点撤去脚手架，小心翼翼地露出了他的大作。

这是真正的掀起盖头仪式，这一天是1512年的万圣节。没有哪位艺术家敢与教皇这样顶撞，当然，教皇也没有对哪位艺术家这样恩宠宽容。当然，只因这一幅让教皇惊叹不已的杰作，米开朗琪罗才获取了特权。如果不是这样的话，米开朗琪罗早就得无法活下去了。

这是一个奇迹，一幅画，一件作品创造了永恒的意义，因为这幅画，使得西斯汀小教堂名满天下。传奇式的米开朗琪罗，西斯汀小教堂的英雄呵。不仅你个人为此得以传奇，你也将这个普通的小教堂推向了永恒的辉煌。

中国一位旅居海外的作曲家黄安伦说过，西斯汀小教堂的拱顶画与贝多芬的交响乐，这是人类最伟大的创造，他为此钦佩不已，并且，为此流下过激动的热泪。他是位虔诚的作曲家，也是位虔诚的教徒。我在《爱乐人走四方》网站上看到了他的一篇文章，那是写给一个叫小闵的人的信，我不知小闵为何人，但是，他的这封信却写得惊心动魄，充满传奇的心理历程，完全可以感天动地的。信的大致意思是从加拿大回国排练他的音乐会，已经有两个月了，只差两天就要大功告成时，突然接到了妻子从加州打来的电话，让他马上回来。因为一个极其特殊的原因，那就是他们的宝贝儿子猝然溺水而亡。十八岁的儿子。他如同天塌地陷，从赶往机场候机到中途转机，几十个小时，他一路泪流不止，他无法阻止自己那汹涌的悲伤。但是，奇迹是在他飞至两万多米高空时，从《圣经》中找到了安慰。他不再流泪了，而竟然奇迹般在转至了欣慰。他觉得儿子是被上帝召去的，上帝认为为儿子到了天国肯定会比在他们身边会更好。那里更需要儿子的。这样一想，他似乎想通了。他回到家中时，妻子也不曾出现想像的悲伤之感。他们共同为儿子办了一个十分独特的基督教徒式的葬礼后，那是一次聚会，是一次赞颂上帝的聚会，也没有播放哀乐。所有参加者，都强烈感受到是得到了一次精神与心灵的升华。葬礼之后，妻子到医院体检。当大夫得知面前这位东方女人在一周前发生了那样大的灾难打击之后，完全不肯相信，因为她的身体完全正常，没有任何巨大创伤后的痕迹。大夫惊叹这是奇迹，是《圣经》的奇迹，是上帝的奇迹。在这篇文章里，黄安伦就是这样不疾不缓地陈述了他失去惟一儿子的全部经过，我读后，不禁泪流满面。

人的意识是不一样的，人对于世界的看法也完全不同。一个虔诚的教徒与平常人对于教堂的感受或对于宗教题材的绘画的感觉肯定也是不一样的。我想，黄安伦看到的这片拱顶时，肯定会比我沉入得更深。而沉入的更深好呢，还是浅尝辄止好呢？现实生活中，能够沉入的人已经不多了，而且可能会越来越少，凡是能够沉入的人，就是一个认真的人，而对生活态度采取认真的人，就一定会是一个无法潇洒的人，或是备受折磨的人。

米开朗琪罗沉入宗教情怀肯定比常人更深，因而，他对于痛苦的敏感度就比别人要高得多。他的为了现实生活而存的肉体，他所经受的磨难，也就比同时代人更多更刻骨。他挣了那么多的钱，都被他的亲戚索去了，他的兄弟，他的侄辈。他终生未娶，他没有自己的孩子。

就在我书写这篇文章时，央视十频道的《人物》栏目播放米开朗琪罗。讲述了一对现代男女画家，是如何按着当年米开朗琪罗那样，去搭脚手架，如何去仰着脑袋绘制拱顶。他们仅仅画了三天，就累得头颈僵硬，再也无法绘制下去了。他们覆盖的拱顶也不过几十米，而米开朗琪罗却是这样画了好几年，覆盖的面积是五百多平方米！

由于长时间望着拱顶作画，米开朗琪罗的眼睛累坏了。好长一段时间，他看一封信或任何一件东西都不能正常视角，得将东西举到头顶上方看半天，才能看清楚。他曾自嘲道：“艰难困苦使我得了甲状腺肿，像是水把伦巴第的猫灌了个够儿……我的肚子尖伸向下巴，我的胡子冲向天，我的脑袋枕着背，我的胸好似一只鹰；画笔的颜色滴在我脸上，画成了一幅图案……我的皮肉前面长而后面短，宛如一张叙利亚的弓。我的智力与我的身躯一样怪诞。”

米开朗琪罗是佛罗伦萨的福分，同时也是罗马的福分。他一生几乎都在为这两个城市制作。他在哪个城市呆得长久，就为哪个城市留下更具魅力的艺术。当然，他不是服从城市，而是服从权贵。罗马的教皇更胜于梅迪奇公爵的威望。因此，当他已经为梵蒂冈的西斯汀小教堂完成举世轰动的拱顶画之后，又不得不为新的教皇克莱门特服务，听命于他，在圣坛所在的那面主墙上，绘制大型壁画《最后的审判》。1534年，克莱门特下世，保罗三世当选教皇。他很快就召见米开朗琪罗，以夸奖的方式，希望他留在他的身边，为他服务。新的教皇允许他继续完成克莱门特吩咐的大型壁画工程。这一煌煌巨作，从开工到公诸于世，他整整花了八年的功夫。

其间，教皇保罗去观看时，随行的人中有叫作比亚焦·达·切塞纳的人，他以彬彬有礼，举止端庄而深得教皇器重。但是，他一看到完成四分之三的壁画时，暗暗抽了口冷气。于是，教皇转身问他对这幅巨大壁画的看法。他认为在如此高贵的地方，作为教皇的礼拜堂墙壁画上这些裸体的东西，一丝不挂，简直是奇耻大辱，不能容忍。这要是画在澡堂子或酒吧里还差不多。教皇闻后无语。米开朗琪罗气坏了。等比亚焦一走开，他就按着刚才的样子为他画了一幅像，放在壁画作品中，就是弥诺斯，这个弥诺斯是希腊神话中的克里特王，画面中这个人很恶，全裸着丑陋的肌肉间，被一条大蛇缠紧，尤其是他的大腿或阳具，被蛇包裹绑住，在地狱的一大堆魔鬼中挣扎。奇怪的是，后来这位被剥去外衣被丑化的“绅士”看到这幅画，居然没有愤怒，更没有提出抗议让其毁坏此画。于是，他就以此种形象得以传世。

1541 年圣诞节揭开巨画之时，轰动了罗马，轰动了全世界。“我那年在威尼斯，便赶到罗马观看，其无比的优美令我目瞪口呆。”大画家瓦萨里激动地写道：“事实证明他不但击败了所有在那儿工作过的能手，而且超过了他那名满天下的天顶画，远远胜过了他自己……更不必提所有细节的美妙，如此巨作的描绘竟然如此和谐，实乃鲜见，似乎那是在一天之内画完的，其精细的笔法令细密画相形见绌。作品刚劲笔力和澎湃的气势，以及众多人物，笔墨难以形容……这是上帝赐予世间的典范和崇高的绘声绘色画样式。”他又惊叹：“最幸福和最幸运的保罗三世”米开朗琪罗的“名声离不开你的爱护，作家的笔将记住他，也将记住你！他的天才使你的美德升华！”

八年功夫画《最后的审判》，十七年时间为圣彼得教堂卖命，每天重复着单一的劳作，无休无止的苦难，这对于现代人来说，恐怕连想都不敢去想的。

我曾写过一篇关于建筑的文章《风格与耐性》，其中提到一个问题：为何西方建筑用石料，而我们的宫殿建筑却用木料？我的答案是目的和对象不同。西方建筑是为神而建的，而我们则是为人而建，为帝王而建。一代帝王打天下时，为了尽快进驻金銮殿，他们是不可能让你敲击几十上百年的石料，他们急功近利只能立马进入，那只有木制材料可行。而西方的教堂是为了永远的上帝建造，就一定要有足够的耐性的时间，去进行最坚固的石料打造，上帝是不着急的。因而才有了圣彼得大教堂建了一百多年，巴黎圣母院三百多年，科隆大教堂六百多年……

现代人一切都讲究速成，现代人没有耐性。活得烦躁而焦虑。就说这些遍地都能碰到的中国人的国外旅游团队吧，有的七天八国，有的八天游十国。这种打冲锋式的参观感受欧洲文化，只能如同看电影。而抱着这样一种姿态，来看米开朗琪罗的拱顶画，那能真正看出什么门道呢？

或许，我们可能感觉以如此快的速度看过了欧洲是一种窃喜，是一种收获，其实，这就像在收割。遍地成熟庄稼，你蜻蜓点水般东一镰西一刀，那只是鸟啄，而不是收割，更谈不上会有多大收获。这主要是古人与今人所采取不同的生活方式。往深处说，就是有没有宗教观。

现代人忙碌的可怕在于将想像的空间彻底淤塞。一个天天奔波于现实物质属性中的人，是不会进入想像时空的，而即使他曾经有过的那个时空，其通往的门扉也早已锈死，并且，不再可能打开。而我们参观古老的欧洲，其意义在于体悟人生的拯救方式的妙用。我们能否通过这样的置身其地，开启我们已经生锈的想像天窗呢？哪怕透透气儿也好，也不枉来此一游。然而，令我不能苟同的是，更多的人带回去的收获是意大利皮鞋。“真便宜呵！”“这绝对是真货呀！”

脚上的武装使我们只能满足于匍匐于地。而且，会因皮革的亮度与舒适陷入更多的迷惘得意之中。其实，满足也是容易的，仅仅因为是名牌，是真的名牌，而且在意大利买的。说服自己兴奋的理由无需很多。何况，现代人的一部分智慧，不就是用在了这种随时随地的自我说服与自我安抚之中，从而乐此不疲吗？只不过，你到了这里以后，如果你能够静下心来，你会意识到这种属于自慰性的小聪明与教堂的高度相差甚远，仰望那高高的穹顶的次数多了，你可能会惶惶然的。

跨越千年的神圣

有一句老话将建筑形容为石头的史书，不知这是否从流传的角度而言。我非常尊重那些得以流传下来的建筑，在我看来，既然能够流传下来的，就是幸运的，就是宝贵的，但是，这并不一定就是说凡是能流传下来的就一定是当时最好的建筑，就像在战场上安然无恙的人，未必就一定是英雄豪杰，其间，也不能不带有侥幸的宿命色彩。

流传的建筑其重要意义在于其经典性。能够成为经典的建筑，是需要时间考验的。有的经典建筑在开始建造的时候却并不怎么被看好，甚至会招致人们的讥笑或辱骂。但是，骂着骂着，不知怎么就被赞美起来了，而且，还会被人们一而再，再而三地摹仿照抄或克隆。

如果我们列数一下，就会发现越是后来被人们看好，被一再复制或克隆的建筑，当初建造之时就越是不被看好，越是惹来了非议。比如，悉尼歌剧院，当时，著名建筑家沙里宁在众多设计方案中筛选时，为没有一个令他满意的方案而一筹莫展，实在没有办法，他才将已经被初选淘汰出局的方案翻找出来，重新挑，居然发现了一个草图。色彩鲜艳的效果图每每被人忽略，何况一幅出自无名鼠辈的方案呢！然而，大师级人物恰恰就能够独具慧眼，硬是从这个方案上看到了悉尼歌剧院的无尽的魅力。如果我没有记错的话，那个方案的作者是一位天才年轻人名叫伍重。尽管他这个“异想天开”的方案，为结构建筑师在实际操作中带来了难以想像的困难与苦恼，但毕竟建造出来了，从结构上说，那是一个奇迹。

事实上，数十年来，这个白鹤亮翅般的白帆组合，或者说这片神奇而圣洁的盛开的贝壳“组雕”，在蔚蓝海水的抚摸亲吻下，在无以数计的世界各地游人的簇拥崇尚之中，一直不失其娇嗔之气。它太受宠，也太娇媚了。到澳州来，如果不到这里来留个影，无论怎么说都是遗憾。这个建筑已经成了一个城市或一个国度的标志性建筑。

有意味的是，这个建筑的复制品却在我们这片土地上随处可见。不仅在某城市的广场上我见到过，而且，在一个县城的公路边我居然见到了“悉尼歌剧院”——加油站。那是一个比较粗糙的克隆版本。也许没有海水和游人的拥戴呵护，这白亮圣洁的鹤翅已被尘土蒙面，而地面上的油渍更让她失去了贞操。看上一眼，就不免为之痛心：就像心痛一只失落到愚昧者的枪口下的白天鹅。不过，我尽量善意地去揣摸设计者的意图，他是否要让人们加足了油，快些到悉尼看歌剧院呀?!

再看另外一处建筑：玻璃金字塔。这是出自贝聿明先生之手的作品。所以做成玻璃的，是因为那里是卢佛尔宫的入口，走进去显得亮堂，最起码也是出自采光考虑。那么，将造型弄成埃及金字塔状，是为了什么呢?是出于对古建筑的足够尊敬还是为了封堵那些反对者之口？金字塔本来是安静肃穆的，在古埃及那个空旷的地方，大漠黄沙更衬出远古死亡的寂寞。把坟墓制作成金字塔型，是对于人类平淡空间的崇高叙述。而这种叙述越是在荒芜寂寞间就越是具有震撼力。然而，不幸的是，它一经贝先生之手，转制到了巴黎，便永远失去安宁。

贝先生这一作品当时就导致了人们的反对，浪漫而保守的巴黎人认为他的这个玻璃匣子对于卢佛尔宫是不能容忍的轻浮，不伦不类。在巴黎城，一个建筑遭到反对并不一定是坏事。比如埃菲尔铁塔，就曾招致了巨大的持续性的反对。有人视它为怪物，认为伤风败俗，越是出新出格的东西就越是容易招致诋毁。正是在这种铺天盖地的诋毁声中，埃菲尔铁塔完成了自身的“造化”，遂成为整个巴黎城的标志性建筑。而贝先生的玻璃金字塔也正是在这种铺天盖地的非议诋毁之中，增加了巨大的知名度。

如今，全世界去卢佛尔宫的人完全接受了它，特别是当你从这个入口下去之后，你到了大厅正中，仰头往上一看，那一片玻璃的通透天窗，让你享受到来自天空的灵性的光照，有种通体的轻盈舒畅感。无论从欣赏性还是从功能性，我们都可以领略到贝聿明先生的智慧。

然而，可能令贝先生始料不及的是，他选择的玻璃材料还是太容易被污染，正所谓娇娇者易污。如果当他在我们的城市看到一处蒙满灰土脏兮兮的玻璃金字塔，是一个地下商场的杂乱入口时，他会是什么心情？如果当他看到一个垃圾箱是缩小的玻璃金字塔时，他又会作何感想？要是他有足够的幽默感的话，他可能会将此看作一个玩具。

将建筑赋予玩具，倒不失为一种智性。在维也纳看到的百水先生的“怪屋”便是一例。这个“怪物”花花绿绿，远看就像一个涂料过多过浓的花被单，蒙盖在一个略微倾斜的山坡上。近看，从那些曲线的迂回中，不免找到了西班牙建筑大师高迪的神韵。高迪的格尔公园里的那些仿动物建筑，简直构成了一个妙不可言的童话世界。

当然，童话式建筑也是一派，早些年我就在一本建筑书上看到了“童话建筑”，那是建的一座桥梁，而整个造型便是一个巨大的卷叶虫，色彩造型颇具仿真质感，妙不可言。还有美国的某座城市的火车站，像一个外星人，高大的不可一世地叉开双腿站立着。

再回来说百水先生的怪屋。它成了维也纳的一绝，成为外来游人必到的一处风景。其实，怪物不怪，倒是去它的厕所有点怪，这个怪还是被导游女渲染的，她鼓动你到厕所去看看，她说得很含蓄，这便越发引起你的好奇，而我，真的走进去了，结果真正的怪并非与厕所建筑有关，而是怪在收费上：欧元5角，相当于人民币五元钱。你会核计：会不会给导游提成。

百水先生的建筑与高迪的建筑颇有相似之处，至少，应该算是摹仿吧。不过，我没有去查找他们的生卒年月，还说不准谁在先谁在后呢，但是，不管怎么说，我仍然认为百水先生的作品远不及高迪的怪诞。

说到高迪的建筑，我最早的接触还是来自我国的建筑师马国馨先生。他是在1992年的时候到西班牙去参观体育建筑，那时候，我们要搞亚运村。马老师当时很是英气勃勃。他归来时，很富感染力地讲到他的西班牙之行。他讲到了马德里市中心的那个怪模怪样的教堂：圣家族大教堂。那是八个形态怪异的塔的组合体，同时伸向天际。八个塔柱像山药沾了芝麻(这不是马老师之语)。马老师当时讲话也很富激情。我想，他是头一次去的西班牙，而我们头一次去那里一眼看到那样的怪异建筑，也一定会激动不已的。就是从那时候，我记住了高迪。

后来，看到了许多书上介绍的高迪的建筑，诸如米拉公寓、格尔公园等，再后来，也同样在我们的城市里见到过对于高迪建筑的摹仿或克隆。那种色彩曲线歪歪扭扭的，也陆续在高档小区的景观建筑，或一些现代公园里很花哨地出现了。不过，米拉公寓那种如同人的腿骨拼接的柱式，我倒是不曾看到过克隆。

建筑有其文化传承性，而今天的世界，建筑师们等于处在同一个平台上。受外国建筑师影响或受外国建筑文化薰陶的中国建筑师，现在是越来越多了。因为中国的开放，不仅是大量的西方建筑文化涌入，大量的外国建筑师在中国找到了用武之地，从而将他们的理念搬到了中国来，诸如早些年的上海商城，那个建筑就是出自著名建筑大师波特曼的手笔。也有人说那是他儿子设计的。不管是他儿子也好孙子也罢，反正，那个建筑是一个外国人对于中国古城膜拜的理念倒是表达得很充分了，至于表达了“古汉语式”的建筑符号是否别扭是否准确，那则是另外一回事了。就像中国的建筑师走向国际化，到外国的土地上去展示自己的建筑艺术一样，那需要机遇更需要学识和水平，其认可度话语权自然还在当地。

我们的建筑师就像我们的作家，在一个极短的时间内，将外国百年信息与艺术思潮读遍，不管粗细，反正都领略了一番，而后，在自己的建筑设计中，去得以展示。当然，这里面也不乏摹仿的现象，就像中国作家有许多成名作不也是可以从许多西方作家的经典中找到影子与脉络吗?

还说马国馨吧。他曾赴日本跟著名建筑大师丹下健三学习过建筑，他还写了一本介绍丹下的书。马国馨的聪明在建筑界是出了名的，而且，他也春风得意，是中国建设部命名的第一批仅有二十位的建筑大师之一。他真正出名的作品是亚运村的主会馆。

那个建筑运用了拉索式，屋顶很雄伟，他曾问过我，第一眼看去的感觉像什么? 我说像一本翻开扣下来的书。他说这是一种说法，还有人说像一艘古船。

我在建筑界混的那几年，也曾听到过关于这个建筑的议论，人们说得最多的是，这个建筑是摹仿了日本的代代木体育馆。我没有去印证这种说法，但我不免觉得有些遗憾，因为毕竟代代木体育馆是日本20世纪60年代的建筑呀。

当然，我并非是说年深日久的建筑物就不具有现代摹仿的价值。有时候恰恰相反。建筑的创新与摹仿，似乎永远在一种重复和交错中延展着。

再来说一下古罗马的万神殿吧。它是一件真正具有传世意义的建筑作品，它是迄今为止惟一保存完整的罗马帝国时期的建筑。跨越千年，多不容易呀！因而，到过罗马去的人，几乎没有不去看看万神殿的。好比祭祖，你拜了爷爷太爷辈的，你能够绕过祖师爷的牌位吗? 于情于理，似乎都不应该。于

罗马万神殿外貌

（引自傅朝卿著《西洋建筑发展史话——从古典到新古典的西洋建筑变迁》，中国建筑工业出版社，2005）

是，有一种颇好玩的说法，就是当地流行的一句古谚语，说的是一个人要是到了罗马而不去看万神殿，那“他来的时候是头蠢驴，去的时候还是一头蠢驴。”

哈哈，对于现代游人而言，这句话太像广告词。不管怎么说，我到罗马去的时候，其实时间是相当紧的，而且，日程里也没有安排去看万神殿，但是，我还是想方设法去了那里。

从正面看去，万神殿并不具备想像中的震撼性，特别是没有台阶，一向会造势造气氛的罗马人，怎么会不在这样的建筑面前造出台阶呢？我很奇怪。

没有台阶的万神殿，显得很不高大雄伟了，轻易就可以迈步走进去的。广场似乎也显得窄小了，广场中心的方尖碑好像也比其他地方看到的方尖碑短细一些。

与周围环境相比，整个万神殿是处在被包抄与挤压之中，有种一直在萎缩下去的感觉。这与当年的氛围相比，简直不可思义。

据有关史料记载，从中世纪始，五百多年的时间里，这片广场都是一个喧嚣的鱼市场，这里成了罗马最热闹之处。在神殿的前柱廊里还曾卖过鞋帽，这里也办过画展。但是，无论多么热闹多么人气旺盛，但这里的人与万神殿的建筑，也还是有着鲜明的界限与位差的，他们一定要仰起头来才会瞻望到建筑的巨大圆顶，还有那排前厅的柱子就非常地雄伟壮观，人们要想进到万神殿里面，至少要跨上数米高台阶的。原本这里就是有一段台阶的。可惜，这个台阶的伟岸与尊严被岁月打磨平了，广场的整个地面填高了三米多，不仅使万神殿的前廊台阶仅剩下了几个沮丧的踏步，而且广场边上的威风凛凛的柱廊也不见了踪影，从而，这里失去了应有的高耸气势与恺撒式的尊严。

罗马万神殿门廊

(引自傅朝卿著《西洋建筑发展史话——从古典到新古典的西洋建筑变迁》，中国建筑工业出版社，2005)

但是，如果从建筑学的意义上而言，即便这样，也并不损失什么。损失的只是罗马的浮夸，这倒也未必不是好事。除去了浮夸，万神殿的浑然朴实，才真正体现出它的灵魂意义。

真是越看越令人怦然心动。随着夕阳的光照，我顺着它巨大的球体状而转到了建筑物背面。圆球形的庞大建筑物在我的眼中好像一个静默的堡垒。墙体的古老陈旧充分体现着岁月的粗砺感，很强烈的。据说，这个庞大的建筑物使用了六种不同的混凝土。还有砖和大理石。更具创造意义是这个建筑的造型：殿顶圆形曲线直接向下延伸，形成一个完整的球体与地面相接，后人称赞这是建筑史上的奇迹。

然而，这在当时，却被讥笑为“大冬瓜”。

众所周知，万神殿是在公元前27年，由奥古斯都的女婿，阿格里帕建造的。后来，毁于大火，由哈德良皇帝重建。我们现在看到的这个圆球造型，就是属于哈德良皇帝的作品。在他还没有当上皇帝之时，他就很热衷于建造这种圆球式拱顶，而作为建筑师身份的他，每每当他建造了这样的宫殿时，便不免会遭到同行建筑师的嘲笑。这种嘲笑似乎并未随着他当上皇帝而消失，相反，当他以皇帝的身份跟当时一位著名建筑师研究如何建造万神殿时，那位著名建筑师却讥讽他道：你是不是又想搬来你的大冬瓜呀?

随着那位建筑师的话音落地，引起一片哄笑。显然这很令皇帝恼火。但是，他并没有发作。他耐着性子征求完建筑师与工匠们的意见之后，仍然坚定地按着自己的想法，抱着自己一惯喜欢并擅长的“大冬瓜”，安放到了这里。嘲笑他的建筑师依然嘲笑他，尽管他已经成了皇帝。他还是很有胸怀的，他除了远离那位讥讽他的建筑师之外，并没有利用手中的权力将其打翻再踏上一只脚，或者让其遗臭万年之类。

当然，那位著名建筑师也是很可爱的，很书生气的，他以为这只是在学术上坚持反对这种“大冬瓜”现象而已。

建筑的形状，往往是一个时代的产物，这让我想到了我们的“大屋顶”时代。而梁思成先生，就曾经与这个大屋顶的符号而走入民间。梁先生是个学者，他对于北京的建筑，也有着自己的真知灼见，他所处的背景，也与罗马那个讽刺皇帝的建筑师相差无几，当新中国的伟大人物比皇帝更有威望指着北京城要树一片烟囱时，他就不敢去公开反对，更不敢讥笑讽刺了。尽管他在那个特殊年代看到了城墙被毁，特别是元代的那个城墙里面的内墙被毁，他简直犹如五内俱焚，但是，他也只能独自痛楚不堪。

建筑，原本可以算作学术之争的问题，可是，在学者面对权利出现分歧之时，又什么时候学术能够占有话语权呢?

真不知道，到了陈希同的时代，北京的天际线飞满了“小亭子”、“大草帽”时，这个极具讽刺意味的建筑符号，已经差不多如同皇帝新衣了，可是，当时又有哪一个人敢于站出来批评或者讽刺呢?

讽刺在我们民族传统中更是犯忌的。台湾作家柏杨何以坐牢九载？不就是因为讽刺吗？三年前，我在台湾他的家中谈到这段经历时，他说，当时他在一家报社当主编，只因当时发表了一个漫画，画的是父子两人到一个海岛上垂钓，很孤独的。于是，老蒋看了，大发雷霆，认为是对于他们蒋家王朝的讽刺，于是，便动用权利将主编柏杨打入牢房，一关就是九年铁窗。可想而知，如果梁思成或者是什么人敢于讽刺“拆毁北京城墙”，那么，等待着的大概不会是舒服的门坎吧?

无怪乎当下建筑师也感慨在中国搞建筑设计首要的不是艺术水平如何，而是能够理解“长官意志”的能力怎样。

哈德良毕竟是个建筑师出身的皇帝，他是真懂建筑，而我们的城市建设中，又有多少市长是真懂建筑的呢?

不怕不懂，就怕装懂。要是真不懂，那是好事情，可是，装懂，就是另外一回事了。

再说那位罗马建筑师，他当时确实很讨厌“大冬瓜”的，他肯定不会想到，哈德良皇帝的这个大冬瓜居然会传世，并且对后人的影响越来越大吧?

万神殿的神韵在建筑物的外面，是断然不会感受到的，一定要进入大殿里面去。一到里面，你会感觉到一个巨大的圆形穹顶，在历经了两千年的变迁，这个球顶仍然是全世界最大的。拱顶全部是用水泥制成，重达5000吨，最神奇的是穹顶有一个圆形大洞，直径8.9米。这是殿内惟一的采光口，氤氲出一种天人相通的神秘空间气氛。像开了一个天眼，一个十分神奇而大胆的天眼，你一仰头，就可以直接去望苍天。而强烈光线，直接从洞外照射进来。即使是普通的光线，也因源自这个洞孔而变得神圣无比。

晴天的时候，光线从圆孔撒下一片灿烂，令室内蓬荜生辉；而阴天下雨，风雨也会从外面飘然而入室内，地面那沉淀千年的大理石就会被雨水

万神殿穹顶撒下的阳光

洗刷得鲜亮一片。这时候，不幸的人们如果到了这里祈求，诸如，老天有眼呀，苍天开恩，上帝呀，拯救我吧！这一类的感受的话，我想，在这个“天眼”底下，是会收到很好的心理效果的。

我并非一味赞美古人，也不是给罗马懂建筑的皇帝拍马屁，我之所以用了那么多激情语言描述这个拱顶的“天眼”，是因为我要为这篇文章的主题引证，那就是建筑的繁殖了。作为用大球状的拱顶作神殿或教堂，也不应是哈德良的首创，他只不过是更热衷于此吧。而许多著名建筑，也是使用这种球状拱顶，诸如罗马东征时建的那个大教堂，现在伊斯坦布尔的大清真寺，原本是天主教堂，即使后来改为清真寺了，那个大圆顶也依然存在着。这在当时肯定是一股风了。就连那么有文化传统的欧洲市民，也曾出现过时尚的建筑风潮，他们用教堂建筑来荣耀自己的城市，就像一场竞赛。因此，现在的欧洲出现了那么多光华四射的教堂。我们到了那里去参观教堂，有看不完的教堂，令参观者审美疲惫。其中，罗曼式建筑就是欧洲人追摹罗马建筑风格的一种结晶。就像使用这种大圆球造顶，也是一个时代的一种风潮，一种共生的影响吧。

而我所要说的繁殖或摹仿，则是那个“天眼”。

我不知道这个“天眼”曾影响过多少代多少个国家的建筑，但我在我们国家最具文化的地域，陕西的黄帝陵看到了。黄帝陵的建筑，是出自我国著名建筑大师张锦秋先生之手。她是位女士，我称她先生，是因为对于她的敬重。我与她一起开过三次建筑界的会议，应该说对她很熟悉的，我还曾去过她的家里采访过。我曾经一一看过她在西安做的仿唐建筑，当然，这些建筑在业内人士中也并非众口一词的赞赏。我曾在一篇长达七万字的大散文《中国建筑师》中，写到了张锦秋先生，她是中国建筑的承上启下者，可以说她是深得了梁思成先生的真传，而且，她也有一套令人羡慕的文笔，可以说，她的文品人品俱佳。

在她的唐风建筑中，我感觉印象最深的，是她对于传统文化的认真与执著，并且，力求体现本质的传达，这些肯定较之“大屋顶”的符号要智慧英明得多。她的黄帝陵建筑可能是近年来做的，我看到之时，是在她接受中央十频道人物访谈的时候。作为黄帝陵的祭祀大殿，四周是柱子架起来的，没有围墙拦挡封阻，很通透敞亮的。特别是当镜头摇向大殿拱顶时，我看到了一个圆洞，让我一下子联想到了万神殿的“天眼”。

黄帝陵祭祀大殿的棚顶显然是我们自己民族传统的，是方形的，而不是罗马的球体状，但是，这个天眼开得却是圆的。我敢说，大师一定去过罗马，也一定对万神殿的“天眼”留下震撼性的印象。因此，我可以断言，这便是对于万神殿的摹仿。当然，张老师摹仿得很巧妙，也融合了我们民族自己的东西，比如，在制做那个大殿顶棚时，利用了方形木棱框纹，一道道犹如晒谷划出的精致沟纹，一道道推动着逼近圆洞，而真正与大圆洞毗连时，不免令人想到中国的哲学理念：天方地圆，或者圆融圆通，天人合一，什么的。反正是借万神殿的“眼”表述中国的哲学。

因此，我很欣赏黄帝陵大殿的中国式顶棚上开的圆形“天眼”，正如我很震撼万神殿的“天眼”一样，两个同样的圆洞，却又开在不同的顶棚中间，都是渴望将殿内与天际直接沟通，这是一种建筑师的主观渴望，也代表了人类对于上帝与苍天的某种亲近方式。

如果仅仅摹仿一个建筑的外部造型，那是粗浅的，而能够摹仿这种最能体现精神与宗教意义的符号，则是高明的摹仿。

受万神殿这个“天眼”影响的建筑师在世界各地一定大有人在。日本的天才建筑师左滕正雄设计的“光的教堂”，我认为就是一种本质的摹仿，他将教堂摆放十字架的墙壁掏空，掏成一个十字架形状，让外面自然的光照射进教堂，这便自然形成了“光的十字”，这很高明的设计，内外的沟通方式，与万神殿的天眼有着本质的相似。

其实，人类始终在以各种方式，试图与上帝接近或沟通着，通过教堂建筑，通过宗教音乐，还有各种宗教题材的壁画或雕塑。人类的智慧在这其间被不断激发着，而奇迹也不断出现。就像万神殿这种千年奇迹，在今天，依然能够被现代人所借鉴或摹仿着，并且，依然创造出神圣的空间来，这真是令人赞叹不已。

东方与西方有着不同的信仰，不同的朝圣方式，万神殿与黄帝陵也不是同类属性的建筑，但是，同样的“天眼”，却有着同样的绝妙。

虽然相隔了千年，但是，将两者放到一起去感受，却有着同样的神圣魅力。我从中不禁读出了不同民族，不同文化的精神象征，当然还有着建筑师要表达的极强的主观意念。这样的摹仿是能够接受的，是成功的。

建筑是城市的符号。符号就像文字，谁都可以操持都可以借鉴。但高明的符号是那种具有深刻与超迈的精神烛照，而绝不是外表空壳的皮毛照搬。这需要深刻的理解，既是摹仿也是翻新，就像借鉴、就像传承。

然而，我所要强调的是，即使摹仿，也要找到那种最具亮点，最具精神价值的符号，绝不能简单地克隆或照搬，还应该以现代人的巧妙与智慧，“洋为中用”“古为今用”，绝不该拙劣克隆。就像文学创作，抄袭或摹仿有时很难界定，这是为什么呢？说透了，就是高明的摹仿与拙劣的摹仿之区别，高明的摹仿，就是巧妙的，就会被说成是借鉴，而愚蠢拙劣的便会被冠之抄袭而蒙羞。

建筑界的抄袭倒是无人追究版权的，因此，在全世界的范围内抄袭成风。早些年，香港建筑大师钟华楠先生曾写过一部小书，叫作《抄与超》，他的意思一目了然，就是抄，不要紧，但是，一定要超，这才会有意义。如果是今天，钟先生面对铺天盖地的抄袭建筑，他还会发出什么样的感慨呢？他是否会幽上一默：有繁殖能力毕竟是好事，但，最好不要近亲繁殖呀。

2005年7月13日于南国东城